药食同用
防治骨质疏松

主编 ◈ 谢艳 郑福增 周霖 刘云

郑州大学出版社

U0344635

图书在版编目(CIP)数据

药食同用防治骨质疏松 / 谢艳等主编. -- 郑州：
郑州大学出版社，2024. 10. -- ISBN 978-7-5773-0716
-9

Ⅰ. TS972.161

中国国家版本馆 CIP 数据核字第 2024CH9772 号

药食同用防治骨质疏松

YAO SHI TONGYONG FANGZHI GUZHI SHUSONG

策划编辑	李龙传		封面设计	王　微
责任编辑	张彦勤		版式设计	苏永生
责任校对	薛　晗		责任监制	朱亚君

出版发行	郑州大学出版社		地　　址	郑州市大学路 40 号(450052)
出 版 人	卢纪富		网　　址	http://www.zzup.cn
经　　销	全国新华书店		发行电话	0371-66966070
印　　刷	辉县市伟业印务有限公司			
开　　本	787 mm×1 092 mm　1 / 16			
印　　张	12		字　　数	279 千字
版　　次	2024 年 10 月第 1 版		印　　次	2024 年 10 月第 1 次印刷

书　　号	ISBN 978-7-5773-0716-9		定　　价	59.00 元

本书如有印装质量问题,请与本社联系调换。

作者名单

———— ❦ ————

主　编　谢　艳　郑福增　周　霖　刘　云

副主编　张云芳　曹　焱　尚万山　范克杰
　　　　王镜宇　杨淑艳

编　委　（以姓氏笔画为序）
　　　　卫柄邑　河南省洛阳正骨医院（河南省骨科医院）
　　　　王继涛　河南省洛阳正骨医院（河南省骨科医院）
　　　　王紫萱　河南中医药大学
　　　　王勤俭　河南省中医院（河南中医药大学第二附属医院）
　　　　王镜宇　河南省洛阳正骨医院（河南省骨科医院）
　　　　孔西建　河南省洛阳正骨医院（河南省骨科医院）
　　　　宁桃丽　河南省洛阳正骨医院（河南省骨科医院）
　　　　邢伟鹏　河南省洛阳正骨医院（河南省骨科医院）
　　　　刘　云　新乡市食品药品检验所
　　　　刘　萍　河南省洛阳正骨医院（河南省骨科医院）
　　　　刘立平　河南省洛阳正骨医院（河南省骨科医院）
　　　　刘瑜新　河南大学淮河医院
　　　　安继红　河南大学淮河医院
　　　　孙　实　河南省洛阳正骨医院（河南省骨科医院）
　　　　李　洋　河南省洛阳正骨医院（河南省骨科医院）
　　　　李　娜　河南省洛阳正骨医院（河南省骨科医院）
　　　　李东鸽　河南省洛阳正骨医院（河南省骨科医院）
　　　　杨淑艳　首都儿科研究所

杨澜波　河南省洛阳正骨医院(河南省骨科医院)

张　丽　河南省洛阳正骨医院(河南省骨科医院)

张云芳　河南省洛阳正骨医院(河南省骨科医院)

张永州　河南大学淮河医院

张勇勇　河南省洛阳正骨医院(河南省骨科医院)

张梦雨　河南省洛阳正骨医院(河南省骨科医院)

张梦瑶　河南省洛阳正骨医院(河南省骨科医院)

范克杰　河南省洛阳正骨医院(河南省骨科医院)

尚万山　河南省洛阳正骨医院(河南省骨科医院)

周　霖　中南大学

郑福增　河南省中医院(河南中医药大学第二附属医院)

段小波　河南省洛阳正骨医院(河南省骨科医院)

秦　娜　河南省洛阳正骨医院(河南省骨科医院)

殷　娜　河南省洛阳正骨医院(河南省骨科医院)

郭云鹏　河南省洛阳正骨医院(河南省骨科医院)

郭珂珂　河南省洛阳正骨医院(河南省骨科医院)

曹　焱　河南省洛阳正骨医院(河南省骨科医院)

谢　艳　河南省洛阳正骨医院(河南省骨科医院)

裴圆圆　河南省洛阳正骨医院(河南省骨科医院)

前　言

骨质疏松症可发生于任何年龄,但多见于绝经后女性和老年男性。随着我国人口老龄化加剧,骨质疏松患病率快速攀升,已成为重要的公共健卫生问题。第七次全国人口普查显示:我国60岁以上人口为2.64亿(约占总人口的18.7%),65岁以上人口超过1.9亿(约占总人口的13.5%),是全球老年人口最多的国家。目前我国骨质疏松患病人数约为9 000万,其中女性约为7 000万。尽管骨质疏松的患病率高,危害极大,但公众对骨质疏松的知晓率及诊断率仍然很低,分别仅为7.4%和6.4%,甚至在脆性骨折发生后,骨质疏松的治疗率也仅为30%。因此,我国骨质疏松的防治面临患病率高,但知晓率、诊断率、治疗率低("一高三低")的严峻挑战;同时,我国骨质疏松诊疗水平在地区间和城乡间尚存在明显差异。骨质疏松症的防治是健康中国国家战略层面骨健康管理的核心部分,必须加大进行健康教育的力度,尤其是在广大农村地区,增加科普的形式和力度、提高认知和重视程度显得尤为重要。

骨质疏松症的防治是一项"综合工程",不但与饮食和锻炼有关,而且与日常生活安排及情绪也有着千丝万缕的关系。世界卫生组织明确提出治疗骨质疏松的三大原则:补钙、饮食调节与运动疗法。从中医养生角度来讲,预防及延缓骨质疏松,不仅要"治标",即补钙,还要在日常生活中注重养护,即"治本"。唯有标本兼治,才能收到良效。中医防治骨质疏松有3个基本原则:补肾为先、健脾益气、活血通络。中医学自古以来就有"药食同源"的理论,中医食疗以中医学基础理论作为依据,认为药食同源、药食同功、药食同理,常通过食物不同的性味,作用于骨质疏松患者。

本书共六章,主要介绍了骨质疏松症的概念与基本常识、防治骨质疏松的药膳、防治骨质疏松的偏方验方、防治骨质疏松的药食同源物质、治疗骨质疏松的成药及对骨质疏松相关问题的认识误区。编者由河南省洛阳正骨医院(河南省骨科医院)、河南中医药大学、河南大学淮河医院、新乡市食品药品检验所、中南大学、首都儿科研究所、河南省中医院(河南中医药大学第二附属医院)的相关专业的临床科研工作者和一线教师组成。本书在编写过程中参考了大量的文献资料,汇集了国内外近年来的前沿研究成果,内容全面翔实,相信其不仅可以帮助大众认识骨质疏松,而且能够指导广大临床工作者的工作。

本书第一章由谢艳、郑福增、曹焱编写,第二章由谢艳、曹焱、尚万山、范克杰编写,第三章由周霖编写,第四章由刘云、孔西建、宁桃丽、邢伟鹏、刘萍、刘立平、刘瑜新、安继红编写,第五章由张云芳、杨淑艳、王镜宇、范克杰、张丽、卫柄邑、王继涛、王紫萱、王勤俭、秦娜、殷娜、裴圆圆编写,第六章由孙实、李洋、李娜、李东鸽、杨澜波、张永州、张勇勇、张梦雨、张梦瑶、段小波、郭云鹏、郭珂珂编写。

希望本书能够提高大家对骨质疏松的关注和重视度,了解骨质疏松带来的危害,合理运用药膳、偏方验方、药食同源物质及药物防治骨质疏松,避免认识误区。让我们每个人都拥有健康的身体,共享美好生活。由于临床及科研工作繁忙,书中难免存在不足或疏漏之处,请广大读者批评指正。

编　者
2024 年 8 月

目 录

第一章　认识骨质疏松

一、骨骼的构造与功能

(一)骨骼的构造

成人的骨骼共有 206 块,可分为颅骨、躯干骨和四肢骨三大部分。他们相互连接构成人体的支架,形成人体的基本形状。骨由骨膜、骨质、骨髓组成。

1.骨膜　主要由纤维结缔组织构成,覆盖于关节面以外的骨表面,含有丰富的神经血管和淋巴管,是骨骼血液循环的重要结构,负责供给营养,直接参与骨骼的生长发育,具有成骨作用。当骨骼发生骨折,骨膜可促进成骨细胞分化,形成外骨痂,有利于骨折愈合,但许多骨质增生现象也都发生在这个部位,与骨膜成骨过度分化有关。

2.骨质　是骨骼的主体部分,主要由坚硬的骨组织构成,分骨密质和骨松质两种。骨密质坚硬、致密,分布于骨表面,抗压力、抗扭曲力强,有韧性,还具有弹性。骨松质呈蜂窝状结构,配布于骨的内部,由许多交织成网状或片状的骨小梁构成,骨小梁是骨骼内部的支架,就好像房子内部的椽子。

3.骨髓　是骨头中央的"造血工厂",是一种果冻状的物质。骨髓分为红骨髓和黄骨髓,红骨髓造血,黄骨髓储存脂肪。骨髓中的血管与骨质和骨膜中的血管相连,确保整个骨骼组织的营养供应和代谢。

骨质疏松时,由于骨皮质变薄,骨髓腔会相对扩大。

(二)骨组织的细胞构成与功能

参与构成骨组织的细胞主要有 3 种:骨细胞、成骨细胞和破骨细胞。三者各司其职,又互相协调,共同完成骨的形成、生长和重建。成骨细胞和骨细胞是一个家族,在骨组织发育过程中先形成成骨细胞,后变成骨细胞,这是维持骨骼正常结构的一个重要方面。顾名思义,破骨细胞的主要功能是进行骨质破坏吸收,执行不断新陈代谢的任务。

成骨细胞与破骨细胞的作用是一对矛盾体,二者保持动态平衡才能维持骨骼的正常结构。当成骨细胞活动受到抑制,或破骨细胞过度活跃时,破骨大于成骨,便出现了骨质疏松。因此,目前治疗骨质疏松的药物有两大类:一类是激活成骨细胞,另一类是抑制破骨细胞活性,而使二者达到平衡,起到治疗作用。

(三)骨骼的化学物质

骨骼之所以那么坚硬而又富有弹性,这与它的化学组成分不开,它好比"钢筋和水泥"组成的"预制板"。骨骼的化学成分包括两大类:一类是有机物质,也叫有机基质;另一类是无机物质,也叫无机基质。有机物质好比钢筋,无机物质好比水泥,二者按一定比例组成了"预制板",既有坚硬性,又有弹性。

1. 有机物质　主要是胶原蛋白,占骨骼有机质的 90% ~ 95%,构成骨的支架。一方面,许多胶原蛋白纤维紧密地捆绑在一起,赋予骨的韧性和弹性,可以承受外界很大的压力而不发生骨折。另一方面,也为无机物质的沉积提供了基础。

2. 无机物质　也叫矿物质、无机盐,构成人体骨骼的矿物质主要是钙和磷等物质,主要是以磷酸钙(占84%)、碳酸钙(10%)和柠檬酸钙等形式存在,使骨坚硬挺实。骨骼是人体内的"钙库",人体内99%的钙都储存在骨骼内,参与人体血钙的调节。如果人体内钙缺少会引起抽筋。当身体其他组织需要钙的时候,外援补充不足,可从骨骼中暂时动员出来。

骨骼中有机物质和无机物质的比例随年龄而不同。儿童中二者各占一半;成年人中有机物质和无机物质比例约为 3:7 最为合适;而老年人,无机物质比例增大,有机物质变少,骨骼脆性增大,极易发生骨折。儿童因有机物质和无机物质各占 1/2,骨骼的韧性和弹性好,较"软",可塑性大。所以杂技演员要从儿童时期练起,特别是柔韧性杂技。但由于骨骼不够坚硬,易变形,当小儿缺钙时,小儿行走体重负荷可引起骨骼弯曲变形,成为"罗圈腿",即医学上说的小儿"佝偻病",出现"X"形腿或"O"形腿。

(四)骨骼的生长发育变化

骨骼形成后并不是终身不变的。正常人骨骼的发育成熟,一般在 20 岁左右,但这并不意味着骨骼的变化已经终止了。人的一生中骨骼总是处于不断变化之中。在人的生长发育期,骨的"建造"与"破坏"表现为"收入"大于"支出",骨骼生长。此后到 30 岁左右,骨的建造与破坏接近,表现为"收支平衡",骨骼较为稳定,坚硬而致密,为骨的强壮时期。到了老年,骨建造少而破坏大,表现为"收入"少于"支出",出现了负平衡,骨骼变得疏松易脆,而易发生骨折。

骨骼的生长发育和变化由维生素 D、钙、甲状旁腺素、性激素、降钙素以及其他激素等支配,当支配者管理失去控制,便会出现骨代谢的变化,产生骨质疏松。

二、骨质疏松的定义

根据世界卫生组织定义,骨质疏松是一种以骨量低下、骨组织微结构损坏,导致骨脆性增加,易发生骨折为特征的全身性骨代谢疾病。通俗来讲就是骨的密度降低了,好像木头朽了、萝卜糠了,出现了许多孔隙。

骨质疏松可发生于任何年龄,但多见于绝经后女性和老年男性。随着我国人口老龄化加剧,骨质疏松患病率快速攀升,已成为重要的公共健康问题。有数据表明,我国 65 岁以上老年人骨质疏松患病率为 32%,其中男性为 10.7%,女性为 51.6%。也就是说,65 岁以上女性有一半患有骨质疏松。

三、骨质疏松的病因和分类

(一)骨质疏松的病因

发生骨质疏松的原因是多方面的,与矿物质不足、雌激素水平下降等导致骨丢失增加、骨重建失衡相关。其主要表现在3个方面：①骨内矿物质含量减少(主要是钙)，"钢筋和水泥"的比例发生变化，骨的硬度降低了。②骨的微细结构发生了变化，骨的微细结构主要指的是骨小梁发生断裂，好像房子大梁没断，椽子断了一样，这也是骨质疏松疼痛的原因之一。③骨的韧性降低，骨质疏松不仅是矿物质含量减少，而且是骨的有机基质，也就是"钢筋"也发生了变化，影响了骨的弹性，而韧性降低。

骨质疏松的患者轻微外伤便可发生骨折。由于上述"3种表现"的变化，此种骨的结构，就像"豆腐渣工程"，无法承受体重和外界的压力，易造成腰椎"压缩性骨折"或四肢骨折。"轻微外伤"可以"轻微"到什么程度呢？举例说明：有人下床弯腰穿鞋、下楼梯或下台阶迈空了一步蹾了一下，即可导致股骨颈骨折。因此，骨质疏松的人行动要加倍小心，不可放松警惕，避免"一失足"而带来骨折的痛苦。

(二)骨质疏松的分类

骨质疏松根据发病的原因不同，可分为原发性骨质疏松和继发性骨质疏松两大类。

1. 原发性骨质疏松 包括绝经后骨质疏松(Ⅰ型)、老年性骨质疏松(Ⅱ型)和特发性骨质疏松(青少年型)。

(1)绝经后骨质疏松：指女性绝经后发生的骨质疏松，一般发生于妇女绝经后5~10年。

(2)老年性骨质疏松：指70岁以后发生的骨质疏松，男性一般发生在65岁左右，超过70岁以后的老年妇女骨质疏松，则列为老年骨质疏松。

(3)特发性骨质疏松：多见于8~14岁青少年或成年人，多半有遗传家族史，女性多于男性。另外，值得注意的是，妇女妊娠及哺乳期，由于维生素D和钙生理性需要量增加，如补充不足，也会引起骨质疏松，可列为特发性骨质疏松。

2. 继发性骨质疏松 是由其他疾病或药物造成的骨质疏松，可由多种疾病引起，因此在患有其他疾病时，要注意有没有并发骨质疏松。

四、骨质疏松的临床表现

骨质疏松不像其他疾病有特殊的症状，而是会悄悄地来到患者的身边，但骨质疏松也有其特有的表现，下面从4个方面进行介绍。

(一)弯腰、驼背、变矮

有的老年人会变得弯腰、驼背、变矮，但这些并不是老年人的象征，而是患了骨质疏松的一种表现。那么为什么老年人会弯腰、驼背，"越长越抽抽"变矮了呢？主要有以下两方面的原因。

1. 椎体骨疏松时受到压缩 脊柱是人体的中流砥柱，承受着人体的重量，维持人体平衡。随着年龄的增加，骨骼由于矿物质(主要是钙)来源减少，丢失增多，出现疏松，其结果是骨骼变脆，由于自身体重或外来的压力骨折或变形，椎体产生压缩性骨折，出现了弯腰、驼背、变矮的现象。

2. 椎间盘退变的结果　身体的高矮与脊柱的长短有直接关系。脊柱是由椎体连接而成的,在两个锥体之间有一个垫叫椎间盘,每两个相邻椎体之间通过椎间盘连接。人从 30 岁开始,椎间盘开始退变,水分开始丢失,特别是老年人,椎间盘的水分几乎全部丢失,这样椎间盘体积变小,厚度变薄,当脊柱的椎间盘都变薄时,整个脊柱长度就变短了,人也就变矮了。椎间盘变小使维持脊柱平衡的肌肉和韧带松弛,脊柱的平衡受到破坏,椎体之间直接接触产生摩擦,造成腰痛和弯腰驼背。这也是造成椎间盘突出的原因。

弯腰、驼背、变矮出现的早晚和严重程度与年龄、职业、营养状况等因素有直接的关系。女性由于有绝经史,弯腰、驼背、变矮的情况早于男性。从事肩背部负重职业的人群,弯腰、驼背、变矮的现象多于其他人群。

（二）疼痛

疼痛是很多病的一种症状表现。骨质疏松疼痛可表现为全身疼痛和不适,其中以腰痛、髋部疼痛不适为主,表现为起坐、翻身、行走或静止时,腰痛、髋部酸痛。疼痛性质为钝痛,疼痛时轻时重,有的患者早晨起床前较明显,起床稍活动一下好转。但如果活动量过大或劳累过度,疼痛和不适感就会加重,甚至咳嗽、打喷嚏、用力排便等时均可发生疼痛。

骨质疏松患者,若腰痛突然加重而难忍,提示腰椎可能出现了压缩性骨折,表面上虽没变化,但内部骨小梁断了,发生了微细的骨折。骨质疏松的疼痛与骨的病理变化程度有关,但由于每个人的个体差异和身体素质不同,其疼痛与医院骨密度检查结果往往不一致,要因人具体分析。

（三）骨折

骨折是骨质疏松最大的危害,是老年患者致死和致残的主要原因之一。骨折不仅给个人带来痛苦,也带给家庭和社会巨大的负担。患者由于长期卧床,护理不当还会发生压疮等其他疾病。由于骨质疏松是悄悄到来的病症,人们往往不太注意,认为腰腿痛、弯腰、驼背是老年人的一种象征,等骨折时一检查,才知道患了骨质疏松。骨质疏松骨折有 2 个特点:多部位、多次发生。

1. 多部位　指骨质疏松是一种全身性的代谢骨病。全身各部位的骨骼均可发生骨折,所以骨折是多部位的,但骨折的好发部位主要有椎体(胸、腰椎)、髋部(股骨近端)和桡骨。

由于承受身体的压力,胸腰椎出现的骨折不是断裂,而是压缩性骨折,胸腰椎椎体变扁、变小。髋关节骨折主要是股骨颈和粗隆间骨折。由于老年人行走不慎摔倒,臀部先着地,或在摔倒过程中,下肢扭转所致。桡骨远端骨折主要是由于人在摔倒时,自我保护性地先用手支撑使作用力传到桡骨远端,引起桡骨远端骨折。

2. 多次发生　由于骨质疏松导致的骨折是一个慢性的渐进过程,病程较长,甚至伴随后半生,所以容易发生多次骨折。

（四）骨质疏松与骨质增生往往同时存在

骨质疏松与骨质增生是骨骼代谢异常的两种不同表现形式,它们之间有区别,也有联系,可出现相同和不同的症状,要防止一种现象掩盖另一种现象。"骨质增生",实际在医学上并没有这个名词术语。医学书上常称为骨性关节炎、骨关节病、退行性骨关节病（偶尔称增生性关节炎）、肥大性关节炎。它的病理特点为关节软骨损伤、关节边缘和软骨下骨反应增生，临床表现为缓慢发展的关节疼痛、僵硬、肿大，伴活动障碍。

骨质疏松表现为骨密度降低、骨小梁数量减少、骨皮质变薄、椎体楔性病变。而骨质增生表现为局部骨密度增高、局部形成骨刺、骨桥和唇样变。二者可同时存在，都出现疼痛，要加以鉴别。在诊断骨质增生时，还要想到患者是否还同时患有骨质疏松。

五、骨质疏松的检查

单靠腰部无力、身体乏力、腰部疼痛等症状来判断骨质疏松还不够，特别是骨质疏松不像其他病有特殊症状，所以需要借助检查来帮助诊断。检查方法很多，因为是诊断骨质"疏松"，主要靠检查"密度"，通过影像来显示，另外，也可以通过化验来检查。采用何种检查方法要因地、因人而异。只有了解了各种检查的优缺点，才能更好地选择。

（一）骨质疏松的骨密度及骨测量

1. 骨密度及骨测量　骨密度是指单位面积或单位体积所含的骨量。骨密度测量技术是对被测人体骨矿含量、骨密度和体质成分进行无创性定量分析的方法。常用的骨密度测量方法有双能 X 线骨密度（DXA）、定量计算机断层照相术（QCT）、外周双能 X 线吸收仪（pDXA）、单能 X 线骨密度（SXA）、外周定量 CT（pQCT）和定量超声（QUS）等。

目前国内、外公认的骨质疏松诊断标准是基于 DXA 测量的结果，我国已经将骨密度检测项目纳入 40 岁以上人群常规体检内容。

（1）DXA 检测：目前是国内临床和科学研究最常用的骨密度测量方法，可用于骨质疏松的诊断、骨折风险性预测和药物疗效评估，也是流行病学研究常用的骨量评估方法。其主要测量部位是中轴骨，包括腰椎和股骨近端。DXA 正位腰椎测量区包括腰椎（$L_1 \sim L_4$）及其后方的附件结构，故其测量结果受腰椎的退行性改变（如椎体和椎小关节的骨质增生硬化等）和腹主动脉钙化等影响。DXA 股骨近端测量区分别为股骨颈、大粗隆和 Wards 三角区的骨密度。如果腰椎或股骨近端无法行骨密度检测，或对于患有甲状旁腺功能亢进症或接受雄激素治疗前列腺癌等患者，可以取非优势侧的桡骨远端 1/3 处作为测量部位。DXA 测量结果的判断，详见骨质疏松诊断部分。

（2）定量 CT（QCT）：是唯一可直接分别测量皮质骨和松质骨三维空间内骨矿含量的方法，可敏感反映骨质疏松早期松质骨的丢失状况。它有高精确度、高准确度及低辐射量的优点。QCT 通常测量腰椎和（或）股骨近端的松质骨骨密度。对于肥胖、脊柱退变或腹主动脉钙化等患者，QCT 检测骨密度更为准确。但 CT 机设备昂贵，检查费用较高。这些都限制了它的应用。美国放射学会（ACR）提出，椎体 QCT 骨密度低于 80 mg/cm^3、80 ~ 120 mg/cm^3 和高于 120 mg/cm^3 分别相当于世界卫生组织（WHO）推荐骨质疏松诊断标准中的骨质疏松、骨量减少和骨量正常。

（3）外周骨密度测量：包括 pQCT、pDXA、SXA 及放射吸收法（RA）等采用 X 线进行骨密度测量的方法。测量部位主要是桡骨远端、跟骨、指骨和胫骨远端等四肢骨，主要反映的是皮质骨骨密度。而对躯干特别是易于发生骨质疏松的腰椎和髋骨不能检测。目前外周骨密度测量尚不能用于骨质疏松的诊断,仅用于骨质疏松风险人群的筛查和骨质疏松性骨折的风险评估。目前商场或药店为了推销某种治疗骨质疏松的药,免费给测骨密度的就是用这种类型的仪器。它的优点是测量方法简便、花费小、仪器便于携带,适合在农村和基层做大面积骨密度调查,在边远地区用此仪器进行骨质疏松诊断,并可以观察疗效,还是值得推荐的一种简易筛查方法。若出现异常,建议进一步完善DXA检测,明确骨质疏松诊断。

(4)定量超声:QUS利用超声原理测量骨密度,通常测量部位为跟骨。检测设备具有便携性,且无辐射,可用于骨质疏松风险人群的筛查和骨质疏松性骨折的风险评估,但不能用于骨质疏松的诊断和药物疗效评估。对于QUS筛查出的高危人群,建议进一步行DXA测量骨密度。

(5)骨小梁分数(TBS):TBS是DXA衍生的一个新指标,作为骨密度的有益补充,提供骨密度以外的信息,可用于评估骨骼微观结构。TBS可结合骨密度或其他临床风险因素,用于评估骨折风险,但不建议将TBS用于治疗药物的推荐以及对骨吸收抑制剂疗效的监测指标。由于TBS最近才被引进我国,临床研究数据很少,其临床应用价值尚需验证。

2.需做骨密度检查的人群　骨密度检查能反映骨骼的健康与否,对做到早诊断、早治疗,预防骨折的发生起到重要作用。以下人群需要做骨密度的检查,并在专科医师处就诊后根据结果决定治疗与否,后期根据情况安排复查。

(1)老年人群:65岁以上的女性,70岁以上的男性,应该把骨密度检查列为健康体检项目。

(2)围绝经期和绝经后妇女:所谓围绝经期是指在绝经前后的一段时间(从45岁左右开始至停经后12个月内的时期)。我国妇女的平均绝经年龄在49岁。这两个时期的妇女是骨质疏松发病率最高的人群。绝经后,体内雌激素水平迅速降低,骨量大量丢失而易发生骨质疏松。绝经后骨质疏松发病率可高达50%,并随年龄增加而增高。绝经20年以上者骨质疏松发病率可高达70%。

(3)有骨质疏松症状的人群:绝经后至65岁的女性、50~70岁的男性,有1个以上骨质疏松危险因素者(绝经后、吸烟、过度饮酒或咖啡、体力活动缺乏、阳光照射不足、饮食中钙和维生素D缺乏、蛋白质摄入过多或不足、体重过低、脆性骨折家族史等),尤其是有骨质疏松症状的,都需要做一下骨密度检查。骨质疏松的症状包括在活动、弯腰、负重之后,出现腰背部疼痛不适,休息后缓解的;身高比年轻时降低了3 cm以上,或出现驼背、活动能力下降的,比如觉得腿没劲儿、爬楼上不去等情况。

(4)50岁以上发生任何原因所致骨折的人群。

(5)患有以下疾病或服用影响骨代谢的药物的人群,容易导致继发性骨质疏松,需定期监测骨密度。①肾病:慢性肾炎、肾功能不全、尿毒症。②糖尿病:特别是2型糖尿病。③甲状腺疾病:甲状腺功能亢进症(简称甲亢)和甲状腺功能减退症(简称甲减)。④慢性胃肠炎、胃次全切除者。⑤肝病:慢性肝炎、肝硬化。⑥卵巢功能早衰:早闭经或卵巢切除。⑦风湿免疫性疾病:如类风湿关节炎、强直性脊柱炎、系统性红斑狼疮等。⑧血液系统疾病:如白血病、骨髓瘤等。⑨服用影响骨代谢的药物:包括长期应用糖皮质激素(地塞米松、泼尼松等)、质子泵抑制剂(奥美拉唑、泮托拉唑等)、抗癫痫药物(苯巴比妥、卡马西平等)、治疗乳腺癌药物(来曲唑片、依西美坦片等)、抗病毒药物(阿德福韦酯)、噻唑烷二酮类药物(吡格列酮、罗格列酮等)和过量甲状腺激素等。

(二)骨质疏松的影像学检查

骨质疏松主要是通过骨密度检查明确诊断,但仍需要结合一些 X 线、CT 等影像学检查,以了解有无骨折发生及鉴别骨肿瘤等其他多种骨骼疾病。

1. X 线平片 是一种经典、简便实用、定性的检查方法。X 线平片易于反映骨大体形态的变化,确定有无骨密度变化和骨折。X 线平片检查具有以下优缺点。

(1) X 线平片可显示骨小梁稀疏,但受主观因素影响较大,只有当骨矿物质含量丢失在 30% 以上时才能显示出变化。轻微的骨质疏松诊断不出来,也没有定量和预测骨折危险的功能。

(2)可以检出脆性骨折,特别是胸腰椎压缩性骨折的首选方法,这是其他方法无法相比的。当我们出现骨密度降低、身高较年轻时变矮或长期应用激素等情况时,建议行胸、腰椎 X 线侧位影像检查,以了解有无椎体骨折发生。

2. 计算机体层扫描(CT)和磁共振成像(MRI) CT 和 MRI 可更为敏感地显示细微骨折,且 MRI 显示骨髓早期改变和骨髓水肿更具优势。CT 和 MRI 对于骨质疏松与骨肿瘤等多种其他骨骼疾病的鉴别诊断具有重要价值。

3. 核医学检查 放射性核素显像在鉴别继发性骨质疏松和其他骨骼疾病中具有一定的优势,甲状旁腺功能亢进症、畸形性骨炎、骨纤维结构发育不良、骨软化症、肿瘤骨转移等疾病的骨显像具有特征性的改变。正电子发射计算机体层成像(PET-CT)和正电子发射磁共振成像(PET-MRI)对骨质疏松鉴别诊断,尤其是排查肿瘤相关骨病,具有一定的应用价值。

(三)骨质疏松的实验室检查

骨由骨矿物质和有机骨基质两部分组成。由于骨细胞的活动,新骨不断形成,旧骨不断破坏,同时骨细胞代谢产物从骨中释放到血液中去,所以检测血、尿中这些物质的含量,可以间接地了解骨代谢的情况。

1. 一般检查项目 血常规、尿常规、红细胞沉降率、肝和肾功能,血钙、血磷、血碱性磷酸酶、25-羟维生素 D 和甲状旁腺激素(PTH)水平,以及尿钙、尿磷和尿肌酐等。生化检查只反映体内骨代谢情况,说明骨质疏松的病理变化,可作为骨质疏松诊断参考,不是诊断骨质疏松的特异性指标。

2. 骨转换生化标志物 骨转换过程中产生的中间代谢产物或酶类,称为骨转换生化标志物(BTM)。BTM 分为骨形成标志物和骨吸收标志物,前者反映成骨细胞活性及骨形成状态,后者反映破骨细胞活性及骨吸收水平。BTM 不能用于骨质疏松的诊断,但在多种骨骼疾病的鉴别诊断、判断骨转换类型、骨折风险预测、监测治疗依从性及药物疗效评估等多个方面发挥重要作用。在上述标志物中，推荐血清Ⅰ型原胶原氨基端前肽（P1NP）和血清Ⅰ型胶原交联羧基末端肽（CTX）分别为反映骨形成和骨吸收敏感性较高的标志物。

原发性骨质疏松患者通常血钙、磷和碱性磷酸酶值在正常范围，BTM水平也仅有轻度升高。如以上指标异常，需要专科检查做进一步鉴别诊断。

六、骨质疏松的诊断及鉴别诊断

（一）骨质疏松的诊断

骨质疏松需由专科医师基于详细的病史采集、体格检查、骨折风险评价、骨密度测量，以及影像学和实验室检查作出诊断。骨质疏松的诊断标准是基于DXA骨密度和（或）脆性骨折（指受到轻微创伤或日常活动中即发生的骨折）。

1. 基于DXA骨密度测量的诊断

（1）对于绝经后女性、50岁及以上男性，建议参照WHO推荐的诊断标准（表1-1）。推荐使用骨密度DXA测量的中轴骨［腰椎（$L_1 \sim L_4$）、股骨颈或全髋部］骨密度或桡骨远端1/3骨密度的T值≤-2.5为骨质疏松的诊断标准。DXA测量的骨密度通常需要转换为T值（T-score）用于诊断，T值=（骨密度的实测值-同种族同性别正常青年人峰值骨密度）/同种族同性别正常青年人峰值骨密度的标准差。

表1-1 基于DXA测定骨密度的分类诊断

诊断	T值
正常	T值≥-1.0
骨量减少	-2.5<T值<-1.0
骨质疏松	T值≤-2.5
严重骨质疏松	T值≤-2.5

（2）对于儿童、绝经前女性和50岁以下男性，其骨密度水平的判断建议用同种族的Z值表示。Z值=（骨密度测定值-同种族同性别同龄人骨密度均值）/同种族同性别同龄人骨密度标准差。将Z值≤-2.0视为"低于同年龄段预期范围"或低骨量。

2. 基于脆性骨折的诊断

（1）髋部或椎体脆性骨折，不依赖于骨密度测定，临床上即可诊断骨质疏松。

（2）肱骨近端、骨盆或前臂远端的脆性骨折，且DXA骨密度测定显示骨量减少（-2.5<T值<-1.0），就可诊断骨质疏松。

（二）继发性骨质疏松的鉴别诊断

在之前内容中提到，骨质疏松根据发病原因不同，可分为原发性和继发性两大类。

那么在诊断原发性骨质疏松之前,需由专科医师在详细了解病史,评估可能导致继发性骨质疏松的各种病因、危险因素及药物后作出诊断。尤其是有些导致继发性骨质疏松的疾病可能缺乏典型的症状和体征,需进一步完善相关检查,以免发生漏诊或误诊。表1-2中列举了容易导致继发性骨质疏松的一些药物及疾病,在就诊时注意告知医师,以免延误诊治。

表1-2 容易造成骨质疏松的常见疾病及药物

类别	疾病(药物)
内分泌系统疾病	甲状旁腺功能亢进症、垂体前叶功能减退症、早绝经(绝经年龄<40 岁)、库欣综合征、性腺功能减退症、糖尿病(1 型和 2 型)、甲状腺功能亢进症、神经性厌食症、雄激素抵抗综合征、高钙尿症
胃肠道疾病	炎症性肠病、胃肠道旁路或其他手术、原发性胆汁性肝硬化、胰腺疾病、乳糜泻、吸收不良
血液系统疾病	多发性骨髓瘤、白血病、淋巴瘤、单克隆免疫球蛋白病、血友病、镰状细胞贫血、系统性肥大细胞增多、珠蛋白生成障碍性贫血
风湿免疫性疾病	类风湿关节炎、系统性红斑狼疮、强直性脊柱炎、银屑病、其他风湿免疫性疾病
神经肌肉疾病	癫痫、卒中、肌萎缩、帕金森病、脊髓损伤、多发性硬化
其他疾病	慢性代谢性酸中毒、终末期肾病、器官移植后骨病、慢性阻塞性肺疾病、充血性心力衰竭、结节病、特发性脊柱侧凸、抑郁症、肠外营养、淀粉样变、艾滋病
药物	糖皮质激素、质子泵抑制剂、芳香化酶抑制剂、促性腺激素释放激素类似物、肿瘤化疗药、抗癫痫药、甲状腺激素(过量)、噻唑烷二酮类胰岛素增敏剂、抗凝剂(肝素)、抑酸剂、钠-葡萄糖协同转运蛋白2 抑制剂、抗病毒药物(如阿德福韦酯)、环孢素 A、他克莫司、选择性5-羟色胺再摄取抑制剂

七、骨质疏松的防治

骨骼强壮是维持人体健康的关键,骨质疏松的防治应贯穿于生命全过程。骨质疏松的防治措施主要包括基础措施、药物干预和康复治疗。

(一)基础措施

基础措施包括调整生活方式和使用骨健康基本补充剂。

1.调整生活方式

(1)加强营养,均衡膳食:建议摄入高钙、低盐(5 g/d)和适量蛋白质(一般人群每日蛋白质摄入量为 1.0 ~ 1.2 g/kg。日常热爱健身运动的人群每日蛋白质摄入量为 1.2 ~ 1.5 g/kg)的均衡膳食。动物性食物(各种肉食)摄入总量应争取达到平均每日 120 ~ 150 g,推荐每日摄入牛奶 300 ~ 400 mL 或蛋白质含量相当的奶制品。

（2）充足日照：建议直接暴露皮肤于阳光下接受足够紫外线照射，注意避免涂抹防晒霜，但需防止强烈阳光照射灼伤皮肤。

（3）规律运动：增强骨骼强度的负重运动，包括散步、慢跑、太极拳、瑜伽、跳舞和打乒乓球等活动；增强肌肉功能的运动，包括重量训练和其他抵抗性运动。

（4）戒烟、限酒、避免过量饮用咖啡及碳酸饮料。

（5）尽量避免或少用影响骨代谢的药物（表1-2）。

（6）采取避免跌倒的生活措施：清除室内障碍物，使用防滑垫，安装扶手等。

2. 骨健康基本补充剂

（1）钙剂

1）摄入充足的钙对获得理想峰值骨量、缓解骨丢失、改善骨矿化和维护骨骼健康有益。

2）最近发布的中国居民膳食营养素参考摄入量建议：中国居民中青年推荐每日钙摄入量为 800 mg（元素钙），50 岁以上中老年、妊娠中晚期及哺乳期人群推荐每日摄入量为 1 000～1 200 mg，可耐受的最高摄入量为 2 000 mg。尽可能通过膳食摄入充足的钙，饮食中钙摄入不足时，可给予钙剂补充。

3）每日钙摄入量包括膳食和钙补充剂中的元素钙总量，营养调查显示我国居民每日膳食约摄入元素钙 400 mg，故尚需补充元素钙 500～600 mg/d。钙片的最佳服用时间一般在每天的晚饭后或者临睡前。

4）钙剂选择需考虑钙元素含量、安全性和有效性。中国营养学会膳食钙参考摄入量及不同种类钙剂中的元素钙含量分别见表1-3、表1-4。孕早期膳食钙参考摄入量为 800 mg/d，孕中晚期及哺乳期膳食钙参考摄入量为 1 000 mg/d。从表1-4 中可以看出，碳酸钙中元素钙的含量最高，葡萄糖酸钙含量最低。所以，在钙制剂中以碳酸钙中元素钙含量为最多。碳酸钙不仅含钙量高，吸收率也高，高达 39%。乳酸钙吸收也好，吸收率为 32%。柠檬酸钙，钙含量低，但溶解度好，吸收率为 27%。一般市场上销售的钙制剂吸收率均在 30% 左右，与牛奶中钙的吸收率 31% 相近。

5）对于有高钙血症和高尿钙患者，应避免补充钙剂；补充钙剂需适量，超大剂量补充钙剂可能增加肾结石和心血管疾病的风险。

6）单纯补钙不能替代其他抗骨质疏松药物治疗，在骨质疏松防治中，钙剂应与其他药物联合使用。

表1-3　中国营养学会膳食钙参考摄入量

年龄段	膳食钙参考摄入量/（mg/d）
<6 个月	200
7～12 个月	250
1～3 岁	600
4～6 岁	800

续表1-3

年龄段	膳食钙参考摄入量/(mg/d)
7~10岁	1 000
11~13岁	1 200
14~17岁	1 000
18~49岁	800
>50岁	1 000

表1-4 不同钙剂元素钙含量

化学名	元素钙含量/%
碳酸钙	40.00
磷酸钙	38.76
氯化钙	36.00
醋酸钙	25.34
枸橼酸钙	21.00
乳酸钙	18.37
葡萄糖酸钙	9.30

(2)维生素D:充足的维生素D可增加肠道钙吸收、促进骨骼矿化、保持肌力、改善平衡和降低跌倒风险等。维生素D不足可导致继发性甲状旁腺功能亢进,增加骨吸收,从而引起或加重骨质疏松。

1)建议接受充足的阳光照射。对于维生素D缺乏或不足者,应给予维生素D补充剂。对于存在维生素D缺乏危险因素人群,有条件时应监测血清25-羟维生素D和甲状旁腺激素(PTH)水平以指导维生素D补充量。

2)为维持骨健康,建议血清25-羟维生素D水平保持在20 ng/mL(50 nmol/L)以上。对于骨质疏松患者,尤其在应用骨质疏松药物治疗期间,血清25-羟维生素D水平建议长期维持在30 ng/mL(75 nmol/L)以上,但要注意当25-羟维生素D水平超过150 ng/mL(375 nmol/L)时有可能出现高钙血症。

3)使用活性维生素D或其类似物(如阿法骨化醇、骨化三醇等)并不能纠正维生素D缺乏或不足,但可联合其他药物治疗骨质疏松。

4)当存在维生素D缺乏或不足时,建议应用普通维生素D补充剂(维生素D_3或维生素D_2)治疗,无论是维生素D_2还是维生素D_3均能等效地提升体内25-羟维生素D的水平。可首先尝试每日口服维生素D_3或维生素D_2 1 000~2 000 IU,不建议单次口服超大剂量普通维生素 D 的补充剂。对于存在肠道吸收不良或依从性较差的患者,可考虑使用维生素 D 肌内注射制剂。

5) 开始补充维生素 D 后 2～3 个月时检测血清 25-羟维生素 D 水平,如上述补充剂量仍然不能使 25-羟维生素 D 水平达到 30 ng/mL 以上,可适当增加剂量。肥胖患者通常需要较大剂量。

(二)药物干预

药物干预主要是应用抗骨质疏松药物对骨质疏松进行治疗。

1. 抗骨质疏松药治疗的目的、适应证及具体药物

(1)目的:有效的抗骨质疏松药治疗可以增加骨密度,改善骨质量,显著降低骨折的发生风险。

(2)适应证:当出现以下情况时需加用抗骨质疏松药治疗:①经 DXA 骨密度检查确诊为骨质疏松患者(T 值≤-2.5);②已经发生过椎体或髋部等部位脆性骨折者;③骨量减少(-2.5< T 值<-1.0),但具有高骨折风险的患者。抗骨质疏松药按作用机制分为骨吸收抑制剂、骨形成促进剂、双重作用药物、其他机制类药物及中成药(表1-5)。

表 1-5　抗骨质疏松药

种类	药物
骨吸收抑制剂	双膦酸盐类、RANKL 单克隆抗体(地舒单抗)、降钙素、雌激素、SERM
骨形成促进剂	甲状旁腺激素类似物
双重作用药物	硬骨抑素单克隆抗体(罗莫佐单抗)
其他机制类药物	活性维生素 D 及其类似物(阿法骨化醇、骨化三醇、艾地骨化醇)、维生素 K_2
中成药	骨碎补总黄酮制剂、淫羊藿总酮制剂、人工虎骨粉制剂、中药复方制剂等

RANKL:核因子-κB 活化体受体配体。SERM:选择性雌激素受体调节剂类药物。

(3)具体药物:骨质疏松的治疗主要根据骨折风险分层选择药物。①对于骨折高风险者,建议首选口服双膦酸盐(如阿仑膦酸钠、利塞膦酸钠等),对于口服不耐受者,可选择唑来膦酸针剂或地舒单抗针剂。②对于极高骨折风险者,初始用药可选择特立帕肽、唑来膦酸、地舒单抗、罗莫佐单抗或序贯治疗。③对于髋部骨折极高风险者,建议优先选择唑来膦酸或地舒单抗。因抗骨质疏松药物作用机制复杂,建议专科就诊,在专业医师指导下用药。

前面在骨健康基本补充剂中提及普通维生素 D 及活性维生素 D 的区别,现在具体了解一下活性维生素 D 及其类似物。目前国内上市治疗骨质疏松的活性维生素 D 及其类似物有阿法骨化醇(alfacalcidol,1α 羟维生素 D)、骨化三醇(calcitriol,1,25-双羟维生

素D)及艾地骨化醇(eldecalcitol,ELD),艾地骨化醇为新型活性维生素 D 衍生物,在1,25-(OH)$_2$D化学结构 2β 位引入 3 羟基丙氧基。上述药物因不需要肾脏 1α 羟化酶羟化即可发挥生理活性,故称为活性维生素 D 及其类似物。此类药物更适用于老年人、肾功能减退及 1α 羟化酶缺乏或减少的患者,具有提高骨密度、减少跌倒、降低骨折风险的作用。活性维生素 D 总体安全性良好,但应在医师指导下使用,服药期间不宜同时补充较大剂量的钙剂,并建议定期监测血钙和尿钙水平。特别是艾地骨化醇,常规饮食情况下,服药期间可不必服用钙剂。活性维生素 D 在治疗骨质疏松时,可与其他抗骨质疏松药物联用。

按骨质疏松的发病机制和临床表现,中医学中与其相近的病症有骨痿或骨痹。骨痿,是指没有明显的疼痛表现,或仅感觉腰背酸软无力的患者("腰背不举,骨枯而髓减"),虚证居多;骨痹,症见"腰背疼痛或全身骨痛,伴身重、四肢沉重难举",常有瘀血阻络、损及筋骨,故虚实夹杂为多。根据虚则补之,中医学常按"肾主骨""肝主筋""脾主肌肉"而补之;依"不通则痛"或"不荣则痛"的理论,以补益肝肾、健脾益气、活血祛瘀为基本治法攻补兼施。所用药物中有效成分较明确的中成药有骨碎补总黄酮制剂、淫羊藿总黄酮制剂和人工虎骨粉制剂;中药复方制剂主要有以补益为主的仙灵骨葆胶囊、左归丸;攻补兼施的芪骨胶囊、骨疏康胶囊。中成药治疗骨质疏松具有治病求本兼改善临床症状的作用,应在医师指导下使用。

2. 患者在使用抗骨质疏松药时需关注的问题

(1)骨质疏松属于患病率高、危害严重的慢性疾病,需要采取多种有效药物进行长期的联合或序贯治疗,以增加骨密度,降低骨折风险。专科医师在给予患者进行抗骨质疏松药物治疗时,在治疗前和停药前都会全面评估患者骨质疏松性骨折的发生风险,并对患者进行骨折风险分层管理,坚持个体化治疗方案。故骨质疏松患者需了解自身骨折风险的严重程度,遵医嘱坚持药物治疗,严禁自行停药,避免加重病情。

凡是符合骨质疏松诊断的患者均属于骨折高风险人群,而骨质疏松患者合并以下任意一条危险因素,则属于极高骨折风险人群。危险因素包括:①近期发生脆性骨折(特别是 24 个月内发生的脆性骨折);②接受抗骨质疏松药物治疗期间仍发生骨折;③多发性脆性骨折(包括椎体、髋部、肱骨近端或桡骨远端等处的骨折);④正在使用可导致骨骼损害的药物如高剂量糖皮质激素(≥7.5 mg/d 泼尼松龙超过 3 个月)等;⑤DXA 测量骨密度 T 值<-3.0;⑥高跌倒风险或伴有慢性疾病导致跌倒史;⑦骨折风险评估工具(FRAX)计算未来 10 年主要骨质疏松性骨折风险>30% 或髋部骨折风险>4.5%。

(2)接受抗骨质疏松药物治疗的患者,要配合医师完善下列监测指标,利于判断药物治疗效果,为医师进一步调整治疗方案提供依据。①在使用抗骨质疏松药物治疗前检测BTM 的基线水平,在药物治疗后每隔 3~6 个月检测患者 BTM 水平,以了解 BTM 的变化。为避免 BTM 检测差异,每次检测时建议禁食 12 h,于晨起空腹检测。若治疗期间需多次随访采集标本,建议尽量与第一次采集标本时间相同,并在同一医院检测。②在药物首次治疗或改变治疗后每 1~2 年重复骨密度测量,以监测疗效。③每年进行精确的身高测定,当患者身高缩短 2 cm 以上,无论是急性还是渐进性,均应进行脊椎 X 线影像学检查(主要是胸、腰椎 X 线正侧位摄片),以明确是否有新发椎体骨折。

(三)康复治疗

针对骨质疏松患者的康复治疗主要包括运动疗法、物理因子治疗、作业疗法及康复工程等。这些治疗需由运动医师、康复理疗师、患者及家属协助共同完成,现简单介绍如下。

1. 运动疗法　简单实用,不但可增强肌力与肌耐力,改善平衡、协调性与步行能力,而且可改善骨密度、维持骨结构,降低跌倒与脆性骨折的发生风险等。运动疗法需遵循个体化、循序渐进、长期坚持的原则。

治疗性运动包括有氧运动(慢跑、游泳、太极拳、五禽戏、八段锦和普拉提等)、抗阻运动(举重、下蹲、俯卧撑和引体向上等)、冲击性运动(如体操、跳绳)、振动运动(如全身振动训练)等。高强度抗阻训练联合冲击性训练(high-intensity resistance and impact training,HiRIT)能有效增加低骨量或骨质疏松患者的骨密度,降低骨折风险,而且安全有效,耐受性好。为了确保安全,HiRIT 训练项目必须在专业人士(运动理疗师或物理治疗师)的严格指导下进行。在没有专业人士指导的情况下,建议根据个人的身体状况,采用中等强度的运动方案为主。

对于骨质疏松性骨折患者,早期应在保证骨折断端稳定性的前提下,加强骨折邻近关节被动运动(如关节屈伸等)及骨折周围肌肉的等长收缩训练等,以预防肺部感染、关节挛缩、肌肉萎缩及失用性骨质疏松;后期应以主动运动、渐进性抗阻运动及平衡协调与核心肌力训练为主。

2. 物理因子治疗　需在医院康复中心完成,联合治疗方式与治疗剂量需依据患者病情与自身耐受程度选择。脉冲电磁场、体外冲击波、紫外线等物理因子治疗可增加骨量;超短波、微波、经皮神经电刺激、中频脉冲等治疗可减轻疼痛;对骨质疏松性骨折或者骨折延迟愈合患者,可选择低强度脉冲超声波、体外冲击波等治疗以促进骨折愈合。神经肌肉电刺激、针灸等治疗可增强肌力、促进神经修复,改善肢体功能。

3. 作业疗法　是指专业医师针对骨质疏松患者的健康宣教,包括指导患者正确的姿势,改变不良生活习惯,提高安全性。可分散患者注意力,减少患者对疼痛的关注,缓解患者因骨质疏松引起的焦虑、抑郁等不利情绪。

4. 康复工程　对于行动不便、跌倒高风险者,可选用拐杖、助行架、髋部保护器等辅助器具,有条件的建议佩戴防跌倒手表(如 WATCH 数字系列等),以提高行动能力,减少跌倒及骨折的发生。

对于急性或亚急性骨质疏松性椎体骨折的患者,可使用脊柱支架,以缓解疼痛,矫正姿势,预防再次骨折等。对于不安全的环境进行适当改造,如将楼梯改为坡道、卫生间增加扶手等,以减少跌倒发生风险。

在社会层面,建立健全康复医疗服务体系,开展社区内健康教育。建议医院骨科康复医疗团队定期随访,加强康复医疗人才培养和队伍建设,培养社区协调员专门介入高骨折风险的骨质疏松患者管理,将有助于骨质疏松患者的康复管理。

第二章 防治骨质疏松的药膳

一、骨质疏松患者的药膳原则

1.骨质疏松患者的用药原则 骨质疏松用药可以采用补肾壮骨中药和益气健脾、活血调肝中药。根据"肾主骨"的中医学理论,肾虚是骨质疏松的发病关键,故治疗宜补肾壮骨。如淫羊藿、杜仲、续断、锁阳、补骨脂、枸杞子、桑寄生、千年健、牛膝、菟丝子、骨碎补、肉苁蓉、狗脊、巴戟天等。若肾精充足,则筋骨坚硬有力。脾虚则肾精亏虚,骨骼失养,骨骼脆弱无力,以致发生骨质疏松。故治疗宜补气活血、健脾调肝,如党参、茯苓、白术、当归、白芍等。

2.骨质疏松患者的膳食原则

(1)原发性骨质疏松,属肾虚证,总的治疗原则是补肾强肾,但要辨证施膳。属肾阴虚者,施以滋补肾阴的膳食;属肾阳虚者,施以温补肾阳的膳食。原发性骨质疏松患者,如兼有肝、脾等其他脏腑的症候,则应在补肾的基础上,配以兼治肝、脾等脏腑的膳食。

(2)继发性骨质疏松的病情甚为复杂,必须在治疗原发病的基础上,配以兼治肝、脾、肾等脏腑的膳食。

(3)营养不良引起骨质疏松的原因:①营养成分缺乏或不足;②脾胃失运或吸收不良;③机体生理需要增加。所以,在配方用料时,必须重视营养成分的补充和保护或改善脾胃的运化及吸收功能。

(4)骨质疏松患者从物质代谢角度看,是本身骨质的丢失大于它的补充,钙盐和蛋白质是骨骼的主要成分,维生素 D 及维生素 C 在骨骼代谢上起着重要的调节作用。所以在配餐时,应重点补充这方面的膳食,如羊奶、牛奶、牛肉、羊肉、鸡蛋、虾皮、动物肝脏、骨粉及各种蔬菜和水果等。

二、骨质疏松患者的饮食禁忌

1.科学烹制食品,充分利用营养 老年人由于生理结构的改变,肾功能下降,因而影响维生素 D 的活化,再加上牙齿脱落,咀嚼功能减退,胃肠消化吸收差,导致维生素 D 和钙的吸收减少。此外,老年人参加户外活动少,光照不足,也干扰皮肤的光转化过程,使维生素 D 合成减少。故科学地烹制食品、饮食调养对保证骨骼质量和减少骨质疏松的发生是十分重要的。食品经科学烹制,能使营养被充分利用,如面粉发酵后的制品,除松软适口外,其中的钙还易被吸收。再如,盐使食品具有好的感官性状,又为生命所必需,但高钠在肾小管的再吸收时要与钙竞争,还可增加对甲状旁腺的不良影响,不利于钙代谢,故老年人摄盐每天应少于 5 g。

2. 平衡膳食，荤素搭配 有人认为鱼肉、禽蛋、矿物质、维生素、微量元素等是补品，虽受偏爱，但不应作为主食，因为摄取过多动物蛋白质容易导致骨质流失。蛋白质的代谢产物如尿素、尿酸等增加，肾脏排泄时会增加负担，同时也可使钙的排出增加，长此下去会引起肾脏损害或引起骨质疏松。如果单单吃素，同样也不利于钙质的吸收，有碍骨质的形成，同时素食还有可能促使女性体内雌激素降低，也会间接导致骨量流失。所以预防骨质疏松就必须两者兼顾，均衡摄食，不可偏食。每日膳食应多吃些肉类、豆类及其制品，如排骨、小鱼、虾、海带、紫菜、芝麻酱、黑木耳、红枣、瓜子、花生、胡萝卜、核桃仁等。

3. 饮食规律，合理营养 营养靠源源不断稳定地摄入。常年定时定量的饮食重要性不亚于食品多样化。不要饥一顿、饱一顿。饮食规律不仅有助于保持健康，使脾胃功能正常，而且能够使营养成分被正常吸收。同时要养成自幼摄取合理饮食（包括钙、蛋白质、糖、脂肪及其他营养素）的良好习惯，这对于骨的发育和骨峰值十分重要。钙的最好来源是饮食，如多食牛乳（每天 2 杯半牛奶）；多食豆类食品，包括豆浆、豆腐、豆腐干等；多食水果及新鲜蔬菜，均有利于人体获取骨质生成所需要的足够钙元素。

4. 饮食补钙，戒除烟酒 骨质疏松的形成原因主要是钙代谢的异常。低钙、低维生素饮食是导致骨质疏松的危险因素。我国膳食中所含的钙、维生素等营养素常常偏低，加上中老年人消化功能下降，造成吸收不足，因此在日常膳食中要多选择含钙、维生素等营养素丰富的食物。通过饮食补充钙、维生素的摄入量，可以有效地阻止和减少骨组织的分解，延缓骨质疏松的进程。

骨质疏松患者的膳食中应含有丰富的钙，每日至少 1.5 g，每日最好能食用 1 kg 左右的奶或相应的奶制品，也可以通过食用豆类、豆制品及坚果等含钙丰富的食物或服用钙片等方式补充钙。吸烟增加骨质溶解，尼古丁使神经释放儿茶酚胺致低氧血症，助长骨质疏松。戒烟有利于骨骼中矿物质含量的增加，肌肉的兴奋性增高，使呼吸、循环等系统功能改善，提高全身的整体素质。乙醇对肾有一定的损害，会使肾对钙、磷的重吸收功能降低，导致缺钙，因此为了不丢失钙，应当戒除烟、酒。

药膳举例

虾皮萝卜包子

材料：胡萝卜 600 g，虾皮 80 g，面粉 500 g，精盐、味精、葱花、花生油各适量，发酵粉少许。

制作：①将胡萝卜去根、去顶，洗净，切成细丝，挤去部分水分，放入盆中，加入虾皮、味精、精盐、葱花、花生油拌匀成包子馅。②面粉中拌入发酵粉，加清水和匀，面发好后，包成包子。上笼用大火蒸熟，即成虾皮萝卜包子。

用法：作主食用。

功效和方解：虾皮富含钙、磷；胡萝卜含有丰富的胡萝卜素，每 100 g 胡萝卜含胡萝卜素 4 010 μg。胡萝卜素在人体内转变为维生素 A,胡萝卜含有钙、磷,可增加钙质。此药膳补钙,适用于骨质疏松。

归苓包子

材料:当归 30 g,茯苓 50 g,面粉 1 000 g,鲜猪肉 500 g,生姜 15 g,胡椒粉 5 g,麻油、黄酒、精盐、酱油、葱花、鲜汤各适量。

制作:①将茯苓与当归同入砂锅中,煎煮取汁,每次分别加 400 mL 水,加热煮 3 次,每次煎煮 1 h,3 次药汁混合滤净,再煎成 400 g 归苓药汁待用。②面粉内加温热的归苓药汁,和成面团发酵。③将猪肉制成蓉倒入盆内,加酱油拌匀,再将生姜末、精盐、麻油、黄酒、葱花、胡椒粉、鲜汤等投入盆中搅匀成馅;面团发成后,加适量碱水,揉成碱液,至不黄不酸,然后搓成 3~4 条,按量揪成 20 块剂子,把剂子压成面皮,填入肉馅,逐个包成生坯。将包好的生坯摆入蒸笼内,大火蒸约 15 min 即成。

用法:当点心食用。

功效和方解:当归有补血和血、调经止痛、润燥滑肠的功效。茯苓利水渗湿,健脾,宁心。鲜猪肉补虚强身,滋阴润燥,丰肌泽。此药膳健脾利水,补血生血,适用于骨质疏松。

芝麻核桃仁粉

材料:黑芝麻 250 g,核桃仁 250 g,白砂糖 50 g。

制作:将黑芝麻炒熟,与核桃仁同研为细末,加入白砂糖,拌匀后瓶装备用。

用法:每日 2 次,每次 25 g,温开水调服。

功效和方解:黑芝麻滋补肝肾,为延年益寿佳品。近代实验研究证实,黑芝麻含有丰富的钙、磷、铁等矿物质及维生素 A、维生素 D 和维生素 E,有良好的抗骨质疏松作用;核桃仁补肾强腰,核桃仁中所含的钙、磷、镁、铁等矿物质均可以增加骨密度,延缓骨质衰老,对抗骨质疏松。此药膳滋阴补肾,可抗骨质疏松,适用于肾阴虚型老年骨质疏松。本食疗方醇香可口,易于消化吸收,适合老年人经常服食。

茯苓羊肉包子

材料:茯苓 30 g,面粉 1 000 g,鲜羊肉 500 g,生姜、胡椒粉、香油、黄酒、精盐、酱油、大葱、骨头汤各适量。

制作:①茯苓煎煮 3 次,每次加水约 250 mL,沸后煮 1 h,3 次药液合并备用,再取面粉适量,以温热茯苓水和成发酵面团。②将羊肉剁成肉末,与其他佐料拌成肉馅,待面发好后,做成包子,上火蒸熟。

用法:作为午餐主食,或早、晚餐佐餐。

功效和方解:茯苓利水渗湿,健脾,宁心。羊肉补血温经,温补脾胃肝肾,补肝明目,保护胃黏膜。面粉补益中气。此药膳温补脾肾,适用于肝脾不和型骨质疏松。

平菇烧卖

材料:平菇1 000 g,虾仁150 g,面粉500 g,葱花、生姜末、植物油、麻油、精盐、味精各适量。

制作:①将平菇洗净,放入开水锅中焯后捞出,用冷水冲洗,沥干水分,切成小丁;虾仁洗净后切成小丁,将精白面粉放入盆内,加热水适量,和匀并揉成光滑面团,再擀制成若干有裙褶边的烧卖皮。②锅内放油烧热,下葱花、生姜末煸出香味,加入平菇丁、虾仁丁翻炒几下,盛入碗内,加精盐、味精、麻油,搅拌均匀即成馅;每块烧卖皮上放1份馅,将皮的四周向中心收拢,拢成花瓶口状,使馅露出一些,逐个上屉,蒸约10 min即成。

用法:当点心食用。

功效和方解:补肾助阳,强筋壮骨,补充钙质。适用于肾阳虚衰型骨质疏松。

豆面窝头

材料:黄豆面250 g,玉米面或小米面750 g,白砂糖、苏打粉各适量。

制作:①将玉米面放入盆中,用八成热的水烫好,晾凉后掺入黄豆面,加入苏打粉,稍饧一会儿,加入白砂糖揉匀。②将和好的玉米黄豆面捏成50 g左右的小窝头,摆放在屉布上,每个相距1 cm左右,盖上屉盖,用大火蒸约20 min,即成豆面窝头。

用法:作主食用。

功效和方解:黄豆营养丰富,含有人体必需的氨基酸以及有利补钙的胡萝卜素、维生素C、蛋白质、钙、磷等。尤其钙和蛋白质含量丰富,每100 g黄豆含钙达367 mg,含蛋白质36.3 g,可谓含钙及蛋白质较高的食物。此药膳补钙,适用于骨质疏松。

山药芝麻糊

材料:山药150 g,黑芝麻120 g,粳米60 g,鲜牛奶200 mL,玫瑰糖10 g,冰糖120 g。

制作:山药去皮洗净,黑芝麻用文火炒香,粳米淘洗干净,三者加入鲜牛奶和少量清水磨成浆,滤取浆汁。锅内加入冰糖及适量清水,加热溶化后慢慢倒入浆汁。加入玫瑰糖,不断搅拌成稠糊,即可盛出食用。

用法:适量食用。

功效和方解:山药益气养阴、补益脾肺、补肾固精;黑芝麻富含蛋白质、脂肪、多种维生素、卵磷脂等人类所需的营养物质,又为食药兼备之品,补肝肾、益精血、润肠燥,含有丰富的矿物质、钙、磷、铁、锌、铜、锰、钼;牛奶是人体钙的最佳来源,钙磷比例非常适当,利于钙的吸收。粳米健脾养胃,止渴除烦,固肠止泻。此药膳强筋健骨,适用于骨质疏松。

桑椹杞子米饭

材料:桑椹30 g,枸杞子30 g,粳米80 g,白砂糖20 g。

制作:取桑椹、枸杞子、粳米淘洗干净,放入锅中,加入适量清水、白砂糖,文火煎煮焖成米饭即成。

用法:作午餐食用。

功效和方解:枸杞子补肾益精,养肝明目,润肺止咳;桑椹补肝益肾,滋阴补血;枸杞子养阴补血,滋补肝肾;粳米补益中气;白砂糖润肺生津。此药膳有滋补肝肾,养阴补血之功。

白菜绿豆粉条

材料:绿豆粉条50 g,大白菜250 g,精盐、味精、葱花、花生油各适量。

制作:①将大白菜择洗干净、切成小块;绿豆粉条用温水泡软,切成5~6 cm长的段。②锅内放入花生油,烧热,入葱花煸香,加白菜、粉条煸炒,放入精盐炒至入味,点入味精,即可出锅。

用法:佐餐食用。

功效和方解:绿豆粉条富含钙、磷,白菜含钙丰富。此药膳是补钙的上好菜肴,中老年人应常吃此菜,有利于防治骨质疏松。

黄瓜拌粉皮

材料:绿豆粉皮250 g,黄瓜200 g,精盐、味精、酱油、蒜泥、香油各适量。

制作:将粉皮切成条放入盘内。黄瓜剖开去瓤,切成片,放入盛放粉皮的盘中,加入精盐、酱油、蒜泥、味精、香油,吃时拌匀即可。

用法:佐餐食用。

功效和方解:绿豆富含钙、磷,黄瓜富含维生素C。此药膳有利补钙。

姜附狗肉煲

材料:狗肉250 g,制附子6 g,干姜15 g,调料适量。

制作:将狗肉洗净,切成块,红烧至半熟后,加入附子、干姜煨烂(1 h以上),调味即成。

用法:酌量食用。

功效和方解:附子补火助阳,回阳救逆,散寒止痛;干姜温中散寒,回阳通脉,燥湿消痰;狗肉不仅蛋白质含量高,而且蛋白质质量极佳,尤以球蛋白比例高,对增强机体抗病力和细胞活力及器官功能有明显作用;食用狗肉可增强人的体魄,提高消化能力,促进血液循环,改善性功能。狗肉还可用于老年人的虚弱症,如尿淋漓不尽、四肢厥冷、精神不振等。此药膳温肾壮阳,补虚益气。冬天常吃此药膳可使老年人增强抗寒能力。适用于中老年骨质疏松引起的腰腿疼痛。

虾皮拌香菜

材料:虾皮 35 g,香菜 350 g,酱油、味精、香油各适量。

制作:①将香菜洗净,下入开水锅内焯一下,捞出后用凉开水洗净、挤去水,切成 3 cm 长的段,放入盘内。②放入虾皮,加入酱油、味精、香油拌匀,即成。

用法:佐餐食用。

功效和方解:虾皮含钙、磷丰富,对小儿软骨病、佝偻病,以及老年人骨质疏松、骨质增生均有防治功效;香菜营养丰富,对补钙十分有益。此药膳中虾皮配香菜是补钙佳品,中老年人宜多食,适用于防治骨质疏松。

菠菜炒虾仁

材料:菠菜 250 g,鲜虾仁 250 g,精盐、味精、蒜片、花生油各适量。

制作:①将菠菜择洗干净,切成 5 cm 长的段;虾仁去杂,洗净。②锅内放入花生油烧热,投入虾仁、菠菜段用猛火快炒,加精盐、蒜片、味精,即可出锅。

用法:佐餐食用。

功效和方解:每 100 g 虾仁含钙 35 mg、磷 150 mg、维生素 A 360 U。菠菜含胡萝卜素、维生素 C、钙、磷等。菠菜、虾仁组成的菜富含蛋白质、脂肪、钙、磷、铁及维生素 A 等,是补钙佳品。此药膳补钙,适用于预防骨质疏松。

芝麻海带

材料:水发海带 600 g,熟芝麻 30 g,精盐、酱油、醋、味精、白砂糖、葱丝、姜丝、蒜末、辣椒油、香油、芝麻酱、花椒粉各适量。

制作:①将海带洗净,蒸 30 min,取出晾凉后切成细丝,放在盘内撒上熟芝麻。②将精盐、味精、酱油、醋、白砂糖、香油、芝麻酱、辣椒油、花椒粉、葱丝、姜丝、蒜末放入碗内,调成味汁,浇在海带丝上拌匀即成。

用法:佐餐食用。

功效和方解:海带、芝麻均含有较多的钙、磷,芝麻和芝麻酱还含蛋白质、脂肪,也有利补钙。此药膳可增强补钙功效,适用于预防骨质疏松。

生地黄鸡

材料:生地黄 400 g,饴糖 250 g,乌骨鸡 1 只。

制作:①将鸡去除鸡毛及内脏,洗净。生地黄洗净切成细条,与饴糖相混合,放入鸡腹中,用棉线扎紧。②将鸡放在陶瓷锅中,文火炖熟,不加盐、醋等调味品。

用法:分次食肉喝汤。

功效和方解:生地黄清热凉血,生津润燥;饴糖除补脾益气、缓急止痛、润肺止咳外,还具有一定的还原性,可以抗氧化,具有较大的渗透压,能抑制制剂中微生物的生长繁殖。饴糖主要成分有麦芽糖(89.5%)、蛋白质、脂肪、维生素 B₂、维生素 C、烟酸等。此药膳滋阴补肾,适用于肾阴虚骨质疏松,症见驼背弯腰、足跟疼痛、舌质红、少苔或无苔、脉细数等。

虾仁拌生菜

材料:鲜大虾 250 g,生菜 100 g,花椒、精盐、酸辣汁各适量。

制作:①大虾洗净,挑出虾线,入冷水锅中,加少许精盐、花椒,用旺火烧煮至虾皮脱肉、虾肉发硬时出锅,晾凉后剥去虾皮。生菜择洗干净,切成丝。②将生菜装入盘中,形似馒头堆集在盘中央。虾肉从中间切为两段,一段接一段均匀地排在生菜上,最好盖严生菜,浇上酸辣汁,即成。

用法:佐餐食用。

功效和方解:大虾又叫对虾、明虾、大红虾等,肉味鲜美,其含蛋白质 20.6%、脂肪 0.7%,钙、磷、维生素 A 含量都较高。每 100 g 大虾含钙 35 mg、磷 150 mg,含维生素 A 360 IU,是人体补钙佳品。生菜含有丰富的营养素,包括维生素 C、维生素 E、维生素 A,以及胡萝卜素、叶酸,还有钙、铁、磷等微量元素。中老年人常吃此药膳可以补充较多的钙质,强身壮体。适用于预防骨质疏松。

虾仁煨豆腐

材料:虾肉 150 g,豆腐 150 g,花生油 300 g(约耗 50 g)、黄酒 10 g,葱花、姜片、蛋清、清汤、精盐、味精、湿淀粉、香油各适量。

制作:①将虾肉切成小丁,用精盐、蛋清、湿淀粉拌匀;豆腐上屉,蒸去水分,取出切成小丁。②锅内加花生油烧热,倒入虾肉,滑至嫩熟,捞出,将油控净。③锅内留底油烧热,用葱花、姜片炝锅,加黄酒,再加清汤、精盐、味精烧开,撇去浮沫,将虾肉、豆腐下锅煨透,用湿淀粉勾芡,淋入香油翻匀,盛入盘中即成。

用法:佐餐食用。

功效和方解:虾仁、豆腐均富含钙和磷,是补钙佳品。此药膳可增强补钙功效,适用于预防骨质疏松。

芹菜炒鱿鱼卷

材料:水发鱿鱼 600 g,芹菜 250 g,黄酒、精盐、味精、酱油、醋、白砂糖、葱花、姜片、蒜片、胡椒粉、油、高汤各适量。

制作:①将鱿鱼从中间剖成两半,切成长方块,皮斜切交叉花刀,再改切成约 4 cm 大的方块;芹菜去除根、叶、老叶柄,洗净,切成段,入沸水锅中焯后捞出。②将酱油、醋、黄酒、精盐、白砂糖、胡椒粉、味精、湿淀粉、高汤调成味汁。③锅中加入油烧热,放入鱿鱼块,炸至卷状时倒在漏勺内。④锅内留少许余油烧热,放入葱花、姜片、蒜片、芹菜煸炒,加入鱿鱼卷,倒入调好的味汁,炒至入味即成。

用法:佐餐食用。

功效和方解:鱿鱼、芹菜均是含钙食物,老年人多吃此膳有利防治骨质疏松。此药膳可增强补钙功效,适用于预防骨质疏松。

干炸刀鱼

材料:鲜刀鱼300 g,鸡蛋1个、大米粉100 g,黄酒、酱油、葱段、姜块、面粉、香油、花生油、花椒、盐各适量。

制作:①将刀鱼去鳞、鳃、肠脏、洗净,打上十字剖刀,切去头、尾,用刀改成斜菱形块,用葱段、姜块、黄酒、酱油腌渍入味。②鸡蛋液打入碗内,加入大米粉、面粉和水,搅成鸡蛋糊。③锅内加入油,烧至七成热,将刀鱼块沾上鸡蛋糊,入油锅内炸透,捞出,摘去鱼脊骨,再沾上鸡蛋糊,待锅内油烧至八成热时再将鱼放入锅内炸至金黄色,盛入漏勺沥油。④炒锅上火,放入鱼段,加花椒、盐颠匀起锅,淋上香油装盘即成。

用法:佐餐食用。

功效和方解:每100 g刀鱼含蛋白质10.9 g、脂肪2.2 g、钙126 mg、磷226 mg、铁14 mg。刀鱼配鸡蛋,补充了钙和维生素D,是补钙佳肴。此药膳可增强补钙功效,适用于预防骨质疏松。

水萝卜拌鸡蛋

材料:鸡蛋2个,小水萝卜300 g,精盐、白砂糖、白醋各适量,香油少许。

制作:①将小水萝卜洗净,斜切成薄片,放入盘中,加入精盐腌渍一会儿。②将鸡蛋煮熟,剥去蛋壳,将蛋白切成小片,将蛋黄捣碎,加入白醋将蛋黄调匀。③将腌小水萝卜的水滗去,撒上白砂糖,将调匀的蛋黄倒入,放入蛋白片,拌匀,淋上香油即成。

用法:佐餐食用。

功效和方解:鸡蛋是补钙佳品,其功效卓著;小水萝卜也是含钙的蔬菜,每100 g含蛋白质0.8 g、胡萝卜素250 μg、维生素C 45 mg,能配合鸡蛋增强补钙功效。此药膳可增强补钙功效,适用于预防骨质疏松。

羊骨羊腰汤

材料:新鲜羊骨500 g,羊腰(又叫羊肾)2只,葱花、姜末、精盐、料酒、味精、五香粉、麻油等适量。

制作:①鲜羊骨洗净,用刀背砸断备用;将羊腰洗净,去除臊腺及筋膜,斜切成羊腰片,②把羊腰片与羊骨同放入砂锅内,加水适量,煮沸,撇去浮沫,烹入料酒,加葱花、姜末,改用小火煮90 min,待羊骨汤汁浓稠时,加入精盐、味精、五香粉拌匀,淋入麻油即成。

用法:佐餐当汤,随意服食。

功效和方解:羊骨补肾气,强筋骨,健脾胃;羊肾补肾气,益精髓,羊肾富含铁质,可以保证红细胞数量,及时为大脑输送氧气,提高大脑的工作效率。此药膳对肾阳虚型骨质疏松尤为适宜。

胡萝卜炒鸡蛋

材料:鸡蛋 4 个,胡萝卜 1 根,胡椒粉、精盐、味精、姜丝、韭菜各少许,花生油适量。

制作:①把鸡蛋打入碗内,加精盐、胡椒粉,搅拌均匀;把胡萝卜切成细丝;韭菜择洗干净,切成 3 cm 长的小段。②炒锅上火,加入花生油,待油烧至七成热时投入姜丝,爆出香味后捞出,倒入胡萝卜丝炒熟,加精盐、味精炒匀,取出放凉后,与韭菜段和蛋液搅拌均匀。③炒锅上火,加入花生油,待油热后把鸡蛋液倒入,改用中火炒拌,蛋熟时盛入盘中即可食用。

用法:佐餐食用。

功效和方解:鸡蛋含钙、磷、维生素 D 丰富;胡萝卜富含胡萝卜素,到人体内可变化为维生素 A,含维生素 C、钙、磷也很丰富,均为补钙佳品。此药膳可增强补钙功效,适用于预防骨质疏松。

香椿炒鸡蛋

材料:鸡蛋 4 个,香椿嫩尖 50 g,植物油 50 g,精盐适量。

制作:①鸡蛋液磕入碗内,加少许精盐拌匀;将香椿嫩尖洗净,放入碗内,用开水烫约 3 min,捞出,切成小段(或细末)。②将炒锅置火上,放入植物油烧热,下入鸡蛋液炒至将熟时,放入香椿尖再炒片刻,加盐调味即成。

用法:佐餐食用。

功效和方解:鸡蛋和香椿均含有钙、磷,香椿的蛋白质含量也比较高。此药膳可增强补钙功效,适用于预防骨质疏松。

蛋丝拌卷心菜

材料:鸡蛋 3 个,卷心菜 200 g,嫩黄瓜 1 根,精盐适量,白砂糖 3 g,香油 5 g,植物油、味精各少许。

制作:①将卷心菜洗净,放沸水锅中烫一下,捞出沥干水分,晾凉,切成细丝,放入盘中,撒上精盐拌匀,稍腌渍一下。②将黄瓜去蒂、洗净、切成细丝,撒在盘中卷心菜上,加入白砂糖、味精、香油拌匀。③将鸡蛋打入碗内,加入少许盐,用筷子打散。④锅内放入少许植物油,置火上烧热,使锅内壁都沾上油,倒入 1/3 的鸡蛋液,摊成蛋皮,并做到厚薄均匀,如此法摊成 3 个蛋皮。再将蛋皮切成 3 cm 长、3 mm 宽的丝,撒在卷心菜上,拌匀后即成。

用法:佐餐食用。

功效和方解:鸡蛋富含钙、磷、维生素 D 等成分,与含有多种有益补钙成分的卷心菜合用,补钙效果增强。每 100 g 卷心菜含蛋白质 1.5 g、胡萝卜素 70 μg、维生素 C 40 mg、钙 49 mg、磷 26 mg,在蔬菜里是含补钙成分较多的品种。此药膳可增强补钙功效,适用于预防骨质疏松。

鲤鱼强筋健骨汤

材料:鲤鱼1条,牛蹄筋15 g,党参25 g,当归10 g,料酒、葱段、姜片、盐、花生油、肉汤各适量。

制作:将牛蹄筋放在温水中泡开,撕去筋膜,切成6 cm长的段;党参、当归洗净切片,装入纱布袋;鲤鱼去头、骨、内脏,洗净。锅中加入花生油加热,肉切成条,入油锅中炸至金黄色捞出。锅中留油,注入适量肉汤,加入牛蹄筋、鲤鱼肉、盐、纱布袋、料酒、葱段、姜片,煮至蹄筋熟烂,捞去纱布袋、葱段、姜片即成。

用法:食肉饮汤。

功效和方解:党参补中益气,健脾益肺;当归补血和血,调经止痛,润燥滑肠;鲤鱼滋补健胃,利水消肿,通乳,清热解毒。鲤鱼不但蛋白质含量高,而且质量佳,人体消化吸收率可达96%,并能供给人体必需的氨基酸、矿物质、维生素A和维生素D。鲤鱼的脂肪多为不饱和脂肪酸,是人体必需的脂肪酸,有重要的生理作用。鲤鱼的钾含量较高,可防治低钾血症,增加肌肉强度,与中医的"脾主肌肉四肢"的健脾作用一致;蹄筋有益气补虚、温中暖中的作用,蹄筋中含有丰富的胶原蛋白,并且不含胆固醇,能增强细胞生理代谢,使皮肤更富有弹性和韧性,延缓皮肤的衰老,具有强筋壮骨之功效,对腰膝酸软、身体瘦弱者有很好的食疗作用,有助于青少年生长发育和减缓中老年妇女骨质疏松的速度。此药膳强筋健骨,适用于骨质疏松。

香菜拌豆腐

材料:嫩豆腐250 g,香菜50 g,香油2.5 g,精盐2.5 g,味精1 g。

制作:①将豆腐放入碗内,浇入开水烫一下,然后投入凉开水中浸凉,取出控去水分,切成小丁,或细丝,或小片,或在盘内压成细泥;香菜用凉开水洗净,切成细末。②将豆腐放入盘中,加入香油、精盐、味精,搅拌均匀,然后撒上香菜末,再稍拌一下即成。

用法:佐餐食用。

功效和方解:豆腐为黄豆或黑豆制品,含钙和蛋白质丰富,且能清热润燥,生津解毒。香菜含有蛋白质、钙、磷和大量的维生素A等。此药膳可增强补钙功效,适用于预防骨质疏松,也有利于辅助治疗骨质疏松,老年人宜常食此菜。

黄芪虾皮汤

材料:黄芪20 g,虾皮50 g,葱、姜、盐、水适量。

制作:黄芪切片,入锅,加水适量,煎煮40 min,去渣,取汁,兑入洗净的虾皮等调味品,煨炖20 min,即成。

用法:佐餐当汤,随意服食。

功效和方解:黄芪补气固表,利尿排毒,排脓,敛疮生肌;虾皮中蛋白质和矿物质含量、种类丰富,且含有碘铁、钙、磷、虾青素等。此药膳补益脾肾,补充钙质,抗骨质疏松。

黄瓜拌豆腐

材料:嫩豆腐250 g,黄瓜50 g,香油25 g,芥末糊15 g,醋5 g,精盐3 g,味精1 g。

制作:①将豆腐放入碗内,浇入沸水浸烫消毒后捞出晾凉,控干水分,切成3 cm长、0.5 cm宽、0.5 cm厚的丝;黄瓜洗净,切成2.5 cm长、0.5 cm宽、0.5 cm厚的丝。②取一个小碗,加入芥末糊、精盐、醋、味精、香油,调匀成芥末汁。③将豆腐丝、黄瓜丝装在大碗里,倒入调好的芥末汁,拌匀装盘,即成。

用法:佐餐食用。

功效和方解:豆腐富含钙质和蛋白质,黄瓜含有维生素A、维生素C及钙、磷等有利补钙的成分。香油为芝麻加工而成,其除含一般营养素外,还含有多量的钙,是防治骨质疏松的理想食品。黄瓜拌豆腐有利补钙,是老年人的保健食品。此药膳可增强补钙功效,适用于预防骨质疏松。

炝青椒豆腐

原科:豆腐250 g,胡萝卜100 g,青椒100 g,花生油30 g,精盐4.5 g,味精1.5 g,花椒6 g。

制作:①将豆腐洗净,投入沸水锅中氽透,捞出晾凉,控净水分,切成1.2 cm见方的丁;胡萝卜洗净,刮去皮,切成1.2 cm见方的丁;青椒去蒂、去籽,洗净,切成1.2 cm见方的丁。②把胡萝卜丁、青椒丁投入沸水锅中焯一下,捞出晾凉,放入盘内,放上精盐和味精拌匀。③锅上火,放入花生油烧至六七成热,投入花椒,炸至花椒溢出香味变为焦黑时捞出,趁热把花椒油浇入盘中"三丁"上,再拌一下即可食用。

用法:佐餐食用。

功效和方解:豆腐富含蛋白质、钙、胡萝卜素;胡萝卜富含胡萝卜素、维生素C、钙、磷;青椒富含维生素C、钙及磷等。此三物合用,使补钙成分明显增加,是骨质疏松患者理想的保健食品。此药膳可增强补钙功效,适用于预防骨质疏松。

炝芹菜豆腐

材料:豆腐250 g,芹菜150 g,花椒油25 g,精盐4 g,味精1.5 g,姜丝2 g。

制作:①将豆腐投入沸水锅中氽透,捞出晾凉,控去水分,切成长3~4 cm、粗0.4 cm的丝;芹菜去根,择洗干净,投入沸水锅中焯至断生,捞出晾凉,切成3 cm长的段。②将豆腐丝和芹菜段均控净水分,装入盘内,加入姜丝、精盐和味精,浇入花椒油,拌匀即成。

用法:佐餐食用。

功效和方解:豆腐富含蛋白质、钙,还含有胡萝卜素,对补钙有益;芹菜含挥发油、糖类、维生素C、胡萝卜素、氨基酸及钙、磷、铁等,尤其钙、磷含量较高,对补钙和防治骨质疏松有效。此药膳可增强补钙功效,适于辅助治疗骨质疏松和软骨症。

羊乳鸡蛋羹

材料:鲜羊乳 250 mL,生鸡蛋 1 个,红糖适量。

制作:将鸡蛋打入碗中搅匀,加入红糖,用煮沸的羊乳冲熟鸡蛋。

用法:早晨顿服。

功效和方解:羊奶以其营养丰富、易于吸收等优点被视为乳品中的精品,被称为"奶中之王"。羊奶干物质中蛋白质、脂肪、矿物质含量均高于人奶和牛奶,乳糖低于人奶和牛奶。羊乳甘温无毒,可益五脏、补肾虚、益精气、养心肺。每 100 g 鸡蛋含蛋白质 14.7 g,主要为卵白蛋白和卵球蛋白,其中含有人体必需的 8 种氨基酸,并与人体蛋白的组成极为近似,人体对鸡蛋蛋白质的吸收率可高达 98%。每 100 g 鸡蛋含脂肪 11～15 g,主要集中在蛋黄里,也极易被人体消化吸收,蛋黄中含有丰富的卵磷脂、固醇类、卵磷脂以及钙、磷、铁、维生素 A、维生素 D 及 B 族维生素。这些成分对增进神经系统的功能大有裨益,鸡蛋又是较好的健脑食品。此药膳养肝健脑,抑癌抗瘤,滋阴润燥,补心宁神,养血安胎,益气补阳,可防治老年性骨质疏松。

扒猪肉白菜卷

材料:猪肉末 150 g,大白菜叶 100 g,豆油 60 g,鸡蛋 1 个,酱油、水淀粉、味精、黄酒、精盐、葱花、姜末、清汤、花椒油、香菜各适量。

制作:①将猪肉末装入碗内,加入部分葱花、姜末,再加入黄酒、鸡蛋、味精、精盐、酱油和清汤,搅拌均匀。②把大白菜叶洗净,放入开水中烫一下,捞出、用冷水投凉,控净水分。③在菜叶上抹上肉末,卷成 2 cm 粗的卷,将菜卷切成 4 cm 长的段,装入碗内,上屉蒸 5 min 取出,滗去水分。④锅内加油烧热,用葱花、姜末炝锅,加入酱油、黄酒和清汤,待汤烧沸后,用水淀粉勾芡,撒入味精,淋入花椒油,浇在菜卷上即可出锅,撒上香菜段即成。

用法:佐餐食用。

功效和方解:白菜含钙丰富,每 100 g 含钙 69 mg、磷 30 mg、胡萝卜素 250 μg;猪肉中脂肪能够携带维生素 D。钙和维生素 D 相配,是一道很好的补钙菜肴。此药膳可增强补钙功效,适用于预防骨质疏松。

鸡丝麻酱白菜

材料:白菜 250 g,鸡里脊肉 150 g,芝麻酱 50 g,香菜少许,生抽、味精、辣椒油、淀粉、胡椒粉、香油、精盐、鲜汤各少许。

制作:①将白菜帮洗净,切成 6 cm 长的丝;鸡里脊肉洗净,切丝,放入碗内加少许精盐,用湿淀粉抓拌均匀;香菜择洗干净、切成小段。②炒锅置火上烧热,放入适量清水烧开,把上好浆的鸡肉丝投入锅内焯熟,捞出控干水分;锅内水再次烧开后,放入白菜丝,焯熟后捞出控干水分,装入盘中,上面放上鸡肉丝。③取一小碗,放上芝麻酱、精盐、味精、鲜汤、生抽、辣椒油、胡椒粉,搅拌均匀,浇在白菜上,最上面撒上香菜段,加香油拌匀即成。

用法:佐餐食用。

功效和方解:白菜含有钙、磷、蛋白质等成分。每100 g鸡肉含蛋白质21.5 g、脂肪2.5 g、钙11 mg、磷190 mg,有温中益气、填精补髓的作用。芝麻酱、香菜含钙质丰富。此药膳可增强补钙功效,适用骨质疏松者,可以起辅助治疗的作用。

烧虾皮白菜帮

材料:大白菜中层500 g,小虾皮75 g,葱丝、姜丝各10 g,精盐、味精、醋、豆油各适量。

制作:①将大白菜帮洗净,切成宽长条,再改刀切成斜方块;虾皮洗净。②炒锅内倒入豆油烧至八成热,投入葱丝、姜丝和虾皮,炒出香味,放入白菜帮烧炒片刻,加入精盐、醋、再烧炒至白菜帮熟透,撒上味精拌匀,倒入盘中即成。

用法:佐餐食用。

功效和方解:白菜、虾皮富含钙、磷。白菜帮含钙量尤高,是补钙的理想菜肴。此药膳可增强补钙功效,适用于预防骨质疏松。

番茄葱头焖酸菜

材料:用大白菜腌的酸菜500 g,洋葱头100 g,番茄酱100 g,白砂糖、精盐、米醋、胡椒粒、干辣椒、香叶、清汤、花生油各适量。

制作:①将酸白菜挤干水分,切成丝;洋葱头去老皮,洗净,切成丝。②炒锅置火上,倒入花生油,油热后放入葱丝,煸炒至色微黄时加入番茄酱,炒至出红油,放入酸白菜炒至半熟,加适量清汤、香叶、胡椒粒、干辣椒焖熟,放入白砂糖、米醋、精盐调好口味后出锅即成。

用法:佐餐食用。

功效和方解:白菜含钙、磷丰富;洋葱含维生素C、胡萝卜素;番茄酱富含维生素C。此菜有丰富的钙、磷和维生素C,有利补钙。此药膳可增强补钙功效,适用于预防骨质疏松。

枸杞羊肾粥

材料:枸杞子30 g,羊肾1个,肉苁蓉15 g,粳米60 g,食盐适量。

制作:将羊肾剖开,去筋膜,切碎,和枸杞子、粳米、肉苁蓉一同放入锅中,加水适量,文火煎煮,等粥将成时,加入食盐调味。

用法:早、晚温热服食。

功效和方解:枸杞子补肾益精,养肝明目,润肺止咳。枸杞子中含有多种氨基酸,并含有甜菜碱、玉蜀黍黄素、酸浆果红素等特殊营养成分,使其具有非常好的保健功效;肉苁蓉补肾阳,益精血,润肠道;羊肾味甘,性温,能补肾气,益精髓。羊肾富含铁质,可以保证红细胞数量,及时为大脑输送氧气,提高大脑的工作效率;粳米有补脾胃、养五脏、壮气力之功效。此药膳补益肝肾,滋阴壮骨,适用于骨质疏松。

笋叶拌豆腐

材料:嫩莴笋叶 300 g,嫩豆腐 250 g,精盐、味精、香油、辣椒油适量。

制作:将嫩莴笋叶洗净,入沸水中焯一下,捞出控去水分,切碎;嫩豆腐洗净,切碎丁,入沸水中焯透,盛入盘中,上面放上碎笋叶,加入精盐、味精、香油、辣椒油,拌匀即可食用。

用法:佐餐食用。

功效和方解:嫩豆腐富含钙质、蛋白质和胡萝卜素等;莴笋是低脂肪、低糖食物,富含维生素、矿物质等成分。莴笋叶的营养成分比莴笋茎还高。鲜嫩翠绿的莴笋叶,其蛋白质是茎的 2 倍,维生素 B_1、维生素 B_2、维生素 C 是茎的 3 倍,胡萝卜素是茎的 4 倍。此药膳营养价值和保健价值高,可增强补钙功效,适用于预防骨质疏松。

海带虾皮汤

材料:海带、虾皮、香油、精盐各适量。

制作:海带、虾皮一起放入锅中煮熟,加香油、精盐调味。

用法:每日作汤食用。

功效和方解:海带是一种营养价值很高的蔬菜,每 100 g 干海带中含粗蛋白质 8.2 g、脂肪 0.1 g、糖 57 g、粗纤维 9.8 g、矿物质 12.9 g、钙 2.25 g、铁 0.15 g,以及胡萝卜素 0.57 mg、硫胺素(维生素 B_1)0.69 mg、核黄素(维生素 B_2)0.36 mg、尼克酸(维生素 B_3)16 mg。与菠菜、油菜相比,除维生素 C 外,其粗蛋白质、碳水化合物、钙、铁的含量均高出几倍、几十倍;虾皮蛋白质、矿物质数量和种类丰富,还富含碘元素、铁、钙、磷、虾青素,补钙,补肾壮阳,理气开胃,保护心血管系统,预防动脉硬化。此药膳补钙质,适用于老年人骨质疏松。

生拌芹菜

原科:芹菜 500 g,酱油 25 g,白砂糖 5 g,精盐 5 g,香油 20 g。

制作:①将芹菜择去老叶,洗净,切成 4 cm 长的段。②锅内放水,用旺火烧沸,把芹菜放入沸水锅内焯 3 min,焯透而保持脆嫩,即可捞出,沥去水分放入碗中,加入香油、酱油、精盐、白砂糖拌匀即成。

用法:佐餐食用。

功效和方解:芹菜营养丰富、全面,含有多种补钙成分,如每 100 g 含蛋白质 1.4 g、胡萝卜素 380 μg、维生素 C 5 mg、钙 38 mg、磷 38 mg。芹菜叶含胡萝卜素、维生素 C、蛋白质都比其茎高。此药膳可增强补钙功效,适用于预防骨质疏松。

虾米芹菜

材料:芹菜 100 g,虾米 25 g,黄酒、精盐、味精、白砂糖、香油各适量。

制作：①芹菜去叶、洗净、切成细丁；虾米放在碗内用清水浸泡洗净，发软后切成小丁。②将虾米丁放在碗里、加入黄酒，置蒸笼上蒸至酥软，出笼备用。③炒锅内放入清水，置旺火上烧沸后，放入芹菜丁，迅速翻颠片刻，即倒入漏勺沥去水。④将芹菜丁和虾米丁拌在一起，加入精盐、味精、白砂糖、香油，拌匀，装盘即可食用。

用法：佐餐食用。

功效和方解：芹菜含有多种补钙成分；虾米含蛋白质、维生素 A 和钙、磷等。此菜两物相配，可较好地增加补钙功效。芹菜、虾米都比较方便，是老年人常食的菜肴。此药膳可增强补钙功效，适用于预防骨质疏松。

蚕豆炖牛肉

材料：鲜蚕豆或水发干蚕豆 250 g，精牛肉 500 g，葱、姜、盐各少许。

制作：牛肉切成约 3 cm 长、2 cm 粗的小块，放入砂锅内，加盐、葱、姜、清水适量，用武火烧沸，转用文火炖熬至牛肉六成熟时，加入鲜蚕豆，继续炖熬至熟即成。

用法：佐餐食用。

功效：蚕豆含蛋白质、碳水化合物、粗纤维、磷脂、胆碱、维生素 B_1、维生素 B_2、烟酸和钙、铁、磷、钾等多种矿物质，尤其是磷和钾含量较高；牛肉含有蛋白质（20.1%），脂肪（10.2%），维生素 B_1、维生素 B_2，钙、磷、铁，具有补中益气、滋养脾胃、强健筋骨之功效。此药膳健脾利湿，含钙丰富，辅治失用性骨质疏松。

虾皮茼蒿

材料：虾皮 20 g，茼蒿 500 g，油、酱油、精盐各适量。

制作：①将茼蒿择洗干净，切成 4 cm 长的段，控去水分。②炒锅内放油，油烧至冒烟，将虾皮和茼蒿同时入锅，迅速煸炒，待茼蒿快炒熟时加入精盐、酱油，翻炒均匀即成。

用法：佐餐食用。

功效和方解：茼蒿营养很高，含维生素 A 丰富，每 100 g 茼蒿含胡萝卜素 2.77 mg。茼蒿还可供给人体所需的矿物质，尤以钙、铁丰富，有利造血、增强骨骼、防止贫血和骨质疏松及骨折。虾皮更是含钙丰富的食品。此药膳可增强补钙功效，适用于预防骨质疏松。

虫草排骨炖鲍鱼

材料：猪排骨 300 g，冬虫夏草 6 g，枸杞子 15 g，鲍鱼 200 g，鸡汤、料酒、葱、盐、姜各适量。

制作：①将鲍鱼去除头、尾、磷和内脏，洗净，放入砂锅内煮软。②猪排骨洗净，剁成小块，入沸水余一下，捞出用凉水冲干净。③砂锅内加水适量，放入排骨、鲍鱼、鸡汤，用文火炖煮 3 h，加入料酒、葱、姜、盐、冬虫夏草、枸杞子，继续煨炖半小时即成。

用法:佐餐食用。

功效和方解:冬虫夏草是我国传统的名贵药膳滋补品,有补肺肾、止咳嗽、益虚损、养精气之功效。青海冬虫夏草含有虫草酸约7%、蛋白质约25%、脂肪约8.4%,其中82.2%为人体不能合成而又必需的不饱和脂肪酸,还含有碳水化合物28.9%、游离氨基酸12种、水解液氨基酸18种,其中成年人必须从食物中供给的8种氨基酸均具备,还有幼儿生长发育所必需的组氨酸。冬虫夏草具有养肺阴、补肾阳、止咳化痰、抗癌防老的功效,为平补阴阳之品。枸杞子补肾益精,养肝明目,润肺止咳。枸杞子中含有多种氨基酸,并含有甜菜碱、玉蜀黍黄素、酸浆果红素等特殊营养成分,具有非常好的保健功效。鲍鱼鲜品可食部分含蛋白质24%、脂肪0.44%,干品含蛋白质40%、碳水化合物33.7%、脂肪0.9%以及多种维生素和微量元素,是一种对人体非常有利的高蛋白、低脂肪食物。鲍鱼因富含谷氨酸,味道非常鲜美。猪排骨除含蛋白质、脂肪、维生素外,还含有大量磷酸钙、骨胶原、骨黏蛋白等,可为幼儿和老人提供钙质,滋补肾阴、填补精髓。此药膳强筋健骨,适用于骨质疏松。

笋黄豆

材料:干笋100 g,黄豆500 g,精盐50 g,白砂糖50 g。

制作:①将黄豆洗净,与干笋一同放入清水中浸泡,待其泡发后,再用清水冲洗干净,并把水发笋切成小丁或细条。②将切好的笋丁或笋条与黄豆同放入锅内,加入适量清水,上火烹至笋、豆熟烂后加入精盐与白砂糖,然后继续用小火焖煮,视豆皮起皱后卤汁快干时将锅离火,用铲子不断搅拌,使卤汁全部被笋、豆吸收,即成。

用法:佐餐食用。

功效和方解:黄豆含钙和蛋白质丰富;竹笋含有蛋白质、钙、磷、维生素C等补钙成分,同时低脂肪、低糖,对人体健康十分有益。此药膳可增强补钙功效,适用于预防骨质疏松。

草鱼豆腐

材料:草鱼肉500 g,豆腐500 g,黄酒20 g,白砂糖40 g,酱油、汤、青蒜丝、香油、味精、葱花、姜片、辣椒酱各适量。

制作:①将草鱼洗净,只用鱼肉,切成3~4 cm长、1.6 cm厚的长方块;豆腐切成骨牌状小块。②炒锅内加油烧热,入葱花、姜片炒香,放入鱼块,烹入黄酒,加盖略焖后揭盖,加入酱油、白砂糖,烧上色,再加入汤,用旺火烧1 min继续加入汤500 g,烧开后再煮45 min,放入豆腐块,淋入香油,加入辣椒酱,烧2 min,出锅装盘,撒青蒜丝、味精即成。

用法:佐餐食用。

功效和方解:草鱼、豆腐均含丰富的钙、磷物质。此药膳可增强补钙功效,适用于预防骨质疏松。

虾仁雀儿粥

材料:虾仁 30 g,麻雀 5 只,枸杞子 20 g,大枣 15 g,粳米 60 g,生姜、葱白、食盐各适量。

制作:将麻雀去毛、内脏及头足,切碎。与虾仁、枸杞子、大枣、粳米一同煎煮成粥,将生姜、葱白、食盐放入搅匀,再沸即可。

用法:早、晚取温食用。

功效和方解:枸杞子补肾益精,养肝明目,润肺止咳。枸杞子中含有多种氨基酸,并含有甜菜碱、玉蜀黍黄素、酸浆果红素等特殊营养成分,具有非常好的保健功效;虾仁有调理肠胃、补肾、补气、壮阳等功效。虾营养丰富,虾仁中含有 20% 的蛋白质,是蛋白质含量很高的食品之一,是鱼、蛋、奶的几倍甚至十几倍。虾仁和鱼肉、禽肉相比,脂肪含量少,并且几乎不含作为能量来源的动物糖原,虾仁中的胆固醇含量较高,含有丰富的、能降低人体血清胆固醇的牛磺酸,含有丰富的钾、碘、镁、磷等微量元素和维生素 A 等成分,且其肉质松软,易消化,对于身体虚弱以及病后需要调养的人是极好的食物。麻雀肉营养价值颇高,是一种低脂肪、高蛋白的营养补品。每 100 g 麻雀肉含蛋白质 21.88 g、脂肪 9.57 g、磷 281.2 mg、钙 253.6 mg、铁 10.71 mg 等。麻雀肉含有蛋白质、脂肪、胆固醇、碳水化合物、钙、锌、磷、铁等多种营养成分,还含有维生素 B_1、维生素 B_2,特别适合中老年人。麻雀肉中还含有丰富的卵磷脂和脑磷脂,这两种物质是神经活动不可缺少的物质。此药膳补中益气,补肾益精,适用于老年骨质疏松属脾肾阳虚者。

青椒拌虾皮

材料:虾皮 60 g,青椒 150 g,酱油、香油各适量。

制作:①将青椒去蒂,去籽,洗净,切成细丝,放入盘内;虾皮洗净。②将青椒丝、虾皮同放盘中,加入酱油、香油拌匀即可食用。

用法:佐餐食用。

功效和方解:虾皮富含钙、磷成分。青椒富含维生素 C,也含钙、磷、铁等物质。此药膳是防治骨质疏松的理想食品之一,有增强补钙功效,适用于预防骨质疏松。

海带炖豆腐

材料:海带 100 g,豆腐 200 g,精盐、姜末、葱花、花生油各适量。

制作:①将海带用温水泡发,洗净后切成菱形片;将豆腐切成大块,放入锅中加水煮沸,捞出晾凉,切成小方丁。②锅内放花生油,烧热,放入葱花、姜末煸香,放入豆腐块、海带片,注入适量清水烧沸,改用小火炖烧,加入少量精盐,炖至海带、豆腐入味,出锅装盘即成。

用法:佐餐食用。

功效和方解:海带、豆腐都含有丰富的钙、磷,为补钙佳品。此药膳可增强补钙功效,适用于预防骨质疏松。

归地羊肉

原科:羊肉500 g,当归15 g,熟地黄15 g,干生姜15 g,植物油适量。

制作:①将当归、熟地黄、干生姜均切成片,每种挑外形好的5 g饮片备用,剩余部分合并在一起,按水煮法提取30 g当归、熟地黄、干生姜混合浓缩汁。羊肉切块,放入烧至油见烟的锅中煸5 min,肉变金黄色时捞出,沥油。②锅内加入清水,倒入煸好的羊肉块,然后放进调料、剩余饮片及当归等混合浓缩汁,文火炖至肉将烂,再把当归等3种饮片挑出,将肉倒入汤盘内,然后把3种饮片整齐码在盘边作为点缀。

用法:佐餐食用。

功效和方解:当归补血活血,调经止痛,润燥滑肠;熟地黄养血滋阴,补精益髓;羊肉补血温经,温补脾胃肝肾,补肝明目,保护胃黏膜。每100 g羊肉含蛋白质11.1 g、脂肪28.8 g、钙11 mg、磷129 mg,利补钙。葱爆羊肉是补钙佳肴,此药膳养血温中,适用于预防骨质疏松。

茯苓猪骨汤

材料:茯苓50 g,猪脊骨500 g。

制作:猪脊骨洗净放入锅内,加水炖汤,煎成1 500 mL左右,取出猪骨并撇去上层原油;茯苓片洗净,以纱布包好,放入猪骨汤内再煮,煮成约1 000 mL,即可。

用法:日饮1剂,可分2~3次饮完。

功效:茯苓渗湿利水,健脾和胃,宁心安神;猪脊骨滋补肾阴,填补精髓,缓解肾虚耳鸣、腰膝酸软、阳痿、遗精、烦热、贫血。此药膳补阴益髓,可辅助用于治疗失用性骨质疏松。

虾皮菠菜粥

材料:粳米60 g,菠菜60 g,虾皮、植物油、精盐、味精各适量。

制作:①将菠菜洗净,用开水略烫一下,切好,将虾皮洗净备用。②锅中水烧开后放入粳米、虾皮、植物油一起熬粥,粥熟后放入菠菜、精盐、味精拌匀即成。

用法:早、晚餐食用。

功效和方解:菠菜补血止血,利五脏,通血脉,止渴润肠,滋阴平肝,助消化,可促进生长发育、增强抗病能力;菠菜中所含的胡萝卜素,在人体内转变成维生素A,能维护正常视力和上皮细胞的健康,增加预防传染病的能力,促进儿童生长发育。菠菜中含有丰富的胡萝卜素、维生素C、钙、磷及一定量的铁、维生素E等有益成分,能供给人体多种营养物质。其所含铁质,对缺铁性贫血有较好的辅助治疗作用。粳米具有健脾养胃、止渴除烦、固肠止泻之功效。此药膳适用于预防骨质疏松。

芝麻桃仁粥

材料:黑芝麻 20 g,核桃仁 20 g,粳米 100 g,冰糖适量。

制作:将黑芝麻、核桃仁与粳米、冰糖一同入水锅,大火煮沸后转用文火熬至成粥。

用法:早、晚餐食用。

功效和方解:黑芝麻、核桃仁均具有滋补肝肾、养血润燥之功效。此药膳滋补肝肾,养血润燥,适用于阴血虚型骨质疏松者。

淫羊藿茶

材料:淫羊藿 20 g。

制作:将淫羊藿拣去杂质,洗净,放入水锅里煎煮 30 min,过滤取汁。

用法:作茶饮。

功效和方解:淫羊藿补肾助阳。此药膳补肾助阳,适用于骨质疏松兼有腰冷腿弱、四肢不温者。

奶油蘑菇虾皮

材料:牛奶 100 g,鲜蘑菇 50 g,虾皮 250 g,青豆 15 g,蛋清 1 个,黄酒、精盐、白砂糖、味精、淀粉、油、面粉适量。

制作:①鲜蘑菇洗净切片。虾肉用淡盐水洗净,沥干,对半切开,拌入黄酒、精盐和蛋清、水淀粉,用温油滑熟,捞起沥油。②植物油 30 g 加少许面粉,在小火上搅成油面糊,拌入牛奶,下蘑菇片、青豆煮沸,下虾肉,再放调味品调味即可食用。

用法:佐餐食之。

功效和方解:蘑菇营养丰富,富含人体必需氨基酸、矿物质、维生素和多糖等营养成分,是一种高蛋白、低脂肪的营养保健食品;虾皮中蛋白质、矿物质的数量和种类丰富,富含碘元素、铁、钙、磷、虾青素,主要食用功效为补钙,补肾壮阳,理气开胃,保护心血管系统,预防动脉硬化。此药膳益气健脾,壮筋健髓,适用于老年人骨质疏松,同时也可防治妊娠高血压及烦渴等症。

麻辣萝卜丝

材料:红心萝卜 500 g,辣椒油 25 g,花椒面 2.5 g,酱油 10 g,精盐 4 g,味精 2 g,香油 15 g。

制作:①将萝卜去根须、去叶、洗净,切成 6 cm 长的细丝,放入盆内,用 2 g 盐将萝卜丝拌匀,腌渍 5 min 左右,将水挤出,放于盘内。②将精盐、花椒面、酱油、辣椒油放在一起,调匀,浇在萝卜丝上,加味精、香油拌匀即成。

用法:佐餐食用。

功效和方解:萝卜具有丰富的营养价值,含有丰富的维生素 C、钙、磷、铁等,是人体补钙的重要来源之一。此药膳可增强补钙功效,适用于预防骨质疏松。

牛奶豆浆

材料:牛奶、豆浆各 250 mL。

制作:牛奶、豆浆共调匀。

用法:每日服两次。

功效和方解:可补充钙质,适用于老年人骨质疏松。

腐竹烧油菜

材料:水发腐竹 50 g,净油菜 200 g,油 30 g,酱油 3 g,精盐 3 g,味精 2 g,葱、姜末少许。

制法:①将油菜洗净,切成长 4 cm、宽 1 cm 的条;腐竹泡发后切成 2 cm 长的段。②锅内放油,烧热,入葱、姜末炝锅,加入油菜段、腐竹段,烧炒断生,入酱油、精盐、味精,翻炒均匀即成。

用法:佐餐食用。

功效和方解:油菜、腐竹均含较多的钙质,油菜还含有胡萝卜素。故此二物合用成菜有利补钙,是防治骨质疏松的佳品。此药膳可增强补钙功效,适用于预防骨质疏松。

赤豆大枣粥

材料:赤小豆 250 g,大枣 10 颗,红糖适量。

制作:①将赤小豆、大枣分别去净杂质,用清水洗净。②先将赤小豆放入锅内,加水适量,煮至将熟,再加入大枣同煮至熟,加入红糖调味,再次煮沸即可出锅。

用法:作主食用。

功效和方解:赤小豆和血排脓,消肿解毒,含钙较丰富。此药膳可增强补钙功效,适用于预防骨质疏松。

山药羊肉粥

材料:羊肉 25 g,鲜山药 100 g,糯米 100 g。

制作:将羊肉、山药切块,入锅加 800 g 水,小火煮烂,加入糯米煮成粥即成。

用法:早、晚餐食用。

功效和方解:羊肉补血温经,温补脾胃,补肝肾明目,保护胃黏膜;山药补脾益气,生津止渴,可增强人体免疫力。此药膳温肾健脾,适用于脾肾阳虚所致的骨质疏松。实证、热证泄泻者忌服。

苓牡粥

材料:茯苓 30 g,生牡蛎 30 g,鲜羊肉 500 g,粳米 60 g。

制作:先取茯苓、牡蛎煎煮去渣取汁,放入羊肉、粳米同煮,待粥熟加佐料调服。

用法:可作主食或作早、晚餐食用。

功效和方解:茯苓利水渗湿,健脾,宁心;牡蛎平肝潜阳,重镇安神,软坚散结,收敛固涩;羊肉补血温经,温补脾胃肝肾,补肝明目,保护胃黏膜。用于水肿尿少,痰饮眩悸,脾虚食少,便溏泄泻,心神不安,惊悸失眠。此药膳补脾肾,壮筋骨,适用于骨质疏松属脾肾阳虚者。

醋熘海米白菜

材料:白菜心 500 g,水发海米 25 g,豆油 75 g,水淀粉 15 g,酱油、醋、精盐、白砂糖、味精、清汤、花椒油各适量。

制作:①将白菜心洗净,切成片,放入开水锅中焯一下,捞出,控去水分。②锅置火上,加入豆油,烧热后下入海米、精盐、酱油、醋、白砂糖、清汤,再加入白菜心翻炒,水淀粉勾芡,撒入味精,淋入花椒油,出锅即成。

用法:佐餐食用。

功效和方解:白菜富含钙、磷和维生素 C。海米含钙、磷丰富,每 100 g 海米含钙 832 mg,含磷 695 mg。此菜在烹调中加醋,具有使食物中的钙、磷、铁易被消化吸收和保持维生素 C 不被破坏的作用。此药膳是人体补钙、防治骨质疏松的理想食品,可增强补钙功效,适用于预防骨质疏松。

羊脊骨粥

材料:羊脊骨(连尾)1 具,茯苓 20 g,补骨脂粉 12 g,粳米 60 g,葱、生姜、食盐各适量。

制作:先将羊脊骨洗净,剁碎捣烂,和粳米一同放入锅中,加水适量,煎煮至粥五成熟,将补骨脂粉加入搅匀,继续煎煮成粥,将葱、生姜、盐加入搅匀即成。

用法:分次取温食用。

功效和方解:羊脊骨润五脏,充液,补诸虚,调养营阴,滑利经脉,填髓。其低脂肪、低胆固醇、高蛋白且富含钙质。茯苓利水渗湿,健脾,宁心;补骨脂具有温固壮阳、暖中止泻之功效。此药膳补肾壮阳,强筋健骨,适用于老年性骨质疏松属肾阳虚者。

炝腐竹菜花

材料:煮熟腐竹 200 g,菜花 150 g,猪肉 50 g,花椒油 25 g,精盐 4.5 g,味精 1.5 g,湿淀粉 10 g。

制作:①将熟腐竹切成 1.5 cm 见方的块,投入沸水中焯透,捞出投凉,沥净水分;菜花洗净,掰成小朵,投入沸水中焯至断生,沥净水分;猪肉剞上深而不透的花刀,再切成 1 cm 见方的丁,放入碗内,加湿淀粉上浆,投入沸水中划散、氽透,捞出控净水分。②将熟腐竹、菜花、肉丁装入盘内,加入精盐、味精拌匀,然后浇上现炸制的热花椒油,拌匀即成。

用法:佐餐食用。

功效和方解:腐竹为大豆制品,含有丰富的优质蛋白质、钙和维生素 A,是补钙的上好食物。此药膳可增强补钙功效,适用于预防骨质疏松。

甲鱼椹杞补肾汤

材料:甲鱼 1 只,枸杞子 30 g,桑椹 30 g,熟地黄 15 g。

制作:甲鱼洗净,去肠杂、头、爪及鳖甲,切成小块,同洗净的枸杞子、桑椹、熟地黄放入锅中,加水适量,文火炖熟即成。

用法:取温食肉喝汤。

功效和方解:甲鱼富含动物胶、角蛋白、铜、维生素 D 等营养素,能够增强身体的抗病能力及调节人体的内分泌功能,也是提高母乳质量、增强婴儿的免疫力及智力的滋补佳品;枸杞子具有补肾益精、养肝明目、润肺止咳之功效,有非常好的保健功效;桑椹滋阴补血,补肝益肾,生津止渴,乌发明目;熟地黄补血养阴,填精益髓。此药膳滋补肝肾,滋阴凉血补血,降火,适用于老年骨质疏松属肝肾阴虚者,尤适用于绝经后妇女食用。

糖醋鲤鱼

材料:鲤鱼 1 条(约 750 g),花生油 1 000 g(约耗 100 g),黄酒 20 g,白砂糖 150 g,醋 100 g,高汤、湿淀粉、蛋清、白酱油、蒜泥、葱花、酱油各适量。

制作:①将鲤鱼宰杀后收拾干净,在鱼两侧交错剞上月牙形刀口,用白酱油和黄酒涂遍鱼身,然后再将拌匀的湿淀粉和蛋清抹在鱼身,将鱼下入油锅中,反复炸透,炸成金黄色时捞出,放入盘内。②炒锅内倒入花生油,烧热,倒入葱花炸至黄色,放入白砂糖和醋,稍烹片刻,再放入酱油、高汤、蒜泥,用湿淀粉勾芡,烧成糖醋汁浇在鱼上即成。

用法:佐餐食用。

功效和方解:鲤鱼富含钙、磷等成分,与醋烹制成菜,其钙质更易被人体吸收,有利补钙。此药膳可增强补钙功效,适用于预防骨质疏松。

甲鱼补肾汤

材料:甲鱼 1 只,枸杞子 30 g,熟地黄 15 g。

制作:将甲鱼去除肠杂、头、爪及甲壳,洗净、切成小块。枸杞子、熟地黄洗净,与甲鱼块一起放入锅中,加水适量,用文火炖熟即可。

用法:食肉喝汤。

功效和方解:熟地黄补血养阴,填精益髓;甲鱼富含动物胶、角蛋白、铜、维生素 D 等营养素,能够增强身体的抗病能力及调节人体的内分泌功能,也是提高母乳质量、增强婴儿的免疫力及智力的滋补佳品。甲鱼具有滋阴补肾、清热消淤、健脾健胃等多种功效。枸杞子补肾益精,养肝明目,润肺止咳。枸杞子中含有多种氨基酸,并含有甜菜碱、玉蜀黍黄素、酸浆果红素等特殊营养成分,有非常好的保健功效。此药膳滋补肝肾,滋阴补血,强壮筋骨,适用于肝肾阴虚型骨质疏松,症见视物昏花、眩晕耳鸣、腰膝酸软或酸痛、咽干舌燥、心烦、手足心热、潮热盗汗、虚烦不寐、男子梦遗、女子月经不调、尿黄便干、舌红少苔或无苔、脉沉细或弦细。

番茄青豆炒蛋

材料:鸡蛋 3 个,番茄 150 g,青豆 50 g,花生油 30 g,白砂糖 5 g,精盐 5 g,味精 0.5 g。

制作:①将番茄在沸水中稍浸后取出剥去皮,切成块;青豆煮熟;鸡蛋液打入碗内,搅匀备用。②炒锅加入花生油烧热,倒入鸡蛋炒熟,加入番茄、青豆翻炒,放入精盐、白砂糖、味精,调好口味,出锅即成。

用法:佐餐食用。

功效和方解:鸡蛋含钙、磷等成分。青豆即豌豆,每 100 g 青豆含钙 84 mg,还含有蛋白质等成分。此药膳可增强补钙功效,适用于预防骨质疏松。

虾皮拌豆腐

材料:嫩豆腐 750 g,虾皮 50 g,葱花、姜末各 25 g,麻油 10 g,精盐、味精少许。

制作:①虾皮洗净,放入碗中,用煮沸的开水焖泡 10 min,晾凉后,沥干水。②将嫩豆腐入沸水锅中煮一下,捞出,切成小方丁,放入盘碗内,盖上虾皮,加葱花、姜末、精盐、味精、麻油拌匀。

用法:佐餐服食。

功效和方解:虾皮中蛋白质、矿物质数量和种类丰富,富含碘元素、铁、钙、磷,虾青素,可补钙,补肾壮阳,理气开胃,保护心血管系统,预防动脉硬化;嫩豆腐等豆制品中含有丰富蛋白质,而且豆腐蛋白属完全蛋白,不仅含有人体必需的 8 种氨基酸,而且其比例也接近人体需要,营养价值较高。嫩豆腐含有的卵磷脂可除掉附在血管壁上的胆固醇,防止血管硬化,预防心血管疾病,保护心脏。嫩豆腐含有多种矿物质,可补充钙质,防止因缺钙引起的骨质疏松,促进骨骼发育,对小儿、老年人的骨骼生长极为有利。在骨骼中,钙以无机盐的形式分布存在,是构成人骨骼的主要成分。造成骨质疏松的主要原因就是钙的缺乏,豆制品含有丰富的钙及一定量的维生素 D。此药膳可预防并改善骨质疏松,适合于各类骨质疏松。

枸杞菠菜饺

材料:枸杞子 15 g,菠菜 1 500 g,面粉 1 000 g,瘦猪肉 500 g,葱花、生姜、胡椒粉、花椒、酱油、麻油、精盐各适量。

制作:①将菠菜择洗干净,剁成菜泥,加入清水搅匀,用纱布包好,滤出菜汁,待用;枸杞子与适量水入锅中共煮,提取 15 g 浓汁,晾冷待用;猪肉洗净后剁成蓉,加精盐、酱油、花椒、生姜末拌匀,加适量的水搅拌成糊状,再放入葱花、枸杞子汁、麻油,搅拌成馅。②将面粉用菠菜汁和好揉匀,至面团光滑为止,揉成长条剂子,擀成圆薄面皮,将面皮中加馅逐个包成饺子;锅内加水,烧开后将饺子下锅,饺子煮熟时即可。

用法:作主食或当点心食用。

功效和方解:枸杞子补肾益精,养肝明目,润肺止咳;菠菜中含有丰富的胡萝卜素、维生素C、钙、磷及一定量的铁、维生素E等有益成分,能供给人体多种营养物质,其所含铁质对缺铁性贫血有较好的辅助治疗作用。菠菜补血止血,利五脏,通血脉,止渴润肠,滋阴平肝,助消化。此药膳益气滋阴,通血脉补血,适用于预防骨质疏松。

山药汤圆

材料:糯米粉500 g,山药50 g,白砂糖50 g,胡椒粉适量。

制作:①将糯米粉加适量水,揉成粉团,搓成细条,捏成若干小面团,再擀成薄面皮。②山药洗净,放在蒸笼内蒸熟,取出晾凉后去净皮,碾成泥,加入白砂糖、胡椒粉拌匀,做成馅料。③每一张薄面皮包入山药泥,搓成汤圆生坯。④锅内倒入清水,烧沸,放入汤圆,煮至浮起熟透即可食用。

用法:食汤圆,饮汤。

功效和方解:山药益气养阴,补益脾肺,补肾固精;糯米含有蛋白质、脂肪、碳水化合物、钙、磷、铁、维生素B_1、维生素B_2、烟酸及淀粉等,营养丰富,是温补强壮的佳品。此药膳利脾胃,强筋骨,适用于预防骨质疏松。

怀杞甲鱼汤

材料:怀山药15 g,枸杞子10 g,骨碎补15 g,甲鱼1只,姜片、精盐、料酒各适量。

制作:将甲鱼剖开洗净,去除内脏,放入砂锅中,加清水适量,怀山药、枸杞子、骨碎补一起放入纱布袋中扎口,同文火炖熟,加姜片、精盐、料酒,煮至甲鱼熟烂,加调料即成。

用法:食鱼饮汤。

功效和方解:山药益气养阴,补益脾肺,补肾固精。枸杞子具有补肾益精、养肝明目、润肺止咳之功效;骨碎补补肾强骨,续伤止痛;甲鱼有滋阴补肾、清热消淤、健脾健胃等多种功效。甲鱼富含动物胶、角蛋白、铜、维生素D等营养素,能够增强身体的抗病能力及调节人体的内分泌功能。此药膳滋阴补肾,健脾益气,适用于中老年骨质疏松引起的腰腿疼痛。

葱爆牛肉

材料:牛里脊肉100 g,大葱白50 g,植物油25 g,酱油15 g,黄酒10 g,香油5 g,精盐、醋各适量。

制作:①把牛肉洗净,切成大薄片,放入碗内,用酱油、黄酒、精盐、香油煨一会儿,用手抓均匀;大葱切成滚刀块备用。②锅置火上,烧热,用植物油打底油,待油烧热时放入调好的肉片,炒至葱有黏性时放入一点醋,淋入少许香油即成。

用法:佐餐食用。

功效和方解:大葱含有多种维生素和矿物质,磷的含量较高,每100 g葱含磷38 mg、钙 29 mg、胡萝卜素 60 g、蛋白质 1.7 g；每 100 g 牛肉含蛋白质 20.1 g、脂肪 10.2 g、钙 7 mg、磷 170 mg。牛肉有强筋骨、长肌肉的功效。此药膳健骨生肌，可增强补钙功效，适用于预防骨质疏松。

茯苓牡蛎饼

材料：茯苓细粉 50 g，米粉 50 g，羊骨细粉 50 g，白砂糖 50 g，生龙骨粉、生牡蛎粉各 25 g，油、盐各适量。

制作：将以上诸粉放入盆内，搅拌均匀，加水适量，调和成软面，擀成薄片，在面片上抹上适量油、盐，做成小饼，烙熟即可。

用法：食用，可供午餐用。

功效和方解：龙骨镇惊安神，平肝潜阳，收敛固涩，止血敛疮；牡蛎平肝潜阳，重镇安神，软坚散结，收敛固涩；羊骨补肾气，强筋骨，健脾胃；茯苓利水渗湿，健脾，宁心；米粉补中益气，健脾养胃，聪耳明目，益精强志，和五脏、通血脉、止烦、止渴、止泻。大米粉富含蛋白质、碳水化合物等，且铜的含量较高。铜是人体健康不可缺少的微量营养素，对于头发、皮肤和骨骼组织以及脑子和肝、血液、中枢神经和免疫系统、心等内脏的发育和功能有重要影响。此药膳补脾益肾，强壮筋骨，适用于预防肾阳虚型骨质疏松。

甲鱼汤

材料：甲鱼 1 只，骨碎补 10 g，怀山药、枸杞子、桑寄生各 15 g。

制作：把甲鱼宰杀，去杂，洗净，与各料同炖，熟后加调料调味即可。

用法：吃肉喝汤。

功效和方解：骨碎补补肾强骨，续伤止痛；怀山药益气养阴，补益脾肺，补肾固精；桑寄生祛风湿，益肝肾，强筋骨，安胎；枸杞子补肾益精，养肝明目，润肺止咳。枸杞子中含有多种氨基酸，并含有甜菜碱、玉蜀黍黄素、酸浆果红素等特殊营养成分，有非常好的保健功效；甲鱼有滋阴补肾、清热消瘀、健脾健胃等多种功效。甲鱼富含动物胶、角蛋白、铜、维生素 D 等营养素，能够增强身体的抗病能力及调节人体的内分泌功能，也是提高母乳质量、增强婴儿的免疫力及智力的滋补佳品。此药膳补肾滋阴，健脾益气，对骨质疏松有疗效。

杜仲牛骨汤

材料：杜仲 30 g，牛骨 500 g，骨碎补 15 g，料酒、葱花、姜末、精盐、味精、五香粉、香油各适量。

制作：先将杜仲、骨碎补分别洗净，切碎或切成片，装入纱布袋中，扎口备用。将新鲜牛骨洗净，砸成小段或砸碎，与纱布袋一同放入砂锅内，加水适量，大火煮沸，淋入料酒，改用文火煮 1.5 h。取出纱布袋，加葱花、姜末、精盐、五香粉，再烧至沸，淋入香油，加入味精即可。

用法:佐餐当汤,随意服食,当日吃完。

功效和方解:骨碎补补肾强骨,续伤止痛。杜仲具有补肝肾、强筋骨、降血压的功效。牛骨头汤壮阳强精。牛骨头汤的主要原料为牛骨,富含蛋白质、脂肪、维生素和钙质等多种为人体所吸收的营养成分,有促进人体钙质吸收、提高免疫力、健脾开胃的作用,特别适合体质虚弱、胃口不佳、腰酸背疼者饮用。牛骨头汤能起到抗衰老的作用,这是由于人体骨骼中最重要的是骨髓,血液中的红、白细胞等就是在骨髓中形成的。随着年龄的增大和机体的老化,骨髓制造红、白细胞的功能逐渐衰退,骨髓功能降低,直接影响人体新陈代谢,而骨头汤中含有的胶原蛋白正好能增强人体制造血细胞的能力。此药膳补肝肾,强筋骨,对肾阳虚型骨质疏松患者尤为适宜。

核桃牛奶

材料:核桃仁、蜂蜜各20 g,牛奶250 mL。

制作:核桃仁洗净,晒或烘干,研成粗末,备用。牛奶放入砂锅,用文火煮沸,即调入核桃仁粉,拌匀,再煮至沸,停火,加入蜂蜜,搅拌均匀即可。

用法:每日清晨与早餐或随早餐同时服食。

功效和方解:核桃肉滋补肝肾,强健筋骨。核桃中含有大量脂肪和蛋白质,极易被人体吸收,所含的蛋白质中含有对人体极为重要的赖氨酸,对大脑神经的营养极为有益。不管是身体好的人还是身体不好的人,经常吃些核桃,既能强壮身体,又能赶走疾病的困扰。核桃具有独特的滋补、营养、保健作用。祖国医学认为核桃有温肝、补肾、健脑、强筋、壮骨的功能,常吃核桃能滋养血脉,增进食欲,乌黑须发;蜂蜜具有滋阴润燥、补虚润肺、解毒、调和诸药的作用。蜂蜜营养丰富,含有多种维生素、矿物质等。这些营养素有不少跟人体血清浓度相近,很适合人体服用。蜂蜜中的铁、钙、铜、锰、钾、磷等多种矿物质对人体有各种各样的作用,含有的果糖、葡萄糖、淀粉酶、氧化酶、还原酶等具有滋养、润燥、解毒、美白养颜、润肠通便的功效。蜂蜜所含有的钙、磷元素对于儿童可促进骨骼发育,对于老年人可防止骨质疏松;所含有的B族维生素可迅速去除疲劳,增强耐力,增强抵抗力,延缓衰老,益寿延年;牛奶含有丰富的矿物质,如钙、磷、铁、锌、铜、锰、钼。牛奶是人体钙的最佳来源,而且钙磷比例非常适当,利于钙的吸收。牛奶的主要成分有水、脂肪、磷脂、蛋白质、乳糖、矿物质等。此药膳对肾阳虚型骨质疏松患者尤为适宜。

桑杞饭

材料:桑椹30 g,枸杞子30 g,粳米80 g,白砂糖20 g。

制作:取粳米、桑椹、枸杞子淘洗干净,放入锅中,加水适量,并加入白砂糖,文火煎煮焖成米饭。

用法:当主食食用。

功效和方解:桑椹滋阴补血,补肝益肾,生津止渴,乌发明目;枸杞子补肾益精,养肝明目,润肺止咳。枸杞子中含有多种氨基酸,并含有甜菜碱、玉蜀黍黄素、酸浆果红素等特殊营养成分,有非常好的保健功效;粳米补脾胃,养五脏,培中气。此药膳滋阴补肾,用于骨质疏松属肝肾阴虚者。

琼玉膏

材料:人参 120 g,生地黄汁 800 g,白茯苓 245 g,蜂蜜 500 g。

制作:将人参、茯苓粉碎成细末备用;鲜地黄捣取自然汁备用;蜂蜜放到火上小火加热,熬制炼蜜成焦糖色备用;将生地黄汁和人参茯苓粉末混合放到锅上熬制,熬到挂浆,加入炼蜜即可。

用法:早、晚各服 1 次,空腹服,每次一汤匙。

功效和方解:人参补五脏,安精神,止惊悸,除邪气,明目,开心益智,可调和人体的气血、阴阳;鲜地黄汁清热凉血,生津润燥;茯苓利水渗湿,健脾,宁心;蜂蜜滋阴润燥,补虚润肺,解毒,调和诸药。此药膳补气养血,填精生髓,可作为老年人平时保健食品,辅治骨质疏松。

雀药粥

材料:麻雀 5 只,枸杞子 20 g,大枣 15 g,粳米 60 g,葱、姜、盐各适量。

制作:将麻雀去除毛、内脏及头足,切碎,与枸杞子、大枣、粳米一同煎煮,等粥将熟时,加入盐、葱、姜,煮沸即可。

用法:可作早、晚餐食用。

功效和方解:枸杞子补肾益精,养肝明目,润肺止咳。枸杞子中含有多种氨基酸,并含有甜菜碱、玉蜀黍黄素、酸浆果红素等特殊营养成分,有非常好的保健功效。粳米有补脾胃、养五脏、壮气力的良好功效。麻雀肉营养价值颇高,是一种低脂肪、高蛋白的营养补品。麻雀肉含有蛋白质、脂肪、胆固醇、碳水化合物、钙、锌、磷、铁等多种营养成分,每 100 g 麻雀肉含蛋白质 21.88 g、脂肪 9.57 g、磷 281.2 mg、钙 253.6 mg、铁 10.71 mg,还含有维生素 B_1、维生素 B_2,能补充人体的营养所需,特别适合中老年人。麻雀中含有丰富的卵磷脂和脑磷脂,这两种物质是神经活动不可缺少的物质。此药膳补肾,温阳,益精,适用于预防骨质疏松。

大白菜炒虾仁

材料:大白菜 300 g,虾仁 150 g,鸡蛋 1 个,黄酒、胡椒粉、味精、精盐、水淀粉、食油各适量。

制作:①将大白菜择洗干净,切成细丝,加精盐适量,拌匀拌透,腌渍 2 h。②虾仁洗净,加精盐、鸡蛋清,拌匀,加水淀粉拌好上浆。③起热锅,加入油,油烧至六成热时加入已腌好的大白菜丝煸炒,起锅加味精装盘。④起油锅,将上浆的虾仁放入油锅中炸 3 min,加入黄酒、胡椒粉和适量清水焖熟,起锅时加味精,然后铺在大白菜上即成。

用法:佐餐食用。

功效和方解：白菜、虾仁、鸡蛋含有蛋白质、钙、磷等，鸡蛋含有维生素 D。此药膳可增强补钙功效，适用于预防骨质疏松。

醋熘卷心菜

材料：卷心菜 300 g，醋 25 g，干辣椒 2 个，豆油 25 g，花椒 10 粒，湿淀粉、酱油、精盐、白砂糖、味精、香油各少许。

制作：①将卷心菜择好，洗净，切成 3 cm 见方的块，用刀面拍松，用精盐拌匀待用；干辣椒洗净，切成丝。②将白砂糖、醋、酱油、味精、湿淀粉加水少许，调成汁备用。③炒锅内放入豆油，上火烧热，花椒炸黑拣出，再加入干辣椒炸黄，然后下卷心菜，将菜翻炒，待稍软时将调好的汁倒入锅内，翻炒几下，淋上香油即成。

用法：佐餐食用。

功效和方解：卷心菜含有较多的钙，其与醋结合，有利人体对钙的吸收，补钙功效增强。此药膳可增强补钙功效，适用于预防骨质疏松。

松花蛋拌豆腐

材料：松花蛋 2 个，嫩豆腐 100 g，西红柿 150 g，榨菜 50 g，大蒜、香油、精盐、白砂糖、味精各适量。

制作：①将豆腐冲洗一下，切成小方块，放在盘内，均匀地撒上一些精盐，腌 2 min 后将水滗去。②松花蛋去壳，将松花蛋切割成均匀的小块，放在盛豆腐的盘中。③西红柿洗净，用沸水烫一下，剥皮，切成小丁；大蒜去皮，捣成泥；榨菜洗净，切成菜末。④将以上各料放在一起，加入精盐、白砂糖、味精、香油拌好，倒在豆腐面上，拌匀即可食用。

用法：佐餐食用。

功效和方解：此菜含有较多的钙、磷、维生素 C，是补钙的菜肴。此药膳可增强补钙功效，适用于预防骨质疏松。

核桃补肾粥

材料：核桃仁 30 g，莲子 15 g，怀山药 15 g，巴戟天 10 g，锁阳 6 g，黑豆 15 g，粳米 30 g，调料适量。

制作：将核桃仁捣碎，莲子去心，黑豆泡软，山药洗净去皮，切小块，巴戟天与锁阳均纱布包好，上物同粳米入砂锅中，加水文火煮至米烂粥成，捞出布包，调味咸甜不拘。

用法：酌量食用。

功效和方解：山药益气养阴，补益脾肺，补肾固精；巴戟天补肾壮阳，祛风除湿；锁阳补肾助阳，润肠通便；莲子具有补脾止泻、止带、益肾涩精、养心安神之功效；黑豆含有丰富的维生素、卵磷脂、黑色素及卵磷脂等物质，其中 B 族维生素和维生素 E 含量很高，具有营养保健作用。黑豆中还含有丰富的微量元素，对保持机体功能完整、延缓机体衰老、降低血液黏度、满足大脑对微量物质需求都是必不可少的；核桃肉为滋补肝肾、强健筋骨之品。核桃中含有大量脂肪和蛋白质,极易被人体吸收。它所含的蛋白质中含有对人体极为重要的赖氨酸,对大脑神经的营养极为有益。中医学认为核桃有温肝、补肾、健脑、强筋、壮骨的功能,常吃核桃能滋养血脉,增进食欲,乌黑须发。此药膳补肾壮阳,健脾益气,适用于中老年骨质疏松引起的腰腿疼痛。

黄豆猪皮汤

材料:黄豆30 g,猪皮200 g,葱段、姜片、精盐、鸡精、香油各适量。

制作:黄豆洗净泡软;猪皮刮去脂肪,洗净切块,一起放入砂锅中,加水炖煮,去浮沫,加葱段、姜片,煮至黄豆熟烂,加其他调料即成。

用法:佐餐当汤。

功效和方解:黄豆健脾利湿,益血补虚,解毒,黄豆有"豆中之王"之称,被人们叫作"植物肉""绿色的乳牛",营养价值最丰富。干黄豆中含高品质的蛋白质约40%,为其他粮食之冠。现代营养学研究表明,500 g黄豆相当于1 kg瘦猪肉,或1.5 kg鸡蛋,或6 kg牛奶的蛋白质含量。脂肪含量也在豆类中占首位,出油率达20%。此外,还含有维生素A、B族维生素、维生素D、维生素E及钙、磷、铁等矿物质。猪皮味甘、性凉,有活血止血、补益精血、滋润肌肤、光泽头发、减少皱纹、延缓衰老的作用。适用于鼻衄、齿衄、大便出血、痔疮出血、贫血、紫癜、月经过多、崩漏等。猪皮里蛋白质含量是猪肉的2.5倍,碳水化合物的含量比猪肉高4倍,而脂肪含量却只有猪肉的1/2。肉皮(包括猪蹄、猪尾)含蛋白质26.4%,是猪肉的2.5倍,而且90%以上是大分子胶原蛋白和弹性蛋白,其含量可与熊掌媲美。胶原蛋白对皮肤有特殊的营养作用,能促进皮肤细胞吸收和贮存水分,防止皮肤干瘪起皱,使其丰富饱满、平整光滑;弹性蛋白能使皮肤的弹性增加,韧性增强,血液循环旺盛,营养供应充足,皱纹舒展,变浅或消失,皮肤显得娇嫩、细腻、光滑。由于猪皮含有的胶原蛋白能减慢机体细胞老化,经常食用猪皮或猪蹄有延缓衰老和抗癌的作用。此药膳滋阴活血,补虚益气,适用于中老年骨质疏松引起的腰腿疼痛。

奶汁冬瓜

材料:冬瓜500 g,水发蘑菇75 g,花生油50 g,精盐5 g,味精2 g,湿淀粉20 g,香油25 mL,牛奶100 mL,清汤适量。

制作:①将冬瓜去皮,去瓤,切成长4 cm、宽1 cm的条;蘑菇洗净、去根、切成小片。②锅置火上,放花生油烧至七成热,下入冬瓜条浸炸1.0~1.5 min,见转为透明后立即捞出控油。原锅留适量底油,再烧至七成热,下入蘑菇片煸炒几下,随即放入盐和少许清汤,烧开后倒入牛奶、冬瓜条,放进味精拌匀,再次烧开,用湿淀粉勾稀芡,淋入香油,加入精盐盛入盘内即成。

用法:当点心用。

功效和方解:牛奶含钙丰富;冬瓜含有钙、磷、胡萝卜素及维生素C,有利于人体对钙的吸收;蘑菇含有钙、磷、维生素C、维生素D等有利于钙吸收的成分,对人体补钙有益。

此药膳可补钙,适用于预防骨质疏松。

鹿胶鲜奶

材料:鹿角胶 8 g,牛奶 200 mL,蜂蜜适量。

制作:将牛奶煮沸,加入鹿角胶溶化,再入蜂蜜调匀,睡前服用。

用法:服食。

功效和方解:鹿角胶温补肝肾,益精养血;猪脊髓补精填髓,益肾阴;蜂蜜滋阴润燥,补虚润肺,解毒,调和诸药;牛奶补虚损,益肺胃,生津润肠。此药膳益肝肾,补虚损,适用于老年性骨质增生症、骨质疏松。

螃蟹壳黄瓜籽

材料:螃蟹壳 1 个,黄瓜籽 15 g,黄酒适量。

制作:将螃蟹壳和黄瓜籽晒干,研末。

用法:黄酒冲服,每日 2 次。

功效和方解:螃蟹有清热解毒、补骨填髓、养筋活血、通经络、利肢节、续绝伤、滋肝阴、充胃液之功效;黄瓜籽有补钙、接骨、壮骨、强身的作用,对老年人的腰腿疼、骨质疏松、股骨头坏死都有很好的作用。此药酒可破瘀、散血、止痛,适用于跌打损伤。

乌豆猪骨汤

材料:乌豆 20 g,猪骨 200 g,调料适量。

制作:将乌豆洗净,泡软,与猪骨一起置于砂锅中,一起煮沸,转用文火炖至乌豆熟烂,调味即可。

用法:佐餐当汤。

功效和方解:猪骨止渴,解毒,杀虫止痢;黑豆软化血管,滋润皮肤,延缓衰老,利水,祛风,清热解毒,滋养健血,补虚乌发。此药膳补肾,活血,祛风,利湿,适用于老年性骨质疏松、风湿痹痛。

龟甲乌鸡骨汤

材料:核桃 50 g,龟甲 30 g,乌鸡胫骨 2 对,食盐、味精适量。

制作:将龟甲、乌鸡胫骨打碎,文火炖 2 h,再加核桃、食盐,炖至熟烂即可,加味精调味。

用法:每日 1 次,宜常食。

功效和方解:龟甲滋阴潜阳,补肾健骨,养心安神,调经止血;核桃肉补气养血,润燥化痰,温肺润肠,散肿消毒;乌鸡可提高生理功能,延缓衰老,强筋健骨。此药膳补肾精,填骨髓,充囟门,适用于佝偻病,症见头颅软骨、囟门迟闭而大、肌肉松弛、神疲汗多、发稀等。对防治骨质疏松、佝偻病、妇女缺铁性贫血症等有明显疗效。

蛋壳散

材料:鸡蛋壳、白砂糖各适量。

制作:将鸡蛋壳炒黄研末,加入适量白砂糖即成。

用法:每次 1.5 g,用温开水送服,每日早、晚各服 1 次。

功效和方解:鸡蛋壳的基本成分是 $CaCO_3$,含量为 83% ~ 85%,蛋白质含量为 15% ~ 17%,含有微量元素(锌、铜、锰、铁、硒等),每只蛋壳的含钙量为 2.0 ~ 2.5 g。此药膳适用于佝偻病或骨质疏松引起的骨折。

龟板散

材料:龟板 125 g,白砂糖适量。

制作:将龟板炙酥研细末,加白砂糖适量即成。

用法:每次 1.5 g,用温开水送服,每日早、晚各服 1 次。

功效和方解:龟板补肾健骨,适用于佝偻病或骨质疏松引起的骨折。

腰花香菇汤

材料:猪肾 2 只,香菇 9 g,葱白 5 根,生姜 5 片,黄酒、味精、盐各少许。

制作:将猪肾剖开,去白筋切片,洗去腥气;香菇洗净浸泡,留上清液,煮沸,加入猪肾片、黄酒煮熟,加入生姜、葱白、味精、盐少许调味即成。

用法:佐餐食用。

功效和方解:猪肾含有蛋白质、脂肪、碳水化合物、钙、磷、铁和维生素等,有补肾强腰、理气之功效;香菇具有高蛋白、低脂肪、多糖、多种氨基酸和多种维生素的营养特点,具有补肝肾、健脾胃、益气血、益智安神、美容养颜之功效。此药膳具有补肾健骨作用,适用于佝偻病或骨质疏松引起的骨折。

第三章 防治骨质疏松的偏方验方

防风川乌外敷方

材料:防风、威灵仙、川乌、草乌、透骨草、续断、狗脊各100 g,红花、花椒各60 g。

用法:上药粉碎成细粉,每次用50~100 g,用醋调成稀面状放入纱布袋中,置于患处皮肤上,再将热水袋放在药袋上热敷30 min,每日1~2次。

功用:温肾壮阳,祛风散寒。

主治:主治骨质疏松(阳虚而风寒内袭)。

方解:肾主骨,生髓,中医认为骨质疏松内因多为肾虚,肾虚则精亏,筋骨得不到精气充养则废而不用。本方所治为肾阳虚而风寒内袭之证,故应温肾壮阳,祛风散寒。因内有肾阳亏虚,外有风寒邪气,故用君药狗脊补肝肾,强筋骨,祛风湿;续断补肝肾,强筋骨,续折伤。臣药川乌、草乌性热,味辛、苦,祛风除湿,温经止痛。佐以防风、威灵仙、透骨草、花椒祛风除湿,温经通络;红花活血散瘀,通经止痛。九药合用,共奏补肾阳、祛风湿、通经络之功。

杜仲枸杞汤

材料:杜仲、补骨脂各20 g,枸杞子、熟地黄各15 g,女贞子、菟丝子、茯苓、当归、龟甲(先煎)、续断、鹿角胶(另冲)各10 g,黄芪、川芎、牛膝各6 g,大枣6颗。

用法:每日1剂,水煎分早、晚2次温服。连服10个月。

功用:补肝肾,益气血,壮筋骨。

主治:主治骨质疏松。

方解:骨质疏松病机多为肾气不足,治应补肾填精,壮骨强筋。方中杜仲、补骨脂、枸杞子、熟地黄、女贞子、菟丝子、龟甲、续断、鹿角胶、牛膝补益肝肾,填精壮骨;黄芪、茯苓归脾经,补脾益气;当归、川芎归肝经,补血活血;大枣补中益气,养血安神。诸药合用,补益肝肾,充养气血,强健骨骼。

护骨汤

材料:熟地黄25 g,山茱萸15 g,制何首乌15 g,枸杞子15 g,龟甲(先煎)10 g,杜仲10 g,巴戟天10 g,淫羊藿15 g,覆盆子15 g,紫河车10 g,山药20 g,茯苓20 g。

用法:每日1剂,水煎分早、晚2次温服。1个月为1个疗程,连服3个月。

功用:补肾壮骨。

主治:绝经后妇女之原发性骨质疏松,糖尿病、甲状腺功能亢进症、甲状旁腺功能亢进症引起骨代谢病除外,无肝肾病史。

方解:中医认为,骨质疏松病因多为肾虚,腰为肾之府,肾虚则腰痛。肾主骨,肾虚则骨不壮,筋不强,骨质疏松,容易骨折。肾藏精,主生殖,开窍于耳,其华在发。方中熟地黄、山茱萸、制何首乌、枸杞子、龟甲补肾益精,养血滋阴;杜仲、巴戟天、淫羊藿、覆盆子、紫河车温阳益肾,壮骨强筋。在补肾基础上佐以山药、茯苓健脾益气。张景岳说:"善补阳者,必于阴中求阳,则阳得阴助而生化无穷;善补阴者,必于阳中求阴,则阴得阳开而泉源不竭。"本方既补肾阳又补肾阴,就是常用水中补火方法,使阴阳调和温而不燥,滋而不腻。

二仙肾气汤

材料:仙茅 10 g,淫羊藿 10 g,山药 10 g,泽泻 10 g,山茱萸 10 g,茯苓 10 g,牡丹皮 10 g,当归 10 g,川芎 10 g,熟地黄 15 g,肉桂 3 g,制附片(先煎)5 g,青皮、陈皮各 5 g。

用法:每日 1 剂,水煎分早、晚 2 次温服。20 d 为 1 个疗程。

功用:补肝肾,壮腰膝。

主治:骨质疏松,肾虚腰背痛。

方解:腰为肾之府,肾虚则腰痛,故以补肾壮骨为治。本方在六味地黄丸的基础上加减化裁而来。熟地黄、山茱萸补肾益精,补肝养血;仙茅、淫羊藿补肾壮阳,壮骨强筋;肉桂、制附片温阳散寒;山药、茯苓健脾益气,淡渗脾湿;泽泻利水渗湿,清泄肾浊;牡丹皮清泄虚热;青皮、陈皮理气健脾;当归、川芎活血行气。诸药合用,既补肾阳又补肾阴,既补肝脾肾又泻脾湿肝火,阴阳双补,补中有泻,使温而不燥,补而不滞。

骨痿灵

材料:熟地黄 15 g,山茱萸 10 g,当归 10 g,鹿茸 6 g,龟甲(先煎)15 g,牛膝 20 g,杜仲 10 g,肉桂 6 g,赤芍 15 g,川芎 10 g,地龙 10 g,香附 10 g,茯苓 15 g,泽泻 10 g,柴胡 10 g 黄芪 15 g。

用法:将鹿茸制成细粉,将龟甲先煎后再放入其他药物煎,剩汤 500 mL 左右即可冲服鹿茸粉。每日 1 剂,分早、晚 2 次温服。20 d 为 1 个疗程。

功用:补肾壮骨,填精益髓。

主治:骨质疏松,肝肾亏虚型。

方解:方中熟地黄补肾填髓,养血滋阴;山茱萸补益肝肾,二者共为君药。臣药鹿茸补肾阳,强督脉,益精填髓;龟甲补肾阴,强任脉,滋补肝肾;二者皆为血肉有情之品。佐药牛膝、杜仲补肝肾和强筋骨;肉桂补火助阳,引火归原,散寒止痛,活血通经;黄芪、茯苓补脾益气,健脾祛湿;当归、川芎、赤芍、香附、柴胡行气活血,通经止痛,疏其气血,濡养骨脉,使药补而不滞邪,血行而不伤正;地龙通筋活络。诸药合用,则肾虚得补,瘀阻可除,肿消痛减,气血调和,髓充骨壮。

健骨止痛丹

材料:当归 10 g,川芎 10 g,白芍 15 g,桃仁 10 g,红花 6 g,丹参 15 g,全蝎 6 g,土鳖虫 6 g,三七 6 g,制川草乌(先煎)各 3 g,自然铜 6 g,白芷 10 g,杜仲 10 g,淫羊藿 6 g,仙茅 6 g,骨碎补 10 g,川牛膝 15 g,黄芪 15 g,人参 6 g,白术 10 g,茯苓 12 g,甘草 6 g。

用法:每日 1 剂,分早、晚 2 次温服。

功用:补肝肾,养气血,通经络,壮筋骨。

主治:骨质疏松,腰腿痛。

方解:中医认为,肾主骨,肾藏精,精生髓,髓藏于骨中,滋养骨骼。肾精充足,则骨髓的生化有源,骨骼得到髓的滋养而坚固有力。老年人由于肾气渐衰,气血不足,肾精虚少,骨髓的化源不足,不能营养骨骼,而出现骨骼脆弱无力,故应补养肝肾,濡养气血,强壮筋骨。方中当归、川芎、白芍、丹参、桃仁、川牛膝、红花、三七、土鳖虫、自然铜活血行气,化瘀通经;黄芪、人参、白术、茯苓大补元气,健脾祛湿;白芷、全蝎、川乌、川草乌祛风胜湿,散寒止痛;杜仲、淫羊藿、仙茅、骨碎补温肾补阳,补骨强筋;甘草调和诸药。全方具有活血行气、补肾温阳、补气养血、舒筋壮骨之功。

二仙汤

材料:淫羊藿、仙茅各 30 g,巴戟天 15 g,知母、黄柏、当归各 10 g。

用法:每日 1 剂,分早、晚 2 次温服。连用 2 个月。

功用:温肾益精,滋阴降火。

主治:骨质疏松。

方解:骨质疏松属中医"骨痿"、"骨痹"或"腰背痛"范畴。中医理论认为骨质疏松的发生主要是由肾虚所致。肾藏精,主骨,生髓,髓藏于骨腔内,滋养骨骼,骨的生长发育依赖肾脏精气的滋养与推动。人体衰老则肾气衰,肾精虚少,骨髓化源不足,不能营养骨骼,而致骨髓空虚,骨矿含量下降,因而发生骨质疏松,故宜补肾壮骨。方中仙茅、淫羊藿性温不燥,有补肾壮阳之功,为君药。巴戟天补肾阳、强筋骨为臣。黄柏、知母性寒,入肾经,可以泻相火而坚肾益阴为佐。使药当归温润而具补血和血之功。诸药合用,共奏温肾益精、滋阴降火之功。

加减:肾阳虚明显者,加牛膝 10 g;骨密度过度低者,加煅龙骨、煅牡蛎各 30 g;女性绝经期者,加熟地黄 20 g。

补肾活血胶囊

材料:鹿茸、紫河车、骨碎补、醋龟甲、熟地黄、牡蛎、黄柏、醋乳香、醋没药、三七、鸡血藤、白芍、细辛各 500 g。

上药研末,过筛 60～80 目筛,采用物理消毒方式处理后装入胶囊,每粒 0.3 g。

用法:每天 3 次,每次服 2 粒,连续 3 个月为 1 个疗程,症状好转可持续半年至 1 年,以巩固疗效。治疗期间停用其他抗骨质疏松药物。

功用:补肾壮骨、活血通络。

主治:骨质疏松。

方解:中医认为,肾主骨生髓,骨质疏松的根本病机在于以肾虚为基础,肾气不足,肾精亏损,髓海空虚,骨质失养,遂生该病。肾精不足,则脏腑气血化生乏源,气虚血运无力,渐可致瘀;肾阳虚不能温煦推动血脉,血液运行不畅,阳虚生寒,更能凝滞血液而形成瘀血;肾阴虚则脉道滞涩。因此,肾中精气不足,阴阳虚损,皆可导致血瘀,故补肾活血是该病标本同治之重要法则。方中鹿茸、紫河车、骨碎补益肾温阳;熟地黄、龟甲、牡蛎益肾精增骨髓,同时配以活血药物乳香、没药、三七、白芍、鸡血藤活血祛瘀及通筋舒络;细辛温阳散寒;黄柏滋阴降火。诸药合用,补而不燥,滋而不腻,祛瘀而不伤正气,共奏补肾壮骨,活血通络之功。

壮骨益髓汤

材料:熟地黄 20 g,山药、杜仲、黄精、枸杞子各 12 g,淫羊藿 15 g,菟丝子、骨碎补、牛膝、茯苓、金樱子各 10 g,芡实 8 g,甘草 5 g。

用法:每日 1 剂,分早、晚 2 次温服。每 10 天 1 个疗程,共治 3 个疗程。

功用:补肝肾,强筋骨。

主治:原发性骨质疏松。

方解:骨质疏松属中医"骨痹""骨痿"范畴。肾主骨,藏精,肾精充足则骨骼强健,故应补肾壮骨。方中君药熟地黄甘而微温,滋肾填精益髓。臣药淫羊藿、牛膝、杜仲、骨碎补补肝肾,强筋骨,壮腰膝。佐药枸杞子、黄精补肝肾,益气血;菟丝子、山药、芡实、金樱子补肝肾又固精气;山药、茯苓健脾利湿;甘草调和诸药为使。诸药合用,共奏补肝肾、强筋骨之功。

加减:有畏寒肢冷,腰膝冷痛,得温则舒,遇寒则重,小便清长,夜尿增多者,去芡实、骨碎补,加鹿角霜、益智仁;有腰膝酸痛,手足心热,心烦失眠,潮热盗汗或自汗者,去茯苓,加醋龟甲;有面白无华,手足浮肿,四肢乏力,懒言少动者,去淫羊藿、芡实,加阿胶(烊化)、桑椹子、泽泻。

骨伟丹

材料:党参、黄芪、山药各 50 g,山茱萸、鹿角胶、续断、杜仲、牛膝、牡丹皮、白术、茯苓各 30 g。

上药去杂质、灭菌,研末,炼中蜜为丸,每丸重 5 g。

用法:每次服 3 丸,温水送服。2 个月为 1 个疗程。

功用:补养肝肾,健脾益气。

主治:女性骨质疏松。

方解:《素问·上古天真论》"女子七岁,肾气盛,齿更发长;二七而天癸至,任脉通,太冲脉盛,月事以时下,故有子;三七肾气平均,故真牙生而长极;四七筋骨坚,发长极,身体盛壮;五七阳明脉衰,面始焦,发始堕;六七三阳脉衰于上,面皆焦,发始白;七七任脉虚,太冲脉衰少,天癸竭,地道不通,故形坏而无子也",详细描述了肾气主司机体的生长发育,可以从肾-骨的变化体现出来,提示肾中精气充盈,则骨髓生化有源,骨得髓养则强健有力;肾中精气亏虚,则骨髓生化乏源,无以濡养骨骼,则骨枯髓减,而发骨痿。故女性骨质疏松应补益肝肾为治。方中鹿角胶、山茱萸温补肝肾,益精养血;续断、杜仲、牛膝补肝肾、强筋骨;党参、黄芪、山药、白术、茯苓补脾益气,补后天以资先天;牡丹皮清热凉血、活血化瘀,防诸药太热伤阴。全方共奏补养肝肾、健脾益气之功。

壮肾补骨汤

材料:生地黄、泽泻、茯苓、巴戟天、淫羊藿各10 g,山药、山茱萸、骨碎补各15 g,肉桂3 g,鹿角胶(烊化)、龟甲胶(烊化)各6 g。

用法:每日1剂,分早、晚2次温服。连服4周,后改为每周4~5剂,连续治疗半年。

功用:补肾壮骨。

主治:绝经后骨质疏松。

方解:绝经后,人体衰老则肾气衰,肾精虚少,骨髓化源不足,不能营养骨骼而致骨髓空虚,骨矿含量下降,因而发生骨质疏松,故应补肾壮骨。方中淫羊藿、鹿角胶、肉桂温肾壮阳,温通经脉,散寒止痛;山茱萸、龟甲胶、生地黄益肾精,补阴血;巴戟天、骨碎补补肾壮阳,壮骨舒筋;山药、泽泻、茯苓利水渗浊,健脾益肾。诸药合用,共奏补肾阳、滋肾阴、强筋壮骨之效。

补骨汤(方1)

材料:补骨脂12 g,淫羊藿6~10 g,牡蛎(先煎)、黄精各30 g,延胡索、生地黄、丹参各25 g,女贞子20 g,茯苓、香附各15 g。

用法:每日1剂,分早、晚2次温服。连服6个月为1个疗程。如果骨骼疼痛明显缓解可改为散剂,每次10 g,每天2~3次。可持续服药1~2年。治疗期间停服维生素D、雌激素、钙制剂等有关药物。

功用:补肾壮骨,益气活血。

主治:绝经后骨质疏松。

方解:绝经后人体衰老则肾气衰,肾精虚少,骨髓化源不足,不能营养骨骼而致骨髓空虚,骨矿含量下降,因而发生骨质疏松,故应补肾壮骨。方中补骨脂、淫羊藿温肾助阳;生地黄、黄精、女贞子滋阴养肾;延胡索、丹参、香附行气活血,通络止痛;茯苓健脾益气;牡蛎有益精、强关节之效。诸药合用,阴阳双补,气血同调。

加减:偏阳虚者,加杜仲20 g;偏阴虚者,加枸杞子15 g,石斛20 g;失眠者,加酸枣仁20 g;汗出者,加浮小麦30 g。

补肾健脾汤

材料:巴戟天、熟地黄、山药、山茱萸、淫羊藿、菟丝子、骨碎补、牛膝、黄芪、白术各12 g,牡蛎(先煎)30 g,甘草6 g。

用法:每日1剂,分早、晚2次温服。3个月为1个疗程。

功用:补肝益肾健脾。

主治:绝经后骨质疏松疼痛症。

方解:《备急千金要方·骨极》曰,"骨极者,主肾也,肾应骨,骨与肾合,若肾病则骨极,牙齿苦痛,手足疼,不能久立,屈伸不利,身痹脑髓痠"。故绝经后骨质疏松、骨痛其本为肾虚,应补肾健骨。方中熟地黄、山茱萸补肾阴,益阴血;巴戟天、菟丝子、淫羊藿补肾阳,强筋骨;牛膝、骨碎补、牡蛎补肝肾,强筋骨;山药、黄芪、白术、甘草补脾益气,以强肌肉而健骨。诸药合用,补肝益肾健脾,使肌肉强健,筋骨强壮。

加减:肾阴虚者,加女贞子、黄精、枸杞子各12 g,肾阳虚者,加仙茅、肉桂各10 g,杜仲12 g;阴阳两虚者,加肉桂10 g,鹿角胶(烊化)、黄精各12 g。

龟鹿四仙汤

材料:醋龟甲、巴戟天、丹参、枸杞子各15 g,鹿角胶(烊化)、知母各12 g,仙茅、黄柏、当归、淫羊藿各10 g,土鳖虫6 g,人参8 g。

用法:每日1剂,分早、晚2次温服。临床可根据寒热阴阳虚实辨证,随证加减或改变其剂量。

功用:补肾益髓,活血化瘀。

主治:老年性脊柱骨质疏松。

方解:骨质疏松属中医"骨痿"、"骨痹"、"腰痛"的范畴。中医学认为本病的发生多责之肾虚,肾精不足则不能化生气血以荣筋养骨,则筋骨随之衰退,肾阳虚衰则气血温运无力,又渐可致瘀,而呈本虚标实之证。故确立补肾益髓、活血化瘀的治则。遵"治病必求于本","形不足者温之以气,精不足者补之以味"和"善补阳者必于阴中求阳,则阳得阴助而生化无穷;善补阴者,必阳中求阴,则阴得阳升而源泉不竭"之古训,方中以龟板、鹿角胶峻补精血,直达病所;淫羊藿、仙茅、巴戟天温肾壮阳;枸杞子补益肝肾;人参扶正补虚,以养后天;当归、丹参、土鳖虫养血活血,祛瘀通络;知母、黄柏滋阴降火。全方共奏补肾益髓固本之功,使肾精得充,髓海得养。

补骨汤(方2)

材料:熟地黄15 g,山药10 g,山茱萸10 g,枸杞子10 g,菟丝子10 g,鹿角胶(烊化)10 g,龟甲(先煎)10 g,川牛膝10 g。

用法:每日1剂,水煎分早、晚2次温服。

功用:滋阴补肾,强筋健骨。

主治:骨质疏松肾阴虚型。

方解:骨质疏松属中医"骨痿"范畴,多由年老体衰,肾气不足,无力濡养骨髓而致。骨质疏松肾阴虚应滋阴补肾,强筋健骨。本方由左归丸加减化裁而得,方中熟地黄滋阴填髓为君药。臣药鹿角胶为血肉有情之品,补肝肾,填精髓。佐以山药补脾固本,平补三焦;山茱萸、枸杞子、菟丝子、川牛膝补益肝肾,强壮筋骨;龟甲滋阴潜阳,益肾强骨,养血补心。九药合用,肾精充盈则骨骼强健。

骨质疏松方

材料:淫羊藿 20 g,骨碎补 20 g,萆薢 15 g,鹿角霜 20 g,鹿衔草 15 g,生牡蛎(先煎)50 g,生龙骨(先煎)15 g,鸡血藤 20 g,枸杞子 5 g,桑寄生 20 g。

用法:每日 1 剂,水煎分早、晚 2 次温服。

功用:补肾壮阳,强筋壮骨。

主治:骨质疏松肾阳虚型。

方解:阳虚型骨质疏松应以温阳补肾为主。方中淫羊藿、鹿角霜、骨碎补补肾助阳,强筋健骨;枸杞子补肝肾;鹿衔草、桑寄生祛风湿,强筋骨;鸡血藤活血补血,舒筋活络;萆薢利湿去浊,祛风除痹;牡蛎有益精、强关节之效,龙骨可潜上越之浮阳,又可收敛固涩,二药固精壮骨,以骨补骨。诸药合用,共奏补肾壮阳、强筋壮骨之功。

骨松强骨方

材料:黄芪 25~35 g,制附子 9~11 g,鹿角霜 16~20 g,首乌 15~21 g,淫羊藿 14~16 g,骨碎补 13~17 g,三七粉 4~6 g,葛根 13~17 g。

取组方中黄芪的 1/2 和淫羊藿、骨碎补置于煎煮器中,加入煎煮器中原料药总重量的 10 倍量水进行煎煮,煎煮 2 h 后滤出药液,然后向药渣中续加 8 倍的水再煎煮 1.5 h,过滤得药液,弃去药渣,合并两次药液,浓缩至药液 80 ℃条件下相对密度为 1.03,得浓缩液,备用;将制附子、鹿角霜、首乌、三七粉、葛根和剩余 1/2 重量的黄芪进行粉碎,粉碎过200 目筛,得中药粉末,备用;将浓缩液与中药粉末混合,制成水丸。

用法:每日 2 次,每次 6 g,饭后服。

功用:益气补肾,强筋壮骨,温阳通脉,理气止痛。

主治:肾阳虚型原发性、继发性骨质疏松和骨软化症。

方解:方中黄芪、制附子、鹿角霜三药共为君药,益气补肾、温肾助阳;淫羊藿、骨碎补、何首乌同为臣药,与以上诸药合用,有阴中求阳、阳得阴助、生化无穷之寓意;佐以三七粉化瘀活血定痛,葛根温阳通脉为使药,诸药合用主次分明,相辅相成,标本兼顾,共奏益气补肾、强筋壮骨、温阳通脉、理气止痛之功。

骨松健骨方

材料:熟地黄 12~18 g,山茱萸 13~17 g,当归 10~14 g,淫羊藿 14~16 g,菟丝子

10~14 g,枸杞子 10~14 g,白术 11~13 g,地龙 11~13 g。

取淫羊藿和菟丝子置于煎煮器中,再加入淫羊藿和菟丝子总重量 10 倍的水进行煎煮,煎煮 2 h 后滤出药液,然后向药渣中续加淫羊藿和菟丝子总重量 8 倍的水再煎煮 1.5 h,过滤得药液,弃去药渣,合并两次药液,浓缩至药液 80 ℃ 条件下相对密度为 1.03,得浓缩液,备用;将熟地黄、山茱萸、当归、枸杞子、白术和地龙混合进行粉碎,过 200 目筛,得中药粉末,备用;将浓缩液与中药粉末混合,制成水丸。

用法:每日 2 次,每次 6 g,饭后服。

功用:滋补肝肾,填精补髓,化瘀通络,健骨止痛。

主治:肝肾阴虚型原发性、继发性骨质疏松和骨软化症。

方解:方中重用熟地黄滋阴补肾、填精益髓,山茱萸补养肝肾并能涩精,共为君药;淫羊藿、菟丝子强壮筋骨,当归、枸杞子滋阴养血共为臣药;白术补气健脾、固护胃气,又可减缓多味补阴药物腻味之弊端,为佐药;地龙为入络之佳品,畅通骨络为使药。综合全方,滋补肝肾,填精补髓,化瘀通络,壮骨止痛。

骨松益骨方

材料:黄芪 25~35 g,党参 13~17 g,当归 10~14 g,杜仲 14~16 g,淫羊藿 14~16 g,元胡 9~11 g,没药 9~11 g,鸡血藤 16~20 g。

分别取 1/2 重量的黄芪和党参置于煎煮器中,再加入淫羊藿、元胡和鸡血藤,然后加入煎煮器中原料药总重量 10 倍的水进行煎煮,煎煮 2 h 后滤出药液,然后向药渣中续加煎煮器中的原料药总重量 8 倍的水再煎煮 1.5 h,过滤得药液,弃去药渣,合并两次药液,浓缩至药液 80 ℃ 条件下相对密度为 1.03,得浓缩液,备用;将当归、杜仲、没药和剩余 1/2 重量的黄芪和党参进行粉碎,过 200 目筛,得中药粉末,备用;将浓缩液与中药粉末混合,制成水丸。

用法:每日 2 次,每次 6 g,饭后服。

功用:补肾健脾,益气活血,强筋壮骨,通络止痛。

主治:脾肾气虚型原发性、继发性骨质疏松和骨软化症。

方解:方中黄芪、党参补脾益气为君药;当归、淫羊藿、杜仲补血养肝和强壮筋骨,共为臣药;佐以延胡索、鸡血藤、没药活血化瘀止痛和舒筋活络,共为佐药;白术补气健脾为使药。诸药合用,共奏补肾健脾、养血活血、强筋壮骨、通络止痛之功。

第四章　防治骨质疏松的药食同源物质

一、刀豆

【别名】刀豆子、大弋豆、大刀豆、关刀豆、刀鞘豆、刀巴豆、马刀豆、刀培豆。

【来源】为豆科植物刀豆 *Canavalia gladiata*(Jacq.)DC. 的干燥成熟果实。

【资源概述】刀豆属(Canavalia)植物全世界约有 50 种,我国含引种品种在内共有 6 种。

【产地、生境与分布】多生于气候较温暖的地区。北京及长江以南地区有栽培。

【采收加工】秋季采收成熟果实,剥取种子,晒干。

【鉴别方法】

1. 性状鉴别　本品呈扁卵形或扁肾形,长 2.0 ~ 3.5 cm,宽 1 ~ 2 cm,厚 0.5 ~ 1.2 cm。表面淡红色至红紫色,微皱缩,略有光泽。边缘具眉状黑色种脐,长约 2 cm,上有白色细纹 3 条。质硬,难破碎。种皮革质,内表面棕绿色而光亮;子叶 2,黄白色,油润,气微,味淡,嚼之有豆腥味。

2. 显微鉴别　本品横切面:表皮为 1 列栅状细胞,种脐处 2 列,外被角质层,光辉带明显。支持细胞 2 ~ 6 列,呈哑铃状。营养层由十多列切向延长的薄壁细胞组成,内侧细胞呈颓废状;有维管束,种皮下方为数列多角形胚乳细胞。子叶细胞含众多淀粉粒。管胞岛椭圆形,壁网状增厚,具缘纹孔少见。周围有 4 ~ 5 层薄壁细胞,其两侧为星状组织,细胞呈星芒状,有大型的细胞间隙。

【炮制】除去杂质,用时捣碎。

【化学成分】刀豆种子含蛋白质、淀粉、可溶性糖、类脂物、纤维及灰分,还含有刀豆氨酸、刀豆四胺、γ-胍氧基丙胺、氨丙基刀豆四胺和氨丁基刀豆四胺。种子中还含刀豆球蛋白 A 和凝集素。

【性味与归经】甘,温。归胃、肾经。

【功能主治】温中,下气,止呃。用于虚寒呃逆,呕吐。

【用法用量】水煎汤,内服,6 ~ 9 g。

【骨科应用】

1. 药物功效　刀豆中的刀豆赤霉素和刀豆血球凝集素能够刺激淋巴细胞转变成淋巴母细胞,有强身健体的作用。同时,刀豆还有促进人体内多种酶的活性、增强身体免疫功能的作用。刀豆中含的一些成分,还能够维持人体正常的代谢功能,提高人体的抗病能力。

2. 食物功效 刀豆富含蛋白质、碳水化合物、微量元素等营养成分,可以补钙,促进骨骼和牙齿的生长,预防骨质疏松;可以补充磷,可以调节体内酸碱平衡,促进神经系统的健康,使人保持活力;含有的蛋白质和碳水化合物,可以为身体补充营养和能量,提高机体免疫力,增强抗病能力。

【使用注意】刀豆生吃或炒不熟吃容易引起中毒。

【贮藏】置通风干燥处,防蛀。

 药膳举例

刀豆腰子

材料:刀豆20 g,猪腰1个,精盐适量。

制作:①将猪腰剖开,去白色筋膜部分,洗净;刀豆洗净。②将刀豆子包在猪腰内,用线扎紧,放入锅中,加水适量,用武火煮沸后,改用文火煮熟,加精盐调味。

用法:可佐餐食用。

功效:益肾补元。适用于肾阳不足引起的腰部疼痛。

刀豆粥

材料:刀豆15 g,粳米50 g,生姜2片。

制作:将刀豆洗净,捣碎(或炒研末),与淘净的粳米、生姜一起放入砂锅中,加水适量,用武火煮沸后,改用文火熬煮成稀粥。

用法:每日早、晚餐温热服食。

功效:温中下气,益肾补元。适用于脾胃虚寒,胃痛呃逆,呕吐,腹痛腹泻;肾阳不足,腰痛,祛寒。

二、乌梢蛇

【别名】乌蛇、黑梢蛇、剑脊乌梢,黑花蛇、乌峰蛇、青蛇、乌风蛇、黄风蛇、剑脊蛇、黑乌梢、三棱子。

【来源】为游蛇科动物乌梢蛇 *Zaocys dhumnades*(Cantor)的干燥体。

【资源概述】全世界还生存着的蛇类有2 750余种,分别隶属于11科417属。中国的蛇类约有8科64属209种。

【产地、生境与分布】分布于我国陕西、甘肃、江苏、安徽、浙江、江西、福建、台湾、河南、湖北、湖南、广东、广西、四川、贵州。

【采收加工】多于夏、秋二季捕捉,剖开腹部或先去皮留头尾,除去内脏盘呈圆盘状,干燥。

【鉴别方法】

1. 性状鉴别　本品呈圆盘状,盘径约16 cm。表面黑褐色或绿黑色,密被菱形鳞片;背鳞行数成双,背中央2～4行鳞片强烈起棱,形成两条纵贯全体的黑线。头盘在中间,扁圆形,眼大而下凹陷,有光泽。上唇鳞8枚,第4、5枚入眶,颊鳞1枚,眼前下鳞1枚,较小,眼后鳞2枚。脊部高耸呈屋脊状。腹部剖开边缘向内卷曲,脊肌肉厚,黄白色或淡棕色,可见排列整齐的肋骨。尾部渐细而长,尾下鳞双行。剥皮者仅留头尾之皮鳞,中段较光滑。气腥,味淡。

2. 显微鉴别　粉末黄色或淡棕色。角质鳞片近无色或淡黄色,表面具纵向条纹。表皮表面观密布棕色或棕黑色色素颗粒,常连成网状、分枝状或聚集成团。横纹肌纤维淡黄色或近无色。有明暗相间的细密横纹。骨碎片近无色或淡灰色,呈不规则碎块,骨陷窝长梭形,大多同方向排列,骨小管密而较粗。

【炮制】

(1)乌梢蛇:去头及鳞片,切寸段。

(2)乌梢蛇肉:去头及鳞片后,用黄酒闷透,除去皮骨,干燥。每100 kg乌梢蛇,用黄酒20 kg。

(3)酒乌梢蛇:取净乌梢蛇段,照酒炙法炒干。每100 kg乌梢蛇,用黄酒20 kg。

【化学成分】含赖氨酸、亮氨酸、谷氨酸、丙氨酸、胱氨酸等17种氨基酸成分。

【性味与归经】甘,平。归肝经。

【功能主治】祛风,通络,止痉。用于风湿顽痹,麻木拘挛,中风口眼㖞斜,半身不遂,抽搐痉挛,破伤风,麻风,疥癣。

【用法用量】内服:煎汤,6～12 g;研末,1.5～3.0 g;或入丸剂、浸酒服。外用:适量,研末调敷。

【骨科应用】

1. 药物功效

(1)镇静、镇痛:现代药理研究表明,乌梢蛇制剂醇提取液可抑制戊四氮所致小鼠惊厥及电惊厥。乌梢蛇不同剂型、不同剂量对不同程度的热刺激及化学性疼痛均有一定的镇痛作用。

(2)祛风湿,通经络:本品善行走窜,专入肝经,能祛风湿而通经络,故常用于风湿顽痹、麻木拘挛、中风口㖞、半身不遂诸证。凡痹证日久,偏寒者,可与麻黄、桂枝、附子、威灵仙等相伍,以增祛风散寒通络之功;偏热者,可与地龙、秦艽、鸡血藤、络石藤相配,以增祛风清热通络之效。与防风、天南星、白附子等同用,能搜风邪,透关节,治手足缓弱,不能伸举之行痹;与白花蛇同用,能定惊止痉,治破伤风、小儿急慢性惊风、痉挛抽搐等;与干荷叶、枳壳为散服,能燥湿祛风、杀虫,治一切干湿癣症。《圣惠方》曰乌蛇丸,乃与天南星、干蝎、白僵蚕、羌活等同用,治风痹,手足缓弱,不能伸举者。

2. 食物功效　乌梢蛇肉主要的营养成分是蛋白质、碳水化合物、脂肪、矿物质(微量元素)四大类。最典型的就是乌梢蛇肉的蛋白质,含量要比其他动物肉类要高得多,且还含有谷氨酸,可以解除人体疲劳,而且胆固醇含量很低,对防治血管硬化有一定的作用,同时有滋肤养颜、调节人体新陈代谢的功能。蛇肉中所含有的钙、镁等元素,是以蛋白质融合形式存在的,因而更便于人体吸收利用,所以对预防心血管疾病和骨质疏松、炎症或结核是十分必要的。

【使用注意】血虚生风者慎服;忌犯铁器。

【贮藏】置干燥处,防霉,防蛀。

 **药膳举例**

乌梢蛇炖鸡

材料:乌梢蛇1条,鸡1只,料酒10 g,姜5 g,葱10 g,盐3 g,鸡精3 g,胡椒粉3 g。

制作:①将乌梢蛇宰杀后,去头、尾、皮及肠杂,洗净,切3 cm长的段;姜切片,葱切段;鸡宰杀后,去毛、内肚及爪,取出鸡油。②将乌梢蛇肉、鸡、姜、葱、料酒同放炖锅内,加水3 500 mL,置武火烧沸,再用文火炖煮35 min,加入盐、鸡精、鸡油、胡椒粉即成。

用法:佐餐食用。

功效:祛风湿,养阴退热。适用于风湿疼痛,骨蒸羸瘦,消渴,脾虚,骨泄,崩中,带下等症。

乌梢蛇炖排骨

材料:乌梢蛇1条,猪排骨500 g,料酒10 g,姜5 g,葱10 g,盐3 g,鸡精3 g,鸡油30 g,胡椒粉3 g。

制作:①将乌梢蛇宰杀后,去皮、头、尾及肠杂,洗净;猪排骨洗净,剁成4 cm长的段;姜拍松,葱切段。②将乌梢蛇肉、排骨、姜、葱、料酒同放锅内,加水200 mL,置武火烧沸,再用文火炖煮35 min,加入盐、鸡精、鸡油、胡椒粉即成。

用法:佐餐食用。

功效:祛风湿,补气血。适用于风湿肿痛,热病伤津,消渴,羸瘦,便秘等症。

三、白芷

【别名】薛芷、芳香、苻蓠、泽芬,白茝,香白芷。

【来源】本品为伞形科植物白芷 *Angelica dahurica* (Fisch. ex Hoffm.) Benth. et Hook. f. 或杭白芷 *Angelica dahurica* (Fisch. exHoffm) Benth. et Hook. f. var. *formosana* (Boiss.) Shanet Yuan 的干燥根。

【资源概述】当归属(Angelica)植物全世界约80种,大部分产于北温带和新西兰。中国有26种5变种和1变型,分布于南北各地,主产于东北、西北和西南地区。

【产地、生境与分布】白芷产于我国东北及华北地区。常生长于林下、林缘、溪旁、灌丛及山谷草地。目前国内北方各省多栽培供药用。杭白芷主产于浙江杭州、临海。

【采收加工】夏、秋间叶黄时采挖,除去须根及泥沙,晒干或低温干燥。

【鉴别方法】

1. 性状鉴别　本品呈长圆锥形,长 10 ~ 25 cm,直径 1.5 ~ 2.5 cm。表面灰棕色或黄棕色,根头部钝四棱形或近圆形,具纵皱纹、支根痕及皮孔样的横向突起,有的排列成四纵行。顶端有凹陷的茎痕。质坚实,断面白色或灰白色,粉性,形成层环棕色,近方形或近圆形,皮部散有多数棕色油点。气芳香,味辛,微苦。

2. 显微鉴别　粉末黄白色。淀粉粒甚多,单粒圆球形、多角形、椭圆形或盔帽形,直径 3 ~ 25 μm,脐点点状、裂缝状、十字状、三叉状、星状或人字状;复粒多由 2 ~ 12 分粒组成。网纹导管、螺纹导管直径 10 ~ 85 μm。木栓细胞多角形或类长方形,淡黄棕色。油管多已破碎,含淡黄棕色分泌物。

3. 理化鉴别　取本品粉末 0.5 g,加乙醚 10 mL,浸泡 1 h,时时振摇,滤过,滤液挥干,残渣加乙酸乙酯 1 mL 使溶解,作为供试品溶液。另取白芷对照药材 0.5 g,同法制成对照药材溶液。再取欧前胡素对照品、异欧前胡素对照品,加乙酸乙酯制成每 1 mL 各含 1 mg 的混合溶液,作为对照品溶液。照薄层色谱法试验,吸取上述 3 种溶液各 4 μL,分别点于同一硅胶 G 薄层板上,以石油醚(30 ~ 60 ℃)–乙醚(3 : 2)为展开剂,在 25 ℃以下展开,取出,晾干,置紫外光灯(365 nm)下检视。供试品色谱中,在与对照药材色谱和对照品色谱相应的位置上,显相同颜色的荧光斑点。

【炮制】除去杂质,大小分开,略浸,润透,切厚片,干燥。

【化学成分】白芷主要含挥发油和呋喃香豆素。此外,含新白芷醚、7-去甲基软木花椒素、氧化前胡素、欧前胡素、异欧前胡素等;无机元素中,以钙、镁、磷、铁的含量较高。

杭白芷根含欧前胡内酯、异欧前胡内酯、别异欧前胡内酯、别异欧前胡内酯、氧化前胡素、异氧化前胡素等多种香豆精类成分。还含谷甾醇、棕榈酸及钙、铜、铁、锌、锰、钠、磷、镍、镁、钴、铬、钼等多种元素,其中以钠、镁、钙、铁、磷的含量较高。

【性味与归经】辛,温。归胃、大肠、肺经。

【功能主治】解表散寒,祛风止痛,宣通鼻窍,燥湿止带,消肿排脓。用于感冒头痛,眉棱骨痛,鼻塞流涕,鼻鼽,鼻渊,牙痛,带下,疮疡肿痛。

【用法用量】水煎汤,内服 3 ~ 10 g,或入丸、散。外用适量,研末撒或调敷患处。

【骨科应用】

1. 药物功效　通窍止痛:白芷味辛,性温,有散风除湿、通窍止痛、消肿排脓的功能,临床常用于治疗风寒感冒、头痛、牙痛、鼻渊、肠风痔漏、赤白带下、痈疽疮疡、毒蛇咬伤等症。白芷辛散温通,长于止痛。现代药理研究证明,它能改善局部血液循环,消除色素在组织中的过度堆积,促进皮肤细胞新陈代谢,进而达到美容的作用。

2. 食物功效　白芷的营养价值是非常丰富的,含有大量的碳水化合物、脂肪、蛋白质、纤维素等营养物质。白芷具有清热解毒、润燥滋阴、消肿止痛的功效,可以解决一些恶性的暗疮、皮癣等问题,而且还可以化解毒素,对我们消除身体上残留的毒素有意义,是解毒的好选择。另外,白芷气味芳香,吸入以后会沁人心脾,缓解疲劳,同时还可以起到活跃思维的功效,对我们大脑健康有好处。

【使用注意】本品温燥辛散,有耗气伤阴之弊,故凡阴虚火旺、肝阳上亢、肝肾阴虚者及表热证等,均不宜选用。

【贮藏】置阴凉干燥处,防蛀。

 药膳举例

白芷当归鲤鱼汤

材料:白芷 15 g、黄芪 12 g、当归、枸杞子各 8 g,红枣 4 个,鲤鱼 1 条,生姜 3 片。

制作:各药材洗净,稍浸泡且红枣去核;鲤鱼宰洗净,去肠杂等,置油中慢火煎至微黄。一起与生姜放进瓦煲里,加入清水 2 000 mL(约 8 碗量),武火煲沸后,改为文火煲约 1.5 h,调入适量食盐便可。

用法:分两次早、晚温热服用。

功效:通经活血,滋补肝肾。适用于骨伤科因肝肾亏虚、气滞血瘀等引起的腰椎间盘突出、颈椎病、骨性关节炎、骨质疏松等症。

白芷羊肉汤

材料:羊肉 1 000 g,白芷 5 g,姜 1 块,料酒 5 g,醋 5 g,香菜 50 g。

制作:羊肉洗净切块余水,去掉血水,冲洗干净。准备好白芷、姜切片。锅里放入羊肉、白芷、姜片、料酒、醋,加入适量水;大火烧开,转小火,炖一个半小时,盛入碗里,放入适量的盐,撒上香菜。即可食用。

用法:分两次早、晚温热服用。

功效:益气补虚,补肾壮阳,祛风消肿止痛。适用于类风湿关节炎、骨性关节炎等症。

四、佛手

【别名】佛手香橼、蜜筩柑、蜜罗柑、福寿柑、五指柑、手柑。

【来源】为芸香科植物佛手 *Citrus medica* L. var. *sarcodactylis* Swingle 的干燥果实。

【资源概述】柑橘属(*Citrus*)全世界约 20 种,我国引进栽培的约有 15 种,其中多数为栽培种。

【产地、生境与分布】本品在长江以南各地多有栽种。产于浙江的称兰佛手(主产地在兰溪市),产于福建的称闽佛手,产于广东和广西的称广佛手,产于四川和云南的分别称为川佛手与云佛手或统称川佛手。

【采收加工】秋季果实尚未变黄或变黄时采收,纵切成薄片,晒干或低温干燥。

【鉴别方法】

1. 性状鉴别 本品为类椭圆形或卵圆形的薄片,常皱缩或卷曲,长 6 ~ 10 cm,宽 3 ~ 7 cm,厚 0.2 ~ 0.4 cm。顶端稍宽,常有 3 ~ 5 个手指状的裂瓣,基部略窄,有的可见果梗

痕。外皮黄绿色或橙黄色,有皱纹和油点。果肉浅黄白色,散有凹凸不平的线状或点状维管束。质硬而脆,受潮后柔韧。气香,味微甜后苦。

2.显微鉴别 粉末淡棕黄色。中果皮薄壁组织众多,细胞呈不规则形或类圆形,壁不均匀增厚。果皮表皮细胞表面观呈不规则多角形,偶见类圆形气孔。草酸钙方晶成片存在于多角形的薄壁细胞中,呈多面形、菱形或双锥形。

3.理化鉴别 取本品粉末 1 g,加无水乙醇 10 mL,超声处理 20 min,滤过,滤液浓缩至干,残渣加无水乙醇 0.5 mL 使溶解,作为供试品溶液。另取佛手对照药材 1 g,同法制成对照药材溶液。照薄层色谱法试验,吸取上述两种溶液各 2 μL,分别点于同一硅胶 G 薄层板上,以环己烷-乙酸乙酯(3∶1)为展开剂,展开,取出,晾干,置紫外光灯(365 nm)下检视。供试品色谱中,在与对照药材色谱相应的位置上,显相同颜色的荧光斑点。

【炮制】除去杂质;或润透,切丝,干燥。

【化学成分】含挥发油、黄酮、香豆精、多糖、橙皮苷、柠檬油素、6,7-二甲氧基香豆素、香叶木素、香叶木苷、白当归素、5-甲氧基糠醛等成分。

【性味与归经】辛、苦、酸,温。归肝、脾、胃、肺经。

【功能主治】疏肝理气,和胃止痛,燥湿化痰。用于肝胃气滞,胸胁胀痛,胃脘痞满,食少呕吐,咳嗽痰多。

【用法用量】内服,水煎汤,3～10 g。可作为调味品用于肉类、糕点、腌制食品、炒货、蜜饯、饮料的制作。

【骨科应用】

1.药物功效

(1)改善胃肠功能:佛手理气和中,疏肝解郁,可用于骨伤后肝胃不和、气滞胃痛、胸闷胁痛、食欲不振、恶心呕吐等。佛手中提取的天然香豆素类化合物佛手苷内酯,目前已用于炎症和肿瘤等方面的治疗。

(2)抗骨质疏松:有研究证实佛手苷内酯能明显促进成骨细胞增殖分化及新骨形成,诱导破骨细胞及其前体细胞凋亡而抑制骨吸收,可用于治疗骨折、骨软化和骨质疏松。

2.食物功效 佛手含有人体所需的氨基酸、维生素及多种微量元素,饮用可以缓解疲劳,还能美容养颜,对解酒也有好处。

【使用注意】凡阴虚火旺、肝阳上亢或肝火上炎、胃阴不足、无气滞者慎用。

【贮藏】置阴凉干燥处,防霉,防蛀。

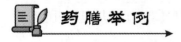 药膳举例

佛手砂仁粥

材料:佛手 15 g,砂仁 6 g,粳米 100 g。

制作:将佛手、砂仁加水煎煮,去渣取汁,加粳米煮成粥。

用法:每日 1 剂,温热食。

功效:疏肝理气,和胃消嗳。用于肝胃不和之暖气、腹胀。

佛手菊花饮

材料:佛手 10 g,菊花 10 g,白砂糖适量。

制作:水煮佛手、菊花,去渣取汁,加入白砂糖。

用法:代茶饮。

功效:疏肝清热,适用于肝气郁结、胁痛不舒者。

五、沙棘

【别名】达尔、沙枣、醋柳果、大尔卜兴、醋柳、酸刺子、酸柳。

【来源】为胡颓子科植物中国沙棘 *Hippophaer hamnoides* L. 的干燥成熟果实。

【资源概述】沙棘属(*Hippophae*)植物全世界约有 4 种,中国产有 4 种 5 亚种。

【产地、生境与分布】产于河北、内蒙古、山西、陕西、甘肃、青海、四川西部。常生于海拔 800 ~ 3 600 m 温带地区向阳的山脊、谷地、干涸河床或山坡、多砾石或沙质土壤或黄土中。我国黄土高原极为普遍。

【采收加工】秋、冬二季果实成熟或冻硬时采收,除去杂质,干燥或蒸后干燥。

【鉴别方法】

1. 性状鉴别　本品呈类球形或扁球形,有的数个粘连,单个直径 5 ~ 8 mm。表面橙黄色或棕红色,皱缩,顶端有残存花柱,基部具短小果梗或果梗痕。果肉油润,质柔软。种子斜卵形,长约 4 mm,宽约 2 mm;表面褐色,有光泽,中间有一纵沟;种皮较硬,种仁乳白色,有油性。气微,味酸、涩。

2. 显微鉴别　果皮表面观:果皮表皮细胞表面观多角形,垂周壁稍厚。表皮上盾状毛较多,由 100 多个单细胞毛毗连而成,末端分离,单个细胞长 80 ~ 220 μm,直径约 5 μm,毛脱落后的疤痕由 7 ~ 8 个圆形细胞聚集而成,细胞壁稍厚。果肉薄壁细胞含多数橙红色或橙黄色颗粒状物。鲜黄色油滴甚多。

3. 理化鉴别　取本品粉末(过三号筛)0.5 g,精密称定,置具塞锥形瓶中,精密加入乙醇 50 mL,称定重量,加热回流 1 h 放冷,再称定重量,用乙醇补足减失的重量,摇匀,滤过。精密量取续滤液 25 mL,置具塞锥形瓶中,加盐酸 3.5 mL,在 75 ℃ 水浴中加热水解 1 h,立即冷却,转移至 50 mL 量瓶中。用适量乙醇洗涤容器,洗液并入同一量瓶中,加乙醇至刻度,摇匀,滤过。取续滤液 30 mL,浓缩至约 5 mL,加水 25 mL,用乙酸乙酯提取 2 次,每次 20 mL,合并乙酸乙酯液,蒸干,残渣加甲醇 1 mL 使溶解,作为供试品溶液。另取异鼠李素对照品,槲皮素对照品,加甲醇制成每 1 mL 各含 1 mg 的混合溶液,作为对照品溶液。照薄层色谱法试验,吸取上述两种溶液各 2 μL 混合,分别点于同一含 3% 醋酸钠溶液制备的硅胶 G 薄层板上,以甲苯-乙酸乙酯-甲酸(5:2:1)为展开剂,展开,取出,晾干,喷以三氯化铝试液,置紫外光灯(365 nm)下检视。供试品色谱中,在与对照品色谱相应的位置上,显相同颜色的荧光斑点。

【化学成分】沙棘含有多种维生素、黄酮类化合物、三萜及甾体类化合物、蛋白质和氨基酸、脂肪酸类、有机酸和碳水化合物等多种物质。

【性味与归经】酸、涩,温。归脾、胃、肺、心经。

【功能主治】健脾消食,止咳祛痰,活血散瘀。用于脾虚食少,食积腹痛,咳嗽痰多,胸痹心痛,瘀血经闭,跌扑瘀肿。

【用法用量】内服,水煎汤,3~10 g。可制作腌制食品、蜜饯、饮料。

【骨科应用】

1.药物功效　沙棘具有活血化瘀功效,与其他益气活血药物组方配伍可起到活血化瘀、活络止痛的功效,用于骨科疾病如骨质疏松、颈椎病等的辅助治疗。沙棘提取物以及沙棘油制作保健品,有降血脂、抗氧化之功效,可用于股骨头坏死患者的辅助治疗。现代药理研究发现,沙棘中熊果酸能有效地促进坐骨神经再生,有利于再生神经纤维传导功能及肢体运动功能的恢复。

2.食物功效　沙棘果汁含有丰富的营养成分:维生素 C、维生素 E、超氧化物歧化酶(SOD)、黄酮类化合物以及其他的活性物质,30 mL 的棘氧沙棘全果饮汁可以提供大部分的人体营养。沙棘油可降低胆固醇,缓解心绞痛发作,还有防治冠状动脉粥样硬化性心脏病的作用,可以祛痰、止咳、平喘,能治疗慢性气管炎,胃和十二指肠溃疡以及消化不良等,对慢性浅表性胃炎、萎缩性胃炎、结肠炎等病症疗效显著。沙棘叶可以做成沙棘茶,里面富含多类活力物质,其中的 B 族维生素就能促进胃肠的正常蠕动和消化液的快速分泌,可以帮助消化,也能使毒素及时排出来,帮助清理藏在血管和泌尿系统里的垃圾,对血管堵塞和前列腺炎等疾病都很有利。

【使用注意】

(1)体温热甚者不宜选用。

(2)孕妇和糖尿病患者慎用。

【贮藏】置通风干燥处,防霉,防蛀。

 药膳举例

沙棘炖仔鸡

材料:沙棘 12 g,丹参 6 g,仔鸡 1 只,草菇 30 g,葱、姜、盐、黄酒、味精适量。

制作:沙棘、丹参洗净备用;仔鸡斩块洗净飞水备用。砂锅加水适量,放丹参、沙棘、葱、姜、盐、黄酒、草菇,大火烧开后去浮末改文火炖煨至鸡块熟烂,调盐、味精即可。

用法:适量食用。

功效:具有健胃补脾、益气生津的功效。

沙棘糖水

材料:鲜沙棘果 100 g,白砂糖适量。

制作:将沙棘果去杂洗净,放入锅中,加适量的水,煎煮约 1 h 后加入白砂糖拌匀即成。

用法:日常饮用。

功效:沙棘果糖水能增强人体免疫功能,饮用可防治癌症,减少辐射伤,降血压,降低胆固醇。

六、阿胶

【别名】驴皮胶、东阿胶、盆覆胶、傅致胶。

【来源】为马科动物驴 *Equus asinus* L. 的干燥皮或鲜皮经煎煮、浓缩制成的固体胶。

【制作方法】将驴皮浸泡去毛,切块洗净,分次水煎,滤过,合并滤液,浓缩(可分别加入适量的黄酒、冰糖及豆油)至稠膏状,冷凝,切块,晾干,即得。

【产地、生境与分布】全国各地均产,以山东东阿为佳。

【鉴别方法】

1. 性状鉴别　本品呈长方形块、方形块或丁状。棕色至黑褐色,有光泽。质硬而脆,断面光亮,碎片对光照视呈棕色半透明状。气微,味微甘。

2. 理化鉴别　取本品粗粉 0.02 g,置 2 mL 安瓿中,加 6 mol/L 盐酸溶液 1 mL,熔封,置沸水浴中煮沸 1 h,取出,加水 1 mL,摇匀,滤过,用少量水洗涤滤器及滤渣,滤液蒸干,残渣加甲醇 1 mL 使溶解,作为供试品溶液。另取甘氨酸对照品,加甲醇制成每 1 mL 含 1 mg 的溶液,作为对照品溶液。照薄层色谱法试验,吸取上述两种溶液各 2 μL,分别点于同一硅胶 G 薄层板上,以苯酚–硼砂溶液 0.5%(4∶1)为展开剂,展开,取出,晾干,喷以茚三酮试液,在 105 ℃加热至斑点显色清晰。供试品色谱中,在与对照品色谱相应的位置上,显相同颜色的斑点。

【炮制】

(1)阿胶:捣成碎块。

(2)阿胶珠:取阿胶,烘软,切成 1 cm 左右的丁,照烫法用蛤粉烫至成珠,内无溏心时,取出,筛去蛤粉,放凉。

【化学成分】阿胶主要由胶原及部分水解产生的赖氨酸、精氨酸、组氨酸等多种氨基酸组成,并含钙、硫等矿物质。

【性味与归经】甘,平。归肺、肝、肾经。

【功能主治】补血滋阴,润燥,止血。用于血虚萎黄,眩晕心悸,肌痿无力,心烦不眠,虚风内动,肺燥咳嗽,劳嗽咯血,吐血尿血,便血崩漏,妊娠胎漏。

【用法用量】3～9 g,烊化兑服。可与黑芝麻、核桃仁、大枣等制作阿胶糕。

【骨科应用】

1. 药物功效 阿胶具有补血止血、改善钙代谢平衡作用。有研究表明,阿胶可升高成骨细胞中碱性磷酸酶(ALP)含量,阿胶在骨愈合初、中期可促进前胶原 mRNA、转化生长因子 β(TGF-β_1)mRNA 的表达,使巨噬细胞的富集及活性增强。临床研究发现以阿胶为君药的阿胶黄芪口服液能更有效改善骨折患者的骨痛感,更早形成骨痂,加快骨骼愈合速度。阿胶补肾健骨方可调节脂代谢,有预防和治疗骨质疏松的功效。

2. 食物功效 阿胶主要由胶原及部分水解产生的赖氨酸、精氨酸、组氨酸等多种氨基酸组成,并含钙、硫等矿物质,其促进血中红细胞和血红蛋白生成的作用优于铁剂,并可升高血压而抗休克,预防治疗进行性肌营养不良等。

【使用注意】

(1)脾胃虚弱、不思饮食者慎用。阿胶较黏腻,有碍消化。

(2)感冒、咳嗽、腹泻期间忌用。

【贮藏】密闭。

 药膳举例

阿胶糯米粥

材料:阿胶 15 g,糯米 100 g。

制作:糯米洗净煮烂后加入碎阿胶,待阿胶融化后加入适量红糖。

用法:1 日内分两次服用。连服 3 日后应停止。隔一段时日后可再次服用。

功效:适用于多种失血性贫血。

阿胶茯苓炖猪瘦肉

材料:阿胶 3 g,人参 5 g,茯苓、陈皮、白术各 6 g,猪瘦肉 100 g。

制作:人参、茯苓、陈皮、白术一同炖瘦肉后,倒入碗里混合碎阿胶后即成。

用法:每周 1~2 次。

功效:调和气血,滋养脾胃。

七、青果

【别名】橄榄、甘榄子、亲干子。

【来源】为橄榄科植物橄榄 *Canarium album* Raeusch. 的干燥成熟果实。

【资源概述】橄榄属(*Canarium*)植物约 75 种,我国有 7 种。

【产地、生境与分布】原产中国。福建省是中国橄榄分布最多的省份,广东、广西、台湾、四川、浙江等省亦有栽培。生于海拔 1 300 m 以下的沟谷和山被杂木林中,或栽培于庭园、村旁。

【采收加工】秋季果实成熟时采收,干燥。

【鉴别方法】

1.性状鉴别 本品呈纺锤形,两端钝尖,长 2.5~4.0 cm,直径 1.0~1.5 cm。表面棕黄色或黑褐色,有不规则皱纹。果肉灰棕色或棕褐色,质硬。果核梭形,暗红棕色,具纵棱;内分 3 室,各有种子 1 粒。气微,果肉味涩,久嚼微甜。

2.显微鉴别 果皮横切面:外果皮为 1~3 列厚壁细胞,含黄棕色物,外被角质层。中果皮为 10 余列薄壁细胞,有维管束散在,油室多散列于维管束的外侧。内果皮为数列石细胞。薄壁细胞含草酸钙簇晶和方晶。粉末棕黄色。果皮表皮细胞表面观呈不规则形,壁较厚,含黄棕色物。薄壁细胞呈不规则形或类圆形,壁不均匀增厚,内含或散在草酸钙簇晶和方晶。石细胞多见,由数个紧密排列或单个散在,呈纺锤形、类长方形或不规则形,壁厚,孔沟细密,有的纹孔明显。导管多为螺纹。

3.理化鉴别 取本品粉末 1 g,加乙醇 10 mL,超声处理 20 min,滤过,滤液蒸干,残渣加乙醇 1 mL 使溶解,作为供试品溶液。另取青果对照药材 1 g,同法制成对照药材溶液。再取没食子酸对照品,加乙醇制成每 1 mL 含 0.5 mg 的溶液,作为对照品溶液。照薄层色谱法试验,吸取上述 3 种溶液各 2 μL,分别点于同一硅胶 G 薄层板上,以环己烷-乙酸乙酯-甲酸(8:6:1)为展开剂,展开,取出,晾干,喷以 2% 三氯化铁乙醇溶液。供试品色谱中,在与对照药材色谱和对照品色谱相应的位置上,显相同颜色的斑点。

【炮制】除去杂质,洗净,干燥。用时打碎。

【化学成分】果实含蛋白质 1.2%、脂肪 1.09%、碳水化合物 12%、钙 0.204%、磷 0.046%、铁 0.001 4%、维生素 C 0.02%。种子含挥发油及香树脂醇等,种子油中含多种脂肪酸:乙酸、辛酸、癸酸、月桂酸、肉豆蔻酸、硬脂酸、棕榈酸、油酸、亚麻酸等。

【性味与归经】甘、酸,平。归肺、胃经。

【功能主治】清热解毒,利咽,生津。用于咽喉肿痛,咳嗽痰黏,烦热口渴,鱼蟹中毒。

【用法用量】内服,水煎汤,5~10 g。可制作腌制食品、蜜饯、饮料。

【骨科应用】

1.药物功效 橄榄油提取物橄榄苦苷能够促进骨髓间充质干细胞分化成骨分化,抑制破骨细胞的增殖,可用于骨质疏松、肿瘤骨转移、人工关节假体的无菌性松动等常见骨破坏相关疾病。

2.食物功效 橄榄的营养十分丰富。其果肉含有丰富的蛋白质、碳水化合物、维生素 C 以及钙、磷、铁等矿物质,其中维生素 C 的含量约是苹果的 10 倍,梨、桃的 5 倍。鲜橄榄的含钙量在水果家族中名列前茅,每 100 g 果肉含钙 204 mg,比香蕉、苹果、柿子、桃多 20 倍,且易被人体吸收,尤其适于妇女和儿童食用。冬天气候干燥,若常食几颗鲜橄榄,可润喉清热,预防上呼吸道感染。此外,儿童经常食用橄榄对其骨骼的发育也大有益处。

【使用注意】气虚或血亏、无寒湿实邪者忌服。

【贮藏】置干燥处,防蛀。

药膳举例

橄榄萝卜茶

材料:橄榄 250 g,萝卜 500 g。

制作:先将橄榄和萝卜洗净,将萝卜切成小块,然后将橄榄与萝卜块一起加水煎煮,去渣取汁。

用法:每日 1 剂,代茶饮用。

功效:此茶可清肺利咽,对上呼吸道感染、流行性感冒、急性咽喉炎、急性扁桃体炎及支气管炎等具有一定的防治作用。

橄榄葱姜汤

材料:鲜橄榄 60 g,葱白 15 g、苏叶 10 g,食盐少许。

制作:将上料加水 2 碗半煎至 1 碗后去渣取汁,再放入食盐即可服用。

用法:每日 1 剂,分两次服下。

功效:解表散寒、健胃和中,对风寒感冒、脘腹胀满、呕吐气逆等具有一定的防治作用。

八、罗汉果

【别名】光果木鳖、拉汗果、假苦瓜。

【来源】为葫芦科植物罗汉果 *Siraitia grosvenorii* (Swingle) C. Jeffrey ex A. M. Lu et Z. Y. Zhang 的干燥果实。

【资源概述】罗汉果属(*Siraitia*)植物全世界约有 7 种,我国有 4 种。

【产地、生境与分布】产于广西、贵州、湖南南部、广东和江西。常生于海拔 400 ~ 1 400 m 的山坡林下及河边湿地、灌丛。

【采收加工】秋季果实由嫩绿色变深绿色时采收,晾数天后,低温干燥。

【鉴别方法】

1. 性状鉴别 本品呈卵形、椭圆形或球形,长 4.5 ~ 8.5 cm,直径 3.5 ~ 6.0 cm。表面褐色、黄褐色或绿褐色,有深色斑块和黄色柔毛,有的具 6 ~ 11 条纵纹。顶端有花柱残痕,基部有果梗痕。体轻,质脆,果皮薄,易破。果瓤(中、内果皮)海绵状,浅棕色。种子扁圆形,多数,长约 1.5 cm,宽约 1.2 cm;浅红色至棕红色,两面中间微凹陷,四周有放射状沟纹,边缘有槽。气微,味甜。

2. 显微鉴别 粉末棕褐色。果皮石细胞大多成群,黄色,方形或卵圆形,直径 7 ~ 38 μm。果壁厚,孔沟明显。种皮石细胞类长方形或不规则形,壁薄,具纹孔。纤维长梭形,直径 16 ~ 42 μm,胞腔较大,壁孔明显。可见梯纹导管和螺纹导管。薄壁细胞不规则形,具纹孔。

3.理化鉴别 取本品粉末 1 g,加水 50 mL,超声处理 30 min,滤过,取溶液 20 mL,加正丁醇振摇提取 2 次,每次 20 mL,合并正丁醇液,减压蒸干,残渣加甲醇 1 mL 使溶解,作为供试品溶液。另取罗汉果对照药材 1 g,同法制成对照药材溶液。再取罗汉果皂苷 V 对照品,加甲醇制成每 1 mL 含 1 mg 的溶液,作为对照品溶液。照薄层色谱法试验,吸取上述 3 种溶液各 5 μL,分别点于同一硅胶 G 薄层板上,以正丁醇-乙醇-水(8∶2∶3)为展开剂,展开,取出,晾干,喷以 2% 香草醛的 10% 硫酸乙醇溶液,加热至斑点显色清晰。供试品色谱中,在与对照药材色谱和对照品色谱相应的位置上,显相同颜色的斑点。

【化学成分】罗汉果含罗汉果苷、果糖、葡萄糖、氨基酸、黄酮等。含锰、铁、镍、硒、锡、碘、钼等 26 种无机元素及蛋白质、维生素 C 等。种仁含油脂41.07%,基中脂肪酸有亚油酸、油酸、棕榈酸、硬脂酸、棕榈油酸、肉豆蔻酸、月桂酸、癸酸。

【性味与归经】甘,凉。归肺、大肠经。

【功能主治】清热润肺,利咽开音,滑肠通便。用于肺热燥咳,咽痛失音,肠燥便秘。

【用法用量】内服,水煎汤,9~15 g。可制作饮料、糕点、糖果等。

【骨科应用】

1.药物功效 从罗汉果提取物中分离出来,具有抗氧化、降血糖、抗癌等活性的天然化合物罗汉果皂苷 V。研究表明,罗汉果皂苷 V 可以通过促进 LncRNA TUG1 表达刺激成骨细胞的增殖与分化,从而维持骨量平衡,促进骨形成,防止骨质流失,预防骨质疏松。

2.食物功效 罗汉果含有人体所需的多种营养成分,能提高人体的抗病和免疫能力。其还含有亚油酸、油酸等多种不饱和脂肪酸,可降低血脂,减少脂肪在血管内的沉积,对防治高脂血症、动脉粥样硬化有一定疗效。

【使用注意】脾胃虚寒者忌服。

【贮藏】置干燥处,防霉,防蛀。

药膳举例

罗汉果粳米粥

材料:罗汉果 250 g,粳米 50 g,盐、味精适量。

制作:将罗汉果压碎,加适量水煎煮,共煎 3 次,用纱布滤去渣备用。粳米以水淘洗干净,入罗汉果汤汁,煮粥,粥沸时转小火继续煮,直至米烂,加入盐、味精即可食用。

用法:适量服用。

功效:清热润肺,滑肠通便。

罗汉果八珍汤

材料:瘦肉适量,罗汉果半个,龙眼肉 15 g,龙利叶 50 g,蜜枣 6 枚,花旗参 20 g,杏仁 20 g,北沙参 15 g。

制作:瘦肉洗净,放入锅中,加各药物、水适量,煲 2.5 h,即可饮汤食肉。

用法:适量服用。

功效:用于肺火燥咳、咽痛失音、肠道便秘等。

九、鱼腥草

【别名】蕺、蕺菜、蕺菜、紫背鱼腥草、紫蕺、菹子、猪鼻孔、九节莲、重药等。

【来源】为三白草科植物蕺菜 *Houttuynia cordata* Thunb. 的新鲜全草或干燥地上部分。

【资源概述】蕺菜属(*Houttuynia*)植物全世界仅有 1 种,分布于亚洲东部和东南部。我国在长江流域及其以南各省区较为常见。

【产地、生境与分布】产于我国中部、东南至西南部各省区,生长于沟边、溪边及潮湿的树林下。分布于陕西、甘肃及长江流域以南各地。

【采收加工】鲜品全年均可采割;干品夏季茎叶茂盛花穗多时采割,除去杂质,晒干。

【鉴别方法】

1.性状鉴别 鲜鱼腥草:茎呈圆柱形,长 20～45 cm,直径 0.25～0.45 cm;上部绿色或紫红色,下部白色,节明显,下部节上生有须根,无毛或被疏毛。叶互生,叶片心形,长 3～10 cm,宽 3～11 cm;先端渐尖,全缘;上表面绿色,密生腺点,下表面常紫红色;叶柄细长,基部与托叶合生成鞘状。穗状花序顶生。具鱼腥气,味涩。干鱼腥草:茎呈扁圆柱形,扭曲,表面黄棕色,具纵棱数条;质脆,易折断。叶片卷折皱缩,展平后呈心形,上表面暗黄绿色至暗棕色,下表面灰绿色或灰棕色。穗状花序黄棕色。

2.显微鉴别 粉末灰绿色至棕色。油细胞类圆形或椭圆形,直径 28～104 μm,内含黄色油滴。非腺毛 1～16 个细胞,表面具线状纹理。腺毛头部 2～5 个细胞,内含淡棕色物,直径 9～24 μm。叶表皮细胞具波状条纹,气孔不定式。草酸钙簇晶直径可达 57 μm。

3.理化鉴别

(1)取干鱼腥草粉末适量,置小试管中,用玻棒压紧,滴加品红亚硫酸试液少量至上层粉末湿润,放置片刻,自侧壁观察,湿粉末显粉红色或红紫色。

(2)取干鱼腥草 25 g(鲜鱼腥草 125 g)剪碎,照挥发油测定法加乙酸乙酯 1 mL,缓缓加热至沸,并保持微沸 4 h,放置半小时,取乙酸乙酯液作为供试品溶液。另取甲基正壬酮对照品,加乙酸乙酯成每 1 mL 含 10 μL 的溶液,作为对照品溶液。照薄层色谱法试验,吸取供试品溶液 5 μL、对照品溶液 2 μL,分别点于同一硅胶 G 薄层板上,以环己烷-乙酸乙酯(9∶1)为展开剂,展开,取出,晾干,喷以二硝基苯肼试液。供试品色谱中,在与对照品色谱相应的位置上,显相同的黄色斑点。

【炮制】

(1)鲜鱼腥草:除去杂质。

(2)干鱼腥草:除去杂质,迅速洗净,切段,干燥。

【化学成分】地上部分含挥发油、甲基正壬基甲酮、樟烯等。

【性味与归经】辛,微寒。归肺经。

【功能主治】清热解毒,消痈排脓,利尿通淋。用于肺痈吐脓,痰热喘咳,热痢,热淋,痈肿疮毒。

【用法用量】内服,水煎汤,15～25 g,不宜久煎;鲜品用量加倍,水煎或捣汁服。外用适量,捣敷或煎汤熏洗患处。

【骨科应用】

1. 药物功效　鱼腥草素对成骨细胞增殖、分化、矿化有抑制功效,可调节骨代谢,可能对骨质疏松的防治有积极意义。鱼腥草注射液—聚乙烯醇凝胶对骨髓炎的防治效果显著。

2. 食物功效

(1)抗菌:鱼腥草中所含鱼腥草素、月桂醛、甲基正壬基酮、香乙烯及槲皮苷、蕺菜碱等挥发油成分,对金黄色葡萄球菌、白色葡萄球菌、志贺菌属、铜绿假单胞菌、变形杆菌、副大肠埃希菌、革兰氏阳性芽孢杆菌等均有一定的抑制作用,对金黄色葡萄球菌和白色葡萄球菌作用较强。实验表明,鱼腥草鲜汁对金黄色葡萄球菌有显著抑制作用,加热后作用减低。

(2)抗病毒:鱼腥草水煎剂体外试验,对京科68-1株病毒有抑制作用,并能延缓埃可11株病毒的致细胞病变作用。其非挥发油部分,腹腔注射对流感病毒FM1实验感染小鼠有明显预防保护作用。

【使用注意】虚寒证及阴性外疡忌服。

【贮藏】干鱼腥草置干燥处;鲜鱼腥草置阴凉潮湿处。

药膳举例

鱼腥草煮猪瘦肉

材料:鲜鱼腥草100 g,女贞子30 g,瘦猪肉100 g。

制作:先将鱼腥草及女贞子煎成液,过滤,随后与猪瘦肉同煮熟,后加适量盐和味精等调料即可食用。

用法:隔日1次,连用5次。

功效:清热解毒,利尿。适用于腹痛、腹泻等肠炎患者。

鱼腥草炖猪排骨

材料:鲜鱼腥草200 g,猪排骨500 g。

制作:将鱼腥草先煎液,过滤,猪排骨放入煮锅中,倒入鱼腥草液,开始炖煮,肉熟后加适量盐和味精。

用法:饮汤食肉,分2～3次吃完,每周炖2次吃。

功效:清热解毒,排脓。适用于肺热咳嗽、肺痈咳吐脓血、痰黄稠等症。

十、枸杞子

【别名】苟起子、枸杞红实、甜菜子、西枸杞、狗奶子、红青椒、枸蹄子、枸杞果、地骨子等。

【来源】为茄科植物宁夏枸杞 *Lycium barbarum* L. 的干燥成熟果实。

【资源概述】枸杞属（*Lycium*）植物全世界约有 80 种,中国产 7 种 3 变种。

【产地、生境与分布】原产我国北部。河北北部、内蒙古、山西北部、陕西北部、甘肃、宁夏、青海、新疆有野生,由于果实入药而栽培,现在除以上省区有栽培外,我国中部和南部不少省区也已引种栽培,尤其是宁夏及天津地区栽培多、产量高。

【采收加工】夏、秋二季果实呈红色时采收,热风烘干,除去果梗,或晾至皮皱后,晒干,除去果梗。

【鉴别方法】

1. 性状鉴别　长卵形或椭圆形、略扁,长 0.6 ~ 2.0 cm,直径 3 ~ 8 mm。表面鲜红色或暗红,微有光泽,有不规则皱纹,顶端略尖,有小凸起状的花柱痕,基部有白色的果柄痕。果皮柔韧,皱缩;果肉厚,柔润而有黏性,内有种子多数。种子扁肾形,长 1.5 ~ 2.0 mm,直径约 1 mm。气微,味甜、微酸。果粒大、色红、肉厚、质柔润、籽少、味甜者为佳。

2. 显微鉴别　果皮横切面:外果皮 1 列细胞,切面壁增厚,非木化或微木化,外被角质层、外缘不规则细齿状。中果皮为木化或微木化,外被角质层,外缘不规则细齿状。中果皮为 10 余列细胞,最外层细胞略切向延长,其下细胞类圆形、长圆形、类长方形,向内细胞渐增大,最内侧有的细胞较小,壁稍增厚;细胞含众多橙红色色素颗粒,有的含草酸钙砂晶;维管束双韧型,多数,散列,导管细小。内果皮 1 列细胞,细胞壁全面增厚,木化。

3. 粉末特征　粉黄橙色或暗红色。种皮石细胞表面观不规则多角形或长多角形,垂周壁深波状弯曲或微波状弯曲,直径 37 ~ 117 μm,长至 196 μm,壁厚 5 ~ 27 μm;断面观类方形或扁方形;侧壁及内壁增厚,内壁稍弯曲,外壁黏液化。外果皮细胞表面观类多角形或长多角形,垂周壁细波状弯曲或平直,外平周壁表面有较细密平行角质条纹。中果皮薄壁细胞类多角形、胞腔内含橙红色或红棕色色素颗粒;有的含草酸钙砂晶。另有内胚乳细胞,含脂肪油滴及糊粉粒。

【炮制】生用。

【化学成分】果实含枸杞多糖、甜菜碱、阿托品、天仙子胺等。

【性味与归经】甘,平。归肝、肾经。

【功能主治】养肝,滋肾,润肺。主治肝肾亏虚,头晕目眩,目视不清,腰膝酸软,阳痿遗精,虚劳咳嗽,消渴引饮。

【用法用量】6 ~ 12 g。

【骨科应用】

1. 药物功效

(1)抗骨质疏松作用。枸杞提取物可有效提升骨质疏松大鼠骨密度、转化生长因子-β₁、一氧化氮、一氧化氮合酶、磷离子以及骨钙素,有效降低骨质疏松大鼠血清中钙离子、镁离子、碱性磷酸酶、免疫调节因子白细胞介素-6、肿瘤细胞坏死因子-α。说明枸杞子提取物可有效调节骨质疏松大鼠身体中细胞因子,缓解大鼠骨分解情况,达到治疗骨质疏松目的。

（2）抗炎作用。枸杞多糖能够降低骨关节炎（OA）软骨细胞炎性细胞因子水平,抑制核因子κB（NF-κB）信号通路,从而改善骨关节炎症损伤。

（3）改善机体免疫功能。枸杞多糖可降低坐骨神经损伤小鼠的机体免疫反应,促进受损神经功能的恢复。

（4）促进骨折愈合作用。其主要成分枸杞多糖能促进骨折愈合过程中骨形态发生蛋白-2（BMP-2）的表达,存在量-效关系,对骨折愈合有一定的促进作用。

2. 食物功效　枸杞子是重要的保健食品和药材。《本草纲目》载枸杞"苦,寒,无毒","主五内邪气,热中消渴。久服,坚筋骨,轻身不老,耐寒署"。"苗,气味苦,寒","除烦益志,补五劳七伤,壮心气,去皮肤骨间风,消热毒,散疮肿"。"枸杞子,气味苦,寒","坚筋骨,耐老,除风,去虚劳,补精气","明目"。枸杞含有的芦丁对毛细管有强化作用,所以食用枸杞子对高血压患者是有益的;枸杞中的甜菜碱能促进消化器官的分泌和运动,使神经传导系统流畅,有助于解除便秘;枸杞中的叶绿素还能帮助肝脏解毒。

【使用注意】胸门脘腹胀满或高血压且性情太过急躁的人,或平日大量摄取肉类导致面泛红光的人忌食。

【贮藏】置阴凉干燥处,防闷热,防潮,防蛀。

药膳举例

枸杞子煲猪腰

材料:枸杞子 100 ~ 150 g,猪腰 1 对。

制作:猪腰洗净后切去脂膜,切成小块,放入枸杞子,加水煲汤。

用法:调味服食。

功效:具有补肾、益精、壮骨的功效。适用于骨折后期肾虚者以及肾虚遗精、肾虚耳聋等症。

枸杞肉苁蓉粥

材料:枸杞子 30 g,肉苁蓉 30 g,羊肾 1 个,粳米 100 g,盐、油、味精、料酒、葱、姜各适量。

制法:①羊肾切成两半去掉膜皮,切成片漂洗净后,切成小块,用盐、料酒、味精拌匀后腌片刻备用;肉苁蓉洗净切丝,置于锅内,煎煮取汁;枸杞子洗净;粳米淘洗干净。②锅烧热放入油,至八成热,放入羊肾块煸炒,放入葱、姜末炒出香味,烹入料酒、盐后炒透,出锅备用。③再将粳米入锅内加水、枸杞子烧沸,转文火至米成稀粥,加入羊肾、肉苁蓉汁,拌匀后即可。

用法：早、晚饮用,7 d 为 1 个疗程。

功效：具有生精益血、壮阳补肾的功效。适用于老年人体弱骨折。

十一、姜(生姜、干姜)

【别名】白姜、均姜、干生姜。

【来源】为姜科植物姜 *Zingiber officinale* Rosc. 的新鲜(生姜)或干燥(干姜)根茎。

【资源概述】姜属(*Zingiber*)植物全世界约有 80 种,分布于亚洲的热带、亚热带地区。我国有 14 种,产于西南部至东南部。

【产地、生境与分布】产于我国中部、东南部至西南部各省区。

【采收加工】秋、冬二季采挖,除去须根和泥沙,为"生姜"。冬季采挖,除去须根和泥沙,晒干或低温干燥,为"干姜"。

【鉴别方法】

1. 性状鉴别

(1)生姜呈不规则块状,略扁,具指状分枝,长 4~18 cm,厚 1~3 cm。表面黄褐色或灰棕色,有环节,分柱顶端有茎痕或芽。质脆、易折断。断面浅黄色,内皮层环纹明显。维管束散在。香气特异,味辛辣。

(2)干姜呈扁平块状,具指状分枝,长 3~7 cm,厚 1~2 cm。表面灰黄色或浅灰棕色,粗糙,具纵皱纹和明显的环节。分枝处常有鳞叶残存,分枝顶端有茎痕或芽。质坚实,断面黄白色或灰白色,粉性或颗粒性,内皮层环纹明显,维管束及黄色油点散在。气香特异,味辛辣。

2. 显微鉴别

(1)生姜横切面:木栓层为多列木栓细胞。皮层中散有外韧型叶迹维管束;内皮层明显,可见凯氏带。中柱占根茎大部分,有多数外韧型维管束散列,近中柱鞘部位维管束形小,排列紧密,木质部内侧或周围有非木化的纤维束。薄壁组织中散有多数油细胞,并含淀粉粒。

(2)干姜粉末淡黄棕色。淀粉粒众多,长卵圆形、三角状卵形、椭圆形、类圆形或不规则形,直径 5~40 μm,脐点点状,位于较小端,也有呈裂缝状者,层纹有的明显。油细胞及树脂细胞散于薄壁组织中,内含淡黄色油滴或暗红棕色物质。纤维成束或散离,先端钝尖,少数分叉,有的一边呈波状或锯齿状,直径 15~40 μm,壁稍厚,非木化,具斜细纹孔,常可见菲薄的横隔。梯纹导管、螺纹导管及网纹导管多见,少数为环纹导管,直径 15~70 μm。导管或纤维旁有时可见内含暗红棕色物的管状细胞,直径 12~20 μm。

3. 理化鉴别 取生姜 1 g,切成 1~2 mm 的小块(或干姜粉末 1 g),加乙酸乙酯 20 mL,超声处理 10 min,滤过,取滤液作为供试品溶液。另取干姜对照药材 1 g,同法制成对照药材溶液。再取 α-姜辣素对照品,加乙酸乙酯制成每 1 mL 含 0.5 mg 的溶液,作为对照品溶液。照薄层色谱法试验,吸取上述 3 种溶液各 6 μL 溶液,分别点于同一硅胶 G 薄层板上,以石油醚(60~90 ℃)-三氯甲烷-乙酸乙酯(2:1:1)为展开剂,展开,取出,晾干,喷以香草醛硫酸试液,在105 ℃加热至斑点显色清晰。供试品色谱中,在与对照药材色谱和对照品色谱相应的位置上,显相同颜色的斑点。

【炮制】

(1)生姜:除去杂质,洗净。用时切厚片。

(2)干姜:除去杂质,略泡,洗净,润透,切厚片或块,干燥。

【化学成分】含挥发油,主要成分为姜酮、α-姜辣素、β-没药烯、α-姜黄烯、β-倍半水芹烯及姜醇、δ-茨烯、桉油精、枸橼醛、龙脑等。

【性味与归经】

(1)生姜:辛,微温。归肺、脾、胃经。

(2)干姜:辛,热。归脾、胃、肾、心、肺经。

【功能主治】生姜:解表散寒,温中止呕,化痰止咳,解鱼蟹毒。用于风寒感冒,胃寒呕吐,寒痰咳嗽,鱼蟹中毒。

干姜:温中散寒,回阳通脉,温肺化饮。用于脘腹冷痛,呕吐泄泻,肢冷脉微,寒饮喘咳。

【用法用量】内服,水煎汤,3～10 g。可作为调料用。

【骨科应用】

1. 药物功效　生姜辛温,有散寒、止痛的作用,外敷能够迅速缓解关节疼痛、怕冷症状。黄芪加生姜汁穴位敷贴治疗气血虚弱、膝关节骨性关节炎有很好的临床疗效,可改善膝关节骨性关节炎患者疼痛、功能障碍,且安全有效。研究表明,姜提取物可能主要通过抑制白细胞介素-1β、白细胞介素-6、肿瘤坏死因子-α 等炎症因子的表达,达到保护膝骨关节炎关节软骨作用,从而延缓膝骨关节炎的发展进程。

2. 食物功效　首先,干姜中含有的维生素 C 含量是非常高的,具有很强的抗氧化作用,可有效清除自由基对身体造成的刺激和伤害,延缓细胞衰老的速度,能够使肌肤更加年轻化。其次,干姜具有调理脾胃的作用,经常受寒或者是体寒的人适量服用干姜可以改善身体寒冷、四肢发冷的症状。最后,干姜具有抵御风寒的作用,在寒冷的季节,经常吃干姜,可以提高身体的御寒能力,促进身体中寒气的排出,有效减少感冒的发生。生活中也有一些人在吃了干姜之后,有效治疗肠胃疾病,可以抑制身体中有害病菌的生长,促进肠道菌群平衡。

【使用注意】阴虚内热及实热证禁服。

【贮藏】生姜:置阴凉潮湿处,或埋入湿沙内,防冻。干姜置阴凉干燥处,防蛀。

 **药膳举例**

姜附狗肉煲

材料:制附子6 g,干姜15 g,狗肉250 g,调料适量。

制作:将狗肉洗净,切成块,红烧至半熟后,加入制附子、干姜煨烂,调味即成。

用法:佐餐食用,每日1次。

功效:温肾壮阳,补虚益气。适用于中老年骨质疏松引起的腰腿疼痛。

四逆羊肉汤

材料:羊腿肉100 g,熟附片45 g,干姜100 g,炙甘草10 g,生姜10 g,黄酒20 mL,精盐10 g,葱结20 g,花椒12 g,味精2 g。

制作:将羊肉、熟附片、甘姜、炙甘草、葱洗净;生姜块、葱、花椒、附片、炙甘草、干姜装入纱布袋中;羊肉入沸水中氽一下,洗净,切成长6 cm、宽3 cm的条块。炒锅置旺火上,倒入清水,放入羊肉烧沸,撇去血沫,加入中药包、黄酒,用文火煨至肉熟为度,取出中药包,加入味精、精盐调味即成。

用法:佐餐食用。

功效:具有温阳祛寒、引火归原的功效。适用于慢性骨髓炎。

十二、莲子

【别名】藕实、水芝丹、莲实、泽芝、莲蓬子。

【来源】为睡莲科植物莲 *Nelumbo nucifera* Gaertn. 的干燥成熟种子。

【资源概述】莲属(*Nelumbo*)植物全世界有2种,有1种产美洲,本种产亚洲、大洋洲。在中国有较为广泛的栽培。

【产地、生境与分布】产于我国南北各省。自生或栽培在池塘或水田内。

【采收加工】秋季果实成熟时采割莲房,取出果实,除去果皮,干燥,或除去莲子心后干燥。

【鉴别方法】

1.性状鉴别 种子略呈椭圆形或类球形,长1.2~1.8 cm,直径0.8~1.4 cm。表面红棕色,有细纵纹和较宽的脉纹。一端中心呈乳头状突起,棕褐色,多有裂口,其周边略下陷。质硬,种皮薄,不易剥离。子叶2,黄白色,肥厚,中有空隙,具绿色莲子心,或底部具有一小孔,不具莲子心。气微,味甘、微涩;莲子心味苦。

2.显微鉴别 粉末类白色。主为淀粉粒,单粒长圆形、类圆形、卵圆形或类三角形,有的具小尖突,直径4~25 μm,脐点少数可见,裂缝状或点状;复粒稀少,由2~3分粒组成。色素层细胞黄棕色或红棕色,表面观呈类长方形、类长多角形或类圆形,有的可见草酸钙簇晶。子叶细胞呈长圆形,壁稍厚,有的呈连珠状,隐约可见纹孔域。可见螺纹导管和环纹导管。

3.理化鉴别

(1)取本品粉末少许,加水适量,混匀,加碘试液数滴,呈蓝紫色,加热后逐渐褪色,放冷,蓝紫色复现。

(2)取本品粉末0.5 g,加水5 mL,浸泡,滤过,滤液置试管中,加α-萘酚试液数滴,摇匀,沿管壁缓缓滴加硫酸1 mL,两液接界处出现紫色环。

（3）取本品粗粉 5 g，加三氯甲烷 30 mL，振摇，放置过夜，滤过，滤液蒸干，残渣加乙酸乙酯 2 mL 使溶解，作为供试品溶液。另取莲子对照药材 5 g，同法制成对照药材溶液。照薄层色谱法试验，吸取两种溶液各 2 μL，分别点于同一硅胶 G 薄层板上，以正己烷-丙酮（7∶2）为展开剂，展开，取出，晾干，喷以 5% 香草醛的 10% 硫酸乙醇溶液，在 105 ℃加热至斑点显色清晰。供试品色谱中，在与对照药材色谱相应的位置上，显相同颜色的斑点。

【炮制】有心者，略浸，润透，切开，去心，干燥；或捣碎，去心。无心者，直接入药或捣碎。

【化学成分】莲子心含莲心碱、异莲心碱、甲基莲心碱、荷叶碱等。

【性味与归经】甘、涩，平。归脾、肾、心经。

【功能主治】补脾止泻，止带，益肾涩精，养心安神。用于脾虚泄泻，带下，遗精，心悸失眠。

【用法用量】内服，水煎汤，6～15 g。可制作甜品、饮料使用。

【骨科应用】

1. 药物功效

（1）抗骨质疏松的作用。莲心碱通过增加破骨细胞 Fas、FasL 的表达增强破骨细胞对 Fas/FasL 介导的内源性线粒体凋亡途径的敏感性，从此促使破骨细胞凋亡提前发生，生命周期缩短，进而导致破骨细胞骨吸收功能的发挥受到抑制；起到缓解骨质丢失的作用，有望成为治疗骨质疏松的一种安全有效的选择。

（2）安神的作用。莲子具有养心安神的功效；莲子中含有的莲子碱、芳香苷等成分有镇静作用，食用后可促进胰腺分泌胰岛素，进而可增加 5-羟色胺的供给量，故能使人入睡。

2. 食物功效　莲子中的钙、磷和钾含量非常丰富，还含有其他多种维生素、微量元素、荷叶碱、金丝草苷等物质，除可以构成骨骼和牙齿的成分外，还有促进凝血，使某些酶活化，维持神经传导性，镇静神经，维持肌肉的伸缩性和心跳的节律等作用。丰富的磷还是细胞核蛋白的主要组成部分，帮助机体进行蛋白质、脂肪、碳水化合物代谢，并维持酸碱平衡，对精子的形成也有重要作用。中老年人特别是脑力劳动者经常食用，可以健脑，增强记忆力，提高工作效率，并能预防阿尔茨海默病的发生。莲子心，含有莲心碱、异莲心碱等多种生物碱，味道极苦，有清热泻火之功能，还有显著的强心作用，能扩张外周血管，降低血压。可以治疗口舌生疮，并有助于睡眠。

【使用注意】中满痞胀及大便燥结者忌服。

【贮藏】置干燥处，防蛀。

 药膳举例

莲子粥

材料：嫩莲子 20 g，粳米 100 g。

制作:将嫩莲子发胀后,在水中用刷擦去表层,抽去莲心冲洗干净后放入锅内,加清水在火上煮烂熟,备用;将粳米淘洗干净,放入锅中加清水煮成薄粥,粥熟后掺入莲子,搅匀,趁热服用。

用法:每日早、晚分两次温服。

功效:具有补益脾胃的功效。适用于脾胃消化功能不佳、脘腹胀满者。

莲子肉糕

材料:莲子肉、糯米(或大米)各200 g,茯苓100 g(去皮),白砂糖适量。

制作:莲子肉、糯米炒香,共研为细末,白砂糖适量,一同捣匀,加水使之呈泥状,蒸熟,待冷后压平切块即成。

用法:作点心食用。

功效:具有补脾益胃的功效。适用于脾胃虚弱、饮食不化、大便稀溏等症。

十三、桃仁

【别名】毛桃仁、扁桃仁、大桃仁。

【来源】为蔷薇科植物桃 Prunus persica (L.) Batsch 或山桃 Prunus davidiana (Carr.) Franch. 的干燥成熟种子。

【资源概述】桃属全世界有40多种,我国有12种。

【产地、生境与分布】原产于我国,各省区广泛栽培。世界各地均有栽植。

【采收加工】果实成熟后采收,除去果肉和核壳,取出种子,晒干。

【鉴别方法】

1. 性状鉴别　桃仁呈扁长卵形,长1.2~1.8 cm,宽0.8~1.2 cm,厚0.2~0.4 cm。表面黄棕色至红棕色,密布颗粒状突起。一端尖,中部膨大,另一端钝圆稍偏斜,边缘较薄。尖端一侧有短线形种脐,圆端有颜色略深不甚明显的合点,自合点处散出多数纵向维管束。种皮薄,子叶2,类白色,富油性。气微,味微苦。山桃仁呈类卵圆形,较小而肥厚,长约0.9 cm,宽约0.7 cm,厚约0.5 cm。

2. 显微鉴别　种皮粉末(或解离)片:桃仁石细胞黄色或黄棕色,侧面观贝壳形、盔帽形、弓形或椭圆形,高54~153 μm,底部宽约至180 μm,壁一边较厚,层纹细密;表面观类圆形、圆多角形或类方形,底部壁上纹孔大而较密。山桃仁石细胞淡黄色、橙黄色或橙红色,侧面观贝壳形、矩圆形、椭圆形或长条形,高81~198 μm,宽约至128 μm;表面观类圆形、类六角形、长多角形或类方形,底部壁厚薄不匀,纹孔较小。

3. 理化鉴别　取本品粗粉2 g,加石油醚(60~90 ℃)50 mL,加热回流1 h,滤过,弃去石油醚液,药渣再用石油醚25 mL洗涤,弃去石油醚,药渣挥干,加甲醇30 mL,加热回流1 h,放冷,滤过,取滤液作为供试品溶液。另取苦杏仁苷对照品,加甲醇制成每1 mL含2 mg的溶液,作为对照品溶液。照薄层色谱法试验,吸取上述两种溶液各5 μL,分别点于同一硅胶G薄层板上,以三氯甲烷-乙酸乙酯-甲醇-水(15:40:22:10)5~10 ℃放置

12 h 的下层溶液为展开剂,展开,取出,立即喷以磷钼酸硫酸溶液(磷钼酸 2 g,加水 20 mL 使溶解,再缓缓加入硫酸 30 mL,混匀),在 105 ℃加热至斑点显色清晰。供试品色谱中,在与对照品色谱相应的位置上,显相同颜色的斑点。

【炮制】

(1)燁桃仁:除去杂质。用时捣碎。

(2)桃仁:取净桃仁,照燁法去皮。用时捣碎。

(3)炒桃仁:取燁桃仁,照清炒法炒至黄色。用时捣碎。

【化学成分】桃仁含苦杏仁苷、24-亚甲基环木菠萝烷醇、柠檬甾二烯醇、油酸和亚油酸等成分。

【性味与归经】苦、甘,平。归心、肝、大肠经。

【功能主治】活血祛瘀,润肠通便,止咳平喘。用于经闭痛经,癥瘕痞块,肺痈肠痈,跌扑损伤,肠燥便秘,咳嗽气喘。

【用法用量】内服,水煎汤,5～10 g。

【骨科应用】

1.药物功效

(1)止痛的作用。桃仁味苦、甘,性平,有活血、破血、通脉活络之作用。故后人用其治疗一切跌打损伤,如王清任的复元活血汤,血府逐瘀汤等。桃红四物汤是骨科常用经典方,广泛用于膝骨关节炎、腰椎间盘突出、股骨头坏死、骨质疏松性胸腰椎压缩骨折、骨折及术后并发症等疾病的治疗。医院制剂桃仁膝康丸活血止痛、祛风湿、补肝肾,用于治疗膝骨关节炎效果良好。

(2)润肠通便作用。桃仁含有的脂肪油可以分解成脂肪酸,促进肠胃蠕动,助于排便,同时脂肪酸也可以保湿,增加一些肠道水分,用来治疗肠燥便秘。

2.食物功效 桃仁含有苦杏仁苷、葡萄糖、纤维素、B 族维生素、碳水化合物、大量的胶质、苦杏仁酶以及脂肪油等营养物质。桃仁含有的大量的胶质,可以止血;含有的碳水化合物、葡萄糖等可以提供给人体充足的能量;含有的纤维素可以促进胃肠消化,刺激排便。

【使用注意】孕妇慎用。

【贮藏】置阴凉干燥处,防蛀。

 药膳举例

桃仁续断粥

材料:桃仁、续断、苏木各 10 g,乳香 15 g,粳米 100 g。

制作:将桃仁、乳香、续断、苏木放入砂锅,加清水适量,武火煮沸后,改文火煎取药汁。将粳米淘洗干净,加药汁,加清水适量,中火煮粥。

用法:每日 2 次,分食。

功效：具有补肝肾、舒筋活络、消肿生肌、止血止痛的功效。适用于骨折早期的辅助治疗。

十四、桑椹

【别名】桑实、椹、乌椹、文武实、黑椹、桑枣、桑椹子、桑粒、桑呆等。

【来源】为桑科植物桑 *Morus alba* L. 的干燥果穗。

【资源概况】桑属植物全世界约有 12 种，中国约有 9 种。

【产地、生境与分布】桑树原产我国中部和北部，现由东北至西南各省区，西北直至新疆均有栽培。

【采收加工】4—6 月当桑的果穗变红色时采收，晒干或蒸后晒干。

【鉴别方法】

1. 性状鉴别　由多数小瘦果集合而成，呈长圆形，长 1 ~ 2 cm，直径 5 ~ 8 mm。黄棕色、棕红色至暗紫色；有短果序梗。小瘦果卵圆形，稍扁，长约 2 mm，宽约 1 mm，外具肉质花被片 4 枚。气微、味微酸而甜。以个大、肉厚、色紫红、糖性大者为佳。

2. 显微鉴别　果实横切面：宿存花被片 4，包在果实外周，部分内表皮细胞含有钟乳体，薄壁细胞多压缩，有黄棕色物质，有时可见小型草酸钙簇晶。果皮由薄壁细胞和石细胞组成。种皮是 2 ~ 4 列薄壁细胞，切向延长排列，胚乳及胚均为薄壁组织，内含脂肪油、糊粉粒。果皮横切面：外果皮主为 1 列方形至长方形的薄壁细胞，细胞的侧里呈波状，外被明显的角质层。中果皮为数层颓废细胞，最内一列细胞切向延长，内含黄棕色物质，而形成黄棕色环带，在果脊处各分布一维管束。内果皮紧接于中果皮，由 2 列石细胞组成，外侧 1 列石细胞圆形或类方形，直径 10 ~ 20 μm，内嵌草酸钙方晶，形成嵌晶石细胞层；内侧 1 列石细胞类方形、长方形或类圆形，切向长 ~ 60 μm，径向长 40 ~ 50 μm，胞壁厚约 10 μm，层纹细密而清晰，有的可见点状壁孔。

【化学成分】桑椹中含有粗纤维、蛋白质、转化糖、游离酸、维生素 B_1、维生素 B_2、维生素 C、胡萝卜素、芦丁、杨梅酮、桑色素、芸香苷、鞣质、花青素（主要为矢车菊素）、挥发油、矿物质及微量元素、磷脂、白藜芦醇等成分。

【性味与归经】甘、酸，寒。归心、肝、肾经。

【功能主治】滋阴补血，生津润燥。用于肝肾阴虚，眩晕耳鸣，心悸失眠，须发早白，津伤口渴，内热消渴，肠燥便秘。

【用法用量】水煎汤，内服，每次 9 ~ 15 g；熬膏、浸酒、生啖或入丸、散。外用：适量，浸水洗患处。桑椹可直接供食用。每日 20 ~ 30 颗，30 ~ 50 g。

【骨科应用】

1. 药物功效

（1）增强免疫功能。桑椹滋阴补血、补肾健脾。气血充盈免疫强，所以桑椹单用或与其他药物配伍使用可以提高骨科患者免疫功能。现代药理作用研究表明，其发挥免疫调节作用的主要成分为桑椹多糖。

（2）润肠通便。桑椹味甘酸，性寒，可补血滋阴，生津润燥。可以改进骨科患者术后因长期卧床、胃肠蠕动功能减弱而引起的大便不通等症状,起到润肠通便的作用。

（3）镇痛抗炎作用。桑椹性寒,生津润燥。现代药理作用研究表明,桑椹主要成分桑椹总黄酮具有明显的抗炎活性,其作用好比阿司匹林一类的非甾体抗炎药,可以干扰形成发炎反应的酵素。因此,桑椹可与其他药物配伍改善骨科慢性疼痛患者炎性疼痛。

（4）抗骨质疏松作用。桑椹为补血药材,能补肝、益肾、熄风、滋阴,对于肝肾亏虚型骨质疏松具有很好的疗效,具有滋阴补血、益肾强筋的功效。

2. 食物功效　桑椹果汁中含有丰富的β胡萝卜素、硒等活性成分,能够帮助刺激淋巴细胞转化,增强机体免疫功能。另外含有丰富的天然抗氧化剂维生素C,可帮助清除体内自由基,延缓皮肤衰老。桑椹含有丰富的铁质,能够滋阴补血,帮助调理气色。

【使用注意】脾胃虚寒腹泻者忌食。

【贮藏】置通风干燥处,防蛀。

药膳举例

桑椹补肾膏

材料:桑椹 10 g,猪肝 250 g,鸡蛋清 2 个,熟地黄、枸杞子、桑椹酒、炒女贞子、姜片各 10 g,车前子、菟丝子、肉苁蓉各 6 g,熟鸡油 8 g,胡椒粉、鸡精各 1 g,葱节 15 g,上汤 700 mL,食盐适量。

制作:熟地黄、桑椹、炒女贞子、肉苁蓉、菟丝子、车前子烘干研成细末;枸杞子温水泡发。猪肝去白筋,洗净,用刀背捶成茸,盛入碗中,加清水 150 mL 调匀,去渣;姜片、葱节入肝汁中浸泡 15 min,去葱姜,留肝汁备用。将猪肝汁、蛋清与精盐、胡椒粉、桑椹酒及中药粉搅拌均匀,入笼旺火蒸 15 min,成膏至熟。用上汤调味,注入砂锅中,再将猪肝膏取出划成片状入汤锅,撒上枸杞子,淋上鸡油,即可。

用法:食肉膏,饮汤汁。

功效:具有滋补肝肾、填精益气的功效。适用于肝肾不足、精血亏虚引起的腰椎间盘突出、骨质疏松、骨性关节炎等症。

桑椹杞子米饭

材料:粳米 80 g,桑椹(紫、红)30 g,枸杞子 30 g,白砂糖 20 g。

制作:将桑椹、枸杞子、粳米分别淘洗干净后,一同置于锅中,加入适量清水及白砂糖,用小火焖煮成米饭即可。

用法:佐餐食用,每日 1 次。

功效:具有滋阴补肾的功效。适于老年骨质疏松患者食用。

十五、黄精

【别名】鹿竹、重楼、改蒀、马箭、笔管菜、笔菜、生姜、野生姜、鸡头参、黄鸡菜等。

【来源】本品为百合科植物滇黄精 *Polygonatumkingianum* Coll, et Hemsl.、黄精 *Polygonatum sibiricum Red.* 或多花黄精 *Polygonatum cyrtonema* Hua 的干燥根茎。按形状不同,习称"大黄精""鸡头黄精""姜形黄精"。

【资源概况】黄精属植物全世界约有 40 种,广分布于北温带地区。中国产约 31 种,现已供药用约有 3 种。

【产地、生境与分布】滇黄精:产于云南、四川、贵州。生林下、灌丛或阴湿草坡,有时生岩石上,海拔 700～3600 m 处。越南、缅甸也有分布。

【采收加工】春、秋二季采挖,除去须根,洗净,置沸水中略烫或蒸至透心,干燥。

【鉴别方法】

1. 性状鉴别

(1)大黄精呈肥厚肉质的结节块状,结节长可达 10 cm 以上,宽 3～6 cm,厚 2～3 cm,表面淡黄色至黄棕色,具环节,有皱纹及须根痕,结节上侧茎痕呈圆盘状,圆周凹入,中部突出。质硬而韧,不易折断,断面角质,淡黄色至黄棕色。气微,味甜,嚼之有黏性。

(2)鸡头黄精呈结节状弯柱形,长 3～10 cm,直径 0.5～1.5 cm,结节长 2～4 cm,略呈圆锥形,常有分枝。表面黄白色或灰黄色,半透明,有纵皱纹,茎痕圆形,直径 5～8 mm。

(3)姜形黄精呈长条结节块状,长短不等,常数个块状结节相连。表面灰黄色或黄褐色,粗糙,结节上侧有突出的圆盘状茎痕,直径 0.8～1.5 cm。

2. 显微鉴别　大黄精表皮细胞外壁较厚。薄壁组织间散有多数大的黏液细胞,内含草酸钙针晶束。维管束散列,大多为周木型。鸡头黄精、姜形黄精维管束多为外韧型。

3. 理化鉴别　取本品粉末 1 g,加 70% 乙醇 20 mL,加热回流 1 h,抽滤,滤液蒸干,残渣加水 10 mL 使溶解,加正丁醇振摇提取 2 次,每次 20 mL,合并正丁醇液,蒸干,残渣加甲醇 1 mL 使溶解,作为供试品溶液。另取黄精对照药材 1 g,同法制成对照药材溶液。照薄层色谱法试验,吸取上述两种溶液各 10 μL,分别点于同一硅胶 G 薄层板上,以石醚(60～90 ℃)-乙酸乙酯-甲酸(5：2：0.1)为展开剂,展开,取出,晾干,喷以 5% 香草醛硫酸溶液,在 105 ℃加热至斑点显色清晰。供试品色谱中,在与对照药材色谱相应的位置上,显相同颜色的斑点。

【炮制】

(1)黄精:除去杂质,洗净,略润,切厚片,干燥。

(2)酒黄精:取净黄精,照酒炖法或酒蒸法炖透或蒸透,稍晾,切厚片,干燥。每 100 kg 黄精,用黄酒 20 kg。

【化学成分】黄精的根状茎含甾体皂苷、黄精多糖等成分。

【性味与归经】甘,平。归脾、肺、肾经。

【功能主治】补气养阴,健脾,润肺,益肾。用于脾胃气虚,体倦乏力,胃阴不足,口干食少,肺虚燥咳,劳嗽咳血,精血不足,腰膝酸软,须发早白,内热消渴。

【用法用量】水煎汤,内服 9～15 g,鲜品 30～60 g;入丸、散,熬膏。外用适量,煎汤洗,熬膏涂,或浸酒搽患处。根茎煮熟后可食用。晒干磨粉可用作糕点原料食用,也可熬糖、煮粥、酿酒等。

【骨科应用】

1.药物功效

(1)抗骨质疏松的作用。黄精归脾、肺、肾经,具有滋肾润肺、补脾益气、强筋壮骨的作用。现代药理研究证明黄精防治骨质疏松的主要活性成分为黄精多糖。

(2)促进骨折愈合的作用。黄精多糖能够促进骨髓干细胞向成骨细胞分化,从而促进骨折愈合。

(3)抗菌、抗炎的作用。黄精多糖具有一定的抑菌活性,对大肠埃希菌、副伤寒杆菌、白葡萄球菌以及金黄色葡萄球菌等均有较强的抑制作用;同时能抑制二甲苯引起小鼠的耳肿胀,具有一定的抗炎作用。可应用于创伤性骨折创面感染的预防和治疗。

2.食物功效

(1)增强免疫的作用。黄精补脾益气,调节机体脾胃功能,增强机体免疫力,其免疫激发和免疫促进程度视机体的健康状况而定,对正常机体是中度激发,而对免疫力低下机体则是高度激发。

(2)延缓衰老。黄精和黄精多糖以及其含有的黄酮类物质都具有延缓衰老的作用。黄精延缓衰老的作用机制:黄精成分能够促进蛋白质的合成;同时减少细胞内像脂褐质类的代谢废物的含量,进而使抗脂质过氧化能力增强,增强 SOD 活性;清除自由基,减少体内因自由基反应引起的对机体的损伤。

【使用注意】中寒泄泻、痰湿痞满、气滞者忌服。

【贮藏】置通风干燥处,防霉,防蛀。

 药膳举例

黄精鸡

材料:黄精 100 g,鸡 1 只(重量约 1 500 g)。

制作:将黄精洗净切段,鸡宰杀后去毛和内脏,下沸水锅去血水,捞出用清水洗净。在锅内放鸡、黄精和适量水,加入料酒、精盐、味精、葱段、姜片,武火煮沸后,改为文火炖烧,炖到鸡肉熟烂,拣去黄精、葱段、姜片,出锅即成。

用法:佐餐食用,每日 1 次。

功效:具有补中益气、润肺补肾的功效。适用于体倦乏力、胃呆食少、肺痨咳血、筋骨软弱、风湿疼痛等症。

黄精枸杞汤

材料:黄精 12 g,枸杞子 12 g。

制作:将两味药放入砂锅中,加水煎煮 30 min,取汁即可。

用法:每日 1 剂,分两次温服。

功效:具有补脾益气、滋肾填精的功效。适用于病后和术后身体虚弱、贫血等症。

十六、菊花

【别名】节华、日精、女节、女茎、更生、周盈、傅延年、阴成等。

【来源】为菊科植物菊 *Chrysanthemum morifolium* Ramat. 的干燥头状花序。

【资源概况】菊属植物全世界有 30 余种,主要分布于我国以及日本、朝鲜等国家。我国现有 17 种(不含栽培品种)。全国各地多有广泛栽培的品种。

【产地、生境与分布】我国各地广泛栽培。

【采收加工】9—11 月花盛开时分批采收,阴干或焙干,或熏、蒸后晒干。药材按产地和加工方法不同,分为"亳菊""滁菊""贡菊""杭菊""怀菊"。

【鉴别方法】

1. 性状鉴别

(1)亳菊呈倒圆锥形或圆筒形,有时稍压扁呈扇形,直径 1.5~3.0 cm,离散。总苞碟状;总苞片 3~4 层,卵形或椭圆形,草质,黄绿色或褐绿色,外面被柔毛,边缘膜质。花托半球形,无托片或托毛。舌状花数层,雌性,位于外围,类白色,劲直,上举,纵向折缩,散生金黄色腺点;管状花多数,两性,位于中央,为舌状花所隐藏,黄色,顶端 5 齿裂。瘦果不发育,无冠毛。体轻,质柔润,干时松脆。气清香,味甘、微苦。

(2)滁菊呈不规则球形或扁球形,直径 1.5~2.5 cm。舌状花类白色,不规则扭曲,内卷,边缘皱缩,有时可见淡褐色腺点;管状花大多隐藏。

(3)贡菊呈扁球形或不规则球形,直径 1.5~2.5 cm。舌状花白色或类白色,斜升,上部反折,边缘稍内卷而皱缩,通常无腺点;管状花少,外露。

(4)杭菊呈碟形或扁球形,直径 1.5~4.0 cm,常数个相连成片。舌状花类白色或黄色,平展或微折叠,彼此粘连,通常无腺点;管状花多数,外露。

(5)怀菊呈不规则球形或扁球形,直径 1.5~2.5 cm,多数为舌状花,舌状花类白色或黄色,不规则扭曲,内卷,边缘皱缩,有时可见腺点;管状花大多隐藏。

2. 显微鉴别　本品粉末黄白色。花粉粒类球形,直径 32 μm,表面有网孔纹及短刺,具 3 孔沟。T 形毛较多,顶端细胞长大,两臂近等长,柄 2~4 细胞。腺毛头部鞋底状,6~8 细胞两两相对排列。草酸钙簇晶较多,细小。

3. 理化鉴别　取本品 1 g,剪碎,加石油醚(30~60 ℃)20 mL,超声处理 10 min,弃去石油醚,药渣挥干,加稀盐酸 1 mL 与乙酸乙酯 50 mL,超声处理 30 min,滤过,滤液蒸干,残渣加甲醇 2 mL 使溶解,作为供试品溶液。另取菊花对照药材 1 g,同法制成对照药材溶液。再取绿原酸对照品,加乙醇制成每 1 mL 含 0.5 mg 的溶液,作为对照品溶液。照薄层色谱法试验,吸取上述 3 种溶液各 0.5~1.0 μL,分别点于同一聚酰胺薄膜上,以甲苯-乙酸乙酯-甲酸-冰乙酸-水(1:15:1:1:2)的上层溶液为展开剂,展开,取出,晾干,置紫外光灯(365 nm)下检视。供试品色谱中,在与对照药材色谱和对照品色谱相应的位置上,显相同颜色的荧光斑点。

【化学成分】菊花含挥发油成分龙脑、樟脑、菊油环酮,还含木犀草素-7-葡萄糖苷、大波斯菊苷、碳水化合物和氨基酸等。

【性味与归经】甘、苦,微寒。归肺、肝经。

【功能主治】散风清热,平肝明目,清热解毒。用于风热感冒,头痛眩晕,目赤肿痛,眼目昏花,疮痈肿毒。

【用法用量】内服:水煎汤,5～10 g;入丸、散;泡菜。外用:适量,煎水洗;或捣敷患处。

【骨科应用】

1. 药物功效

(1)祛风通络,活血化瘀。可以应用于脉络不通,肢体风湿痹痛等症。菊花质轻气清,宣扬疏泄,为"祛风之要药",即可祛风清热,疏通经络,宣行气血,又长于清理头目,透达机表,且能引导活血化瘀药上行、走表,以发挥祛风行血之作用,对于气血瘀阻,肢体痹痛尤为相宜。

(2)宜阴活血、强筋壮骨。菊花甘凉滋润,为"宜阴之上品",苦而兼辛,又能宣通经脉气血,故对阴血不足而血行不利之证,有行补兼备、标本兼顾之效。适用于肝阴不足,气郁血脉,脉络痹阻,麻木不仁者。

(3)散瘀疗伤。活血化瘀是治疗伤科疾病之总则,伤在皮肉筋骨者,为风药作用之有效部位,故伤科常以风药、血药相配伍。菊花宣散通窍,功善利血气,散瘀血。常与赤芍、川芎、苏木、红花、防风等药配伍,治疗伤科疾病红肿、瘀血疼痛者。

2. 食物功效 菊花中所含有的锌元素,可有效增强人体的免疫力。白菊花味甘,长于清热解毒、清肝明目,与核桃仁、山楂配伍使用,具有润肺益肾、平肝明目、滑肠润燥、通利血脉的作用。常用于肾虚阳痿、腰膝酸痛、大便燥结等症。

【使用注意】气虚胃寒、食少泄泻之病,宜少用之。凡阳虚或头痛而恶寒者均忌用。

【贮藏】置阴凉干燥处,密闭保存,防霉,防蛀。

🗎 **药膳举例**

菊花核桃粥

材料:菊花 15 g,核桃仁 15 g,大米 100 g。

制作:把菊花洗净,去除杂质;核桃仁洗净;大米淘洗干净;把大米、菊花、核桃仁同放入锅内,加入清水 800 mL。把锅置武火上烧沸,再用文火煮 45 min 即成。

用法:早、晚食用。

功效:具有清风热、补肝肾的功效。适用于肝肾亏虚等引起的腰膝酸软、骨质疏松等症。

芸豆菊花糕

材料:菊花 3 g,芸豆 500 g,红枣 25 颗,红糖 50 g。

制作:将芸豆用水泡发后,放入锅内。加水适量,煮至烂熟待冷,放在洁净的笼布里揉搓成泥。红枣洗净,水泡后去核,煮至烂熟,趁热加红糖、菊花,拌至成泥,放冷。把芸豆泥摊在案板上,用铲或者菜刀抹为 1 cm 厚的长片,上面再摊抹一层枣泥,纵向卷起,再用刀与糕条呈垂直方向切成正方向糕块,整齐地码在盘中即成。

用法:代主食吃。

功效:具有补脾消肿、清肝明目的功效。适用于骨质疏松等症。

十七、淡豆豉

【别名】香豉、淡豉。

【来源】为豆科植物大豆 *Glycine max*（L.） Merr. 的干燥成熟种子（黑豆）的发酵加工品。

【制法】取桑叶、青蒿各 70 ~ 100 g,加水煎煮,滤过,煎液拌入净大豆 1 000 g 中,待吸尽后,蒸透,取出,稍晾,再置容器内,用煎过的桑叶、青蒿渣覆盖,闷使发酵至黄衣上遍时,取出,除去药渣,洗净,置容器内再焖 15 ~ 20 d,至充分发酵、香气溢出时,取出,略蒸,干燥,即得。

【鉴别方法】

1. 性状鉴别　本品呈椭圆形,略扁,长 0.6 ~ 1.0 cm,直径 0.5 ~ 0.7 cm。表面黑色,皱缩不平,一侧有长椭圆形种脐。质稍柔软或脆,断面棕黑色。气香,味微甘。

2. 理化鉴别

(1)取本品 1 g,研碎,加水 10 mL,加热至沸,并保持微沸数分钟,滤过,取滤液 0.5 mL,点于滤纸上,待干,喷以 1% 吲哚醌–醋酸(10∶1)的混合溶液,干后,在 100 ~ 110 ℃加热约 10 min,显紫红色。

(2)取本品粉末约 1 g,加乙醇 25 mL,超声处理 30 min,滤过,滤液蒸干,残渣加乙醇 1 mL 使溶解,作为供试品溶液。另取淡豆豉对照药材 1 g,青蒿对照药材 0.2 g,同法分别制成对照药材溶液。再取大豆苷元对照品和染料木素对照品,分别加乙醇制成每 1 mL 含 0.5 mg 的溶液,作为对照品溶液。照薄层色谱法试验,吸取上述 5 种溶液各 5 ~ 10 μL,分别点于同一硅胶 GF$_{254}$ 薄层板上,以甲苯–甲酸乙酯–甲酸(10∶4∶0.5)为展开剂,展开,取出,晾干,置紫外光灯(365 nm)下检视。供试品色谱中,在与青蒿对照药材色谱相应的位置上,显相同颜色的蓝色荧光主斑点;再置紫外光灯(254 nm)下检视,供试品色谱中,在与淡豆豉对照药材色谱和对照品色谱相应的位置上,显相同颜色的斑点。

【化学成分】大豆异黄酮、大豆皂苷、低聚糖、褐色素、γ-氨基丁酸、蛋白质、脂肪、胆碱、黄嘌呤、次黄嘌呤、胡萝卜素、维生素 B$_1$、维生素 B$_2$、烟酸、天冬酰胺、甘氨酸、苯丙氨酸、亮氨酸、异亮氨酸等。

【性味与归经】苦、辛,凉。归肺、胃经。

【功能主治】解表,除烦,宣发郁热。用于感冒,寒热头痛,烦躁胸闷,虚烦不眠。

【用法用量】内服:煎汤,6 ~ 12 g;入丸剂。外用:适量,捣敷;或炒焦研末调敷。食用:作调味料。

【骨科应用】

1.药物功效

（1）治疗骨蒸潮热。淡豆豉味发酵之品,性味甘、淡,平;气香宣散,具有疏散解表的功效,与辛凉解表药配伍,有微弱的发汗作用。适用于骨伤科发热患者。

（2）清热利湿的作用。淡豆豉善宣发热毒,可以与大黄、栀子同用,清热利湿,适用于关节红肿、热痛等症。

（3）抗骨质疏松的作用。淡豆豉中主要化学成分大豆异黄酮具有雌激素样作用,对于绝经期女性骨质疏松的预防和控制具有较好的作用。

2.食物功效　淡豆豉中含有大量的大豆低聚糖,具有改善肠道菌群环境,增强机体免疫力的作用;另外,大豆多肽具有促进机体对矿物质吸收的作用。

【使用注意】胃虚易呕者慎服。

【贮藏】置通风干燥处,防蛀。

药膳举例

淡豆豉蒸鲫鱼

材料:淡豆豉 30 g,鲫鱼 200 g,白砂糖 30 g。

制作:将鲫鱼洗净,去鳞及内脏,放入蒸盘内,在鲫鱼上洒上淡豆豉、料酒、白砂糖。然后,将鱼置武火上蒸 20 min 即成。

用法:每日 2 次,每次 100 g,佐餐食用。

功效:具有清热解毒、利湿消肿的功效。适用于膝骨性关节炎、滑膜炎、腰椎间盘突出等湿热症者。

薏苡仁豆豉粥

材料:薏苡仁 150 g,淡豆豉 50 g,薄荷 15 g,荆芥 15 g,葱白 15 g。

制作:将薄荷、荆芥、葱白、淡豆豉择洗干净后,放入干净的锅内,注入清水约 1 500 mL,烧开后用文火煎约 10 min,滤取原汁盛于碗内,倒去药渣,将锅洗净。薏苡仁洗净后倒入锅内,注入药汁,置火上煮至薏苡仁开裂酥烂即可。

用法:以上成品食用时可略加食盐调味,空腹时食。

功效:具有利水消肿、健脾祛湿、清热排脓、解表、除烦、宣郁、解毒之功效。适用于网球肘。

十八、葛根

【别名】干葛、野葛、粉葛、葛麻茹、葛于根、黄葛根、葛条相等。

【来源】为豆科植物野葛 *Pueraria lobata*（Willd.）Ohwi 的干燥根。

【资源概况】葛属植物全世界约有35种,分布于印度至日本、南至马来西亚。中国产8种2变种,主要分布于我国西南、中南至东南部各省区。现供药用者约有5种。

【产地、生境与分布】产于我国南北各地,除新疆、青海及西藏外,分布遍及全国。生于山地疏林或密林中。东南亚至澳大利亚亦有分布。

【采收加工】秋、冬二季采挖,趁鲜切成厚片或小块;干燥。

【鉴别方法】

1. 性状鉴别　本品呈纵切的长方形厚片或小方块,长5~35 cm,厚0.5~1.0 cm。外皮淡棕色至棕色,有纵皱纹,粗糙。切面黄白色至淡黄棕色,有的纹理明显。质韧,纤维性强。气微,味微甜。

2. 显微鉴别　本品粉末淡棕色。淀粉粒单粒球形,直径3~37 μm,脐点点状、裂缝状或星状;复粒由2~10分粒组成。纤维多成束,壁厚,木化,周围细胞大多含草酸钙方晶,形成晶纤维,含晶细胞壁木化增厚。石细胞少见,类圆形或多角形,直径38~70 μm。具缘纹孔导管较大,具缘纹孔六角形或椭圆形,排列极为紧密。

3. 理化鉴别　取本品粉末0.8 g,加甲醇10 mL,放置2 h,滤过,滤液蒸干,残渣加甲醇0.5 mL使溶解,作为供试品溶液。另取葛根对照药材0.8 g,同法制成对照药材溶液。再取葛根素对照品,加甲醇制成每1 mL含1 mg的溶液,作为对照品溶液。照薄层色谱法试验,吸取上述3种溶液各10 μL,分别点于同一硅胶G薄层板上,使成条状,以三氯甲烷–甲醇–水(7:2.5:0.25)为展开剂,展开,取出,晾干,置紫外光灯(365 mn)下检视。供试品色谱中,在与对照药材色谱和对照品色谱相应的位置上,显相同颜色的荧光条斑。

【炮制】除去杂质,洗净,润透,切厚片,晒干。

【化学成分】野葛根含大豆苷、葛根素、刺芒柄花素、葛根酚等成分。

【性味与归经】甘、辛,凉。归脾、胃、肺经。

【功能主治】解肌退热,生津止渴,透疹,升阳止泻,通经活络,解酒毒。用于外感发热头痛,项背强痛,口渴,消渴,麻疹不透,热痢,泄泻,眩晕头痛,中风偏瘫,胸痹心痛,酒毒伤中。

【用法用量】内服:水煎汤,10~15 g或捣汁。外用:适量,捣敷患处。葛根制成粉可直接供食用、可酿酒也可煮粥。

【骨科应用】

1. 药物功效

(1)改善骨代谢的作用。葛根性甘而平,治诸痹,解诸毒。现代研究发现,葛根提取物及葛根素具有改善骨代谢的作用,适用于预防骨质疏松。

(2)缓解项背肌肉痉挛。葛根为表证兼项背强急之要药;与麻黄、桂枝合用,共奏散寒解表、缓急止痛之功效。多用于治疗风寒表证而见恶寒无汗、项背强痛者。

2. 食物功效　野葛根中的异黄酮成分又叫植物雌激素,可调理更年期综合征,预防骨质疏松等症。另外,野葛中含有丰富的氨基酸,其中包括人体不能自己合成的必需氨基酸(以100 g干物质计)苯丙氨酸(>9.65 mg)、苏氨酸(>9.63 mg)、异亮氨酸(>7.45 mg)、亮氨酸(>11.54 mg)、缬氨酸(>11.24 mg),被认为儿童必需的氨基酸—组氨酸含量高达6.74 mg。还含有丰富的微量元素如铁、硒、锌、钙等,能促进儿童的体格、智力的发育。

【使用注意】体寒者不宜过量食用。

【贮藏】置通风干燥处,防蛀。

 药膳举例

黄芪葛根猪骨汤

材料:猪脊骨 500 g,葛根 15 g,盐(适量)。

制作:葛根去皮;猪脊骨、葛根切块;汤锅内放葛根、猪脊骨、配料,加清水适量,大火烧开后文火煲 120 min,即可。

用法:每天两次,食肉喝汤。

功效:具有滋补肾阴、填补精髓的功效。适用于肾虚耳鸣、腰膝酸软、阳痿、遗精、烦热、贫血等。

葛根炖金鸡

材料:葛根 50 g,小公鸡 1 只。

制作:将葛根加水 700 mL,煎至 500 mL,滤过取汁。小公鸡 1 只宰杀后去毛、内脏,切块,放锅内用适量油稍炒。兑入葛根药汁、姜丝黄酒,文火焖烂,调入味精、细盐。

用法:佐餐食用。

功效:具有活血解肌、补血壮筋之功效。适用于跌打损伤,落枕,颈项病。

十九、黑芝麻

【别名】胡麻、巨胜、乌麻、乌麻子、油味、巨胜子等。

【来源】脂麻科植物脂麻 *Sesamum indicum* L. 的干燥成熟种子。

【资源概况】我国南北各地栽培仅此 1 种。芝麻的种子有黑白两种,黑者称为黑芝麻,通常为药用者,白者称为白芝麻。

【产地、生境与分布】芝麻原产印度,我国汉时引入,古称胡麻(今日本仍称之),但现在通称脂麻,即芝麻。我国除西藏高原外,各地区均有栽培。

【采收加工】秋季果实成熟时采割植株,晒干,打下种子,除去杂质,再晒干。

【鉴别方法】

1.性状鉴别 本品呈扁卵圆形,长约 3 mm,宽约 2 mm。表面黑色,平滑或有网状皱纹。尖端有棕色点状种脐。种皮薄,子叶 2,白色,富油性。气微,味甘,有油香气。

2.显微鉴别 粉末灰褐色或棕黑色。种皮表皮细胞成片,胞腔含黑色素,表面观呈多角形,内含球状结晶体;断面观呈栅状,外壁和上半部侧壁菲薄,大多破碎,下半部侧壁

和内壁增厚。草酸钙结晶常见,球状或半球形结晶散在或存在于种皮表皮细胞中,直径14~38 μm;柱晶散在或存在于颓废细胞中,长约至24 μm,直径2~12 μm。

3. 理化鉴别

(1)取本品1 g,研碎,加石油醚(60~90 ℃)10 mL,浸泡1 h,倾取上清液,置试管中,加含蔗糖0.1 g的盐酸10 mL,振摇半分钟,酸层显粉红色,静置后,渐变为红色。

(2)取本品0.5 g,捣碎,加无水乙醇20 mL,超声处理20 min,滤过,滤液蒸干,残渣加无水乙醇1 mL使溶解,静置,取上清液作为供试品溶液。另取黑芝麻对照药材0.5 g,同法制成对照药材溶液。再取芝麻素对照品、β-谷甾醇对照品,加无水乙醇分别制成每1 mL含1 mg的溶液,作为对照品溶液。照薄层色谱法试验,吸取上述供试品溶液和对照药材溶液各8 μL、对照品溶液各4 μL,分别点于同一硅胶G薄层板上,以环己烷-乙醚-乙酸乙酯(20∶5.5∶2.5)为展开剂,展开,取出,晾干,喷以10%硫酸乙醇溶液,加热至斑点显色清晰。供试品色谱中,在与对照药材色谱和对照品色谱相应的位置上,显相同颜色的斑点。

【炮制】

(1)黑芝麻:除去杂质,洗净,晒干。用时捣碎。

(2)炒黑芝麻:取净黑芝麻,照清炒法炒至有爆声。用时捣碎。

【化学成分】含油酸、亚油酸、棕榈酸、硬脂酸、芝麻素、芝麻林素、芝麻酚、维生素E、植物甾醇、卵磷脂等成分。

【性味与归经】甘,平。归肝、肾、大肠经。

【功能主治】补肝肾,益精血,润肠燥。用于精血亏虚,头晕眼花,耳鸣耳聋,须发早白,病后脱发,肠燥便秘。

【用法用量】内服:水煎汤,9~15 g;入丸、散。外用:适量,煎水洗浴或捣敷患处。

【骨科应用】

1. 药物功效

(1)强筋骨。黑芝麻具有补肝肾、润五脏、益气力的作用。一方面,黑芝麻可以缓解肾虚,对肾脏有很好的养护作用,坚持吃黑芝麻还可以预防肾病。另一方面,黑芝麻补肝肾、强筋骨,对于肝肾不足引起的腰椎间盘突出、骨性关节炎、骨质疏松等症均具有一定的防治作用。

(2)促进骨骼发育。黑芝麻中的钙其实是比牛奶和鸡蛋还高很多的,儿童经常吃黑芝麻,或者是黑芝麻糊,可以有效促进生长发育,想要长高的儿童可以多吃一些黑芝麻。

(3)润肠通便。黑芝麻富含油脂,又味甘辛润,可以益精血,润肠通便。其可以单独使用,也可与当归、肉苁蓉、黑大豆等补肝肾、养血生津的药物相互配伍,能较好地润肠通便。对老年体虚性便秘及术后体虚或长期卧床引起的肠燥性便秘,均有明显疗效。

2. 食物功效 黑芝麻含有的多种人体必需氨基酸,在维生素E和维生素B_1的作用下,能加速人体的代谢;黑芝麻含有的铁和维生素E是预防贫血、活化脑细胞、消除血管胆固醇的重要成分;黑芝麻含有的脂肪大多为不饱和脂肪酸,有延年益寿的作用。

【使用注意】便溏者慎服。

【贮藏】置通风干燥处,防蛀。

 **药膳举例**

木耳芝麻茶

材料:木耳250 g,黑芝麻150 g,白砂糖适量。

制作:将木耳炒至发黑稍微有些焦味,黑芝麻炒香,然后将两者混合均匀。

用法:每次6 g,用开水冲泡,白砂糖调味,代茶饮,每次100 mL。

功效:具有滋补肝肾、益智强身、清心安神的功效。适用于腰背痛、腿脚酸软、失眠等患者。

黑芝麻桑椹糊

材料:黑芝麻60 g,桑椹60 g,大米30 g,白砂糖10 g。

制作:把大米、黑芝麻、桑椹分别洗干净,同放入石钵中捣烂,砂锅里放清水3碗,煮沸后放入白砂糖,再把捣烂的米浆缓缓调入,煮为糊状就可以。

用法:早、晚各1次。

功效:具有补肝肾的功效。适用于肝肾不足引起的腰椎间盘突出、骨性关节炎、骨质疏松等症。

二十、蒲公英

【别名】婆婆丁、蒙古蒲公英、黄花地丁、灯笼章、姑姑英。

【来源】菊科植物蒲公英 *Taraxacum mongolicum* Hand. –Mazz. 、碱地蒲公英 *Taraxacum borealisinense* Kitam. 或同属数种植物的干燥全草。

【资源概况】蒲公英属植物全世界约有2 000种。其主要分布于北半球温带至亚热带地区,少数分布于热带南美洲。中国约有70种1变种。现已有20余种供药用。

【产地、生境与分布】产于黑龙江、吉林、辽宁、内蒙古、河北、山西、陕西、甘肃、青海、山东、江苏、安徽、浙江、福建北部、河南、湖北、湖南、广东北部、四川、贵州、云南等省区和台湾地区。广泛生于中、低海拔地区的山坡草地、船边、田野、河滩。

【采收加工】春至秋季花初开时采挖,除去杂质,洗净,晒干。

【鉴别方法】

1.性状鉴别 本品呈皱缩卷曲的团块。根呈圆锥状,多弯曲,长3~7 cm;表面棕褐色,抽皱;根头部有棕褐色或黄白色的茸毛,有的已脱落。叶基生,多皱缩破碎,完整叶片呈倒披针形,绿褐色或暗灰绿色,先端尖或钝,边缘浅裂或羽状分裂,基部渐狭,下延呈柄状,下表面主脉明显。花茎1至数条,每条顶生头状花序,总苞片多层,内面一层较长,花冠黄褐色或淡黄白色。有的可见多数具白色冠毛的长椭圆形瘦果。气微,味微苦。

2. 显微鉴别　本品叶表面观:上下表皮细胞垂周壁波状弯曲,表面角质纹理明显或稀疏可见。上下表皮均有非腺毛,3～9个细胞,直径17～34 μm,顶端细胞甚长,皱缩呈鞭状或脱落。下表皮气孔较多,不定式或不等式,副卫细胞3～6个,叶肉细胞含细小草酸钙结晶。叶脉旁可见乳汁管。根横切面:木栓细胞数列,棕色。韧皮部宽广,乳管群断续排列成数轮。形成层成环。木质部较小,射线不明显;导管较大,散列。

3. 理化鉴别　取本品粉末1 g,加80%甲醇10 mL,超声处理20 min,滤过,取滤液作为供试品溶液。另取蒲公英对照药材1 g,同法制成对照药材溶液。再取菊苣酸对照品,加80%甲醇制成每1 mL含0.2 mg的溶液,作为对照品溶液。照薄层色谱法试验,吸取供试品溶液、对照药材溶液各4 μL、对照品溶液3 μL,分别点于同一硅胶G薄层板上,以三氯甲烷–乙酸乙酯–甲酸–水(6:12:5:2)为展开剂,展开,取出,晾干,喷以1%三氯化铝乙醇溶液,置紫外光灯(365 nm)下检视。供试品色谱中,在与对照药材色谱和对照品色谱相应的位置上,显相同颜色的荧光斑点。

【炮制】除去杂质,洗净,切段,干燥。

【化学成分】根及全草含蒲公英甾醇、胆碱等。花含蒲公英黄素、隐黄素等。

【性味与归经】苦、甘,寒。归肝、胃经。

【功能主治】清热解毒,消肿散结,利尿通淋。用于疔疮肿毒,乳痈,瘰疬,目赤,咽痛,肺痈,肠痈,湿热黄疸,热淋涩痛。

【用法用量】内服:水煎汤,10～15 g。食用:幼苗可食。

【骨科应用】

1. 药物功效

(1)抗炎作用。蒲公英味苦、甘、性寒,具有清热解毒、消肿散结的功效,为解热凉血之要药。临床和清热解毒类药物相互配伍,应用于各种炎症。如骨性关节炎、骨髓炎、骨刺、骨质疏松等骨痹症。

(2)广谱抗菌作用。蒲公英对金黄色葡萄球菌、溶血性链球菌有较好的杀菌作用,其提取液一定浓度下可抑制结核分枝杆菌、杀死钩端螺旋体,对多数皮肤真菌亦有抑制作用,可和其他清热解毒类药物配伍,防治骨伤科创面感染。

(3)免疫调节作用。现代药理实验研究表明,蒲公英有提高及改善小鼠免疫和非特异性免疫功能的作用,对于环磷酰胺所造成的小鼠免疫功能损害有明显的恢复和保护作用,其增强动物免疫功能因其富含维生素及微量元素有利于免疫细胞的增殖分化。

2. 食物功效　蒲公英含蒲公英醇、胆碱、有机酸、菊糖、葡萄糖、维生素C、维生素D、胡萝卜素等多种营养素,同时含有丰富的微量元素,其中最重要的是含有大量的铁、钙等人体所需的矿物质。其钙的含量为番石榴的2.2倍、刺梨的3.2倍,铁的含量为刺梨的4倍、山楂的3.5倍。从食用营养的观点看,人体最容易缺乏的无机元素只有钙和铁。因此,蒲公英具有十分重要的营养价值,其不仅能帮助预防缺铁引起的贫血,而且它的大量钾成分还可以和钠一起共同调节体内的水盐平衡,并使心率正常。蒲公英还含有丰富的卵磷脂,可以预防肝硬化,增强肝和胆的功能。

【使用注意】阳虚外寒、脾胃虚弱者忌用。

【贮藏】置通风干燥处,防潮,防蛀。

 药膳举例

蒲公英粥

材料:蒲公英60 g,金银花30 g,粳米100 g。

制作:准备蒲公英60 g,金银花30 g,水煎取汁,加粳米100 g煮粥。

用法:日服2次,连服3~5 d。

功效:具有清热解毒、消肿散结的功效。对于很多种炎症均可起到非常好的治疗作用。

枸杞鱼丸汤

材料:黑鱼(乌鳢)肉150 g,蒲公英50 g,枸杞子15 g,鸡蛋清1个,料酒、葱姜汁各15 g,精盐3 g,味精1.5 g,湿淀粉、芝麻油各10 g,高汤700 g。

制作:将枸杞子洗净。蒲公英洗净切段。鱼肉斩成茸放入容器内,加料酒、葱姜汁各10 g,芝麻油5 g,精盐1 g,味精0.5 g,鸡蛋清、湿淀粉、胡椒粉、高汤25 g搅匀上劲。锅内加高汤,鱼茸挤成丸子下入汤中。加入剩余料酒、葱姜汁、精盐余至鱼丸浮起。撇净浮沫,下入枸杞子烧开。下入蒲公英再煮开,加入味精,淋入芝麻油,装碗即成。

用法:食肉喝汤。

功效:具有补肝肾、强筋骨、润肺、明目的功效。适用于更年期综合征属肾阴虚患者,症见头晕耳鸣、腰膝酸软、口干便结、五心烦热等。

二十一、酸枣仁

【别名】枣仁、酸枣核。

【来源】为鼠李科植物酸枣 *Ziziphus jujuba* Mill. var. *spinosa*（Bunge）Hu ex H. F. Chou 的干燥成熟种子。

【资源概况】枣属植物全世界约有100种,我国有12种3变种。

【产地、生境与分布】产自辽宁、内蒙古、河北、山东、山西、河南、陕西、甘肃、宁夏、新疆、江苏、安徽等省区。常生于向阳、干燥的山坡、丘陵、岗地或平原。

【采收加工】秋末冬初采收成熟果实,除去果肉和核壳,收集种子,晒干。

【鉴别方法】

1. 性状鉴别　本品呈扁圆形或扁椭圆形,长5~9 mm,宽5~7 mm,厚约3 mm。表面紫红色或紫褐色,平滑有光泽,有的有裂纹。有的两面均呈圆隆状突起;有的一面较平坦,中间有1条隆起的纵线纹,另一面稍突起。一端凹陷,可见线形种脐;另一端有细小突起的合点。种皮较脆,胚乳白色,子叶2,浅黄色,富油性。气微,味淡。

2. 显微鉴别　本品粉末棕红色。种皮栅状细胞棕红色,表面观多角形,直径约

15 μm,壁厚,木化,胞腔小;侧面观呈长条形,外壁增厚,侧壁上、中部甚厚,下部渐薄;底面观类多角形或圆多角形。种皮内表皮细胞棕黄色,表面观长方形或类方形,垂周壁连珠状增厚,木化。子叶表皮细胞含细小草酸钙簇晶和方晶。

3. 理化鉴别

(1)取本品粉末 1 g,加甲醇 30 mL,加热回流 1 h,滤过,滤液蒸干,残渣加甲醇 0.5 mL 使溶解,作为供试品溶液。另取酸枣仁皂苷 A 对照品、酸枣仁皂苷 B 对照品,加甲醇制成每 1 mL 各含 1 mg 的混合溶液,作为对照品溶液。照薄层色谱法试验,吸取上述两种溶液各 5 μL,分别点于同一硅胶 G 薄层板上,以水饱和的正丁醇为展开剂,展开,取出,晾干,喷以 1% 香草醛硫酸溶液,立即检视。供试品色谱中,在与对照品色谱相应的位置上,显相同颜色的斑点。

(2)取本品粉末 1 g,加石油醚(60~90 ℃)30 mL,加热回流 2 h,滤过,弃去石油醚液,药渣挥干,加甲醇 30 mL,加热回流 1 h,滤过,滤液蒸干,残渣加甲醇 2 mL 使溶解,作为供试品溶液。另取酸枣仁对照药材 1 g,同法制成对照药材溶液。再取斯皮诺素对照品,加甲醇制成每 1 mL 含 0.5 mg 的溶液,作为对照品溶液。照薄层色谱法试验,吸取上述 3 种溶液各 2 μL,分别点于同一硅胶 G 薄层板上,以水饱和的正丁醇为展开剂,展开,取出,晾干,喷以 1% 香草醛硫酸溶液,置紫外光灯(365 nm)下检视。供试品色谱中,在与对照药材色谱和对照品色谱相应的位置上,显相同的蓝色荧光斑点。

【炮制】

(1)酸枣仁:除去残留核壳。用时捣碎。

(2)炒酸枣仁:取净酸枣仁,照清炒法炒至鼓起,色微变深。用时捣碎。

【化学成分】酸枣仁含生物碱、酸枣仁环肽、黄酮类成分及 17 种氨基酸和多种金属元素等。

【性味与归经】甘、酸,平。归肝、胆、心经。

【功能主治】养心补肝,宁心安神,敛汗,生津。用于虚烦不眠,惊悸多梦,体虚多汗,津伤口渴。

【用法用量】水煎汤,内服。10~15 g,研末,每次 3~5 g;入丸、散。

【骨科应用】

1. 药物功效

(1)改善睡眠。酸枣仁性平味甘、酸,甘缓补益,具有宁心安神的功效,适用于骨伤科患者心肝血虚,神失安养所致失眠。酸枣仁可以延长睡眠时间,对于多数失眠、入睡困难和睡眠易醒的人均具有较好的疗效,具有较明显的镇静催眠作用,是临床中常用的镇静催眠药物。另外,酸枣仁具有一定的抗焦虑的作用,其机制可能涉及中枢神经递质、神经调质、免疫细胞因子、下丘脑-垂体-肾上腺轴的整体调控,提高相关脑区的单胺类递质的含量,增强 γ-氨基丁酸(GABA)受体 mRNA 表达及脑组织中白细胞介素-β(IL-β)、GR 表达,保护焦虑症伴有的高皮质酮状态可能引起神经元损伤等。临床中可单用,也可与镇静药、麻醉药同用,有协同功效,同用时应减少剂量。

(2)促进骨骼生长。酸枣仁甘缓补益,具有宁心安神的功效,其主要成分酸枣仁皂苷和黄酮类化合物是其催眠的主要有效成分,酸枣仁提取物通过提高脑组织 5-HT1AR 含量而与 5-羟色胺(5-HT)结合,延长慢波睡眠时间,从而促进生长激素分泌,进而促进骨骼生长,延缓骨骺闭合时间。

(3)润肠通便作用。酸枣仁多油多脂,有润肠通便之功,临床中对于骨伤科患者肠燥性便秘兼有失眠者较为适宜。但脾虚不运,大便不实者不宜单用,如临床表现为食欲减退、腹胀、大便常溏薄、疲乏无力等症者当慎用;如临床必需,应配伍健脾消导药同用,且剂量不宜过大,以免导致酸收致胀,甘润致泻等不良反应。

2. 食物功效　野酸枣仁的营养价值十分丰富,含有钾、钠、铁、锌、磷、硒等多种元素,更重要的是,新鲜的野酸枣仁中含有大量的维生素 C,野酸枣仁的维生素 C 含量每 100 g 可达 1 200 mg,比葡萄干高 95 倍,是沙棘的 36 倍,比猕猴桃还高 2 倍,被誉为"维 C 之王"。维生素 C 可以使人体内多余的胆固醇转变为胆汁酸,起到预防和治疗胆结石的作用;野酸枣仁中富含钙和铁,它们对防治骨质疏松、贫血有重要作用,对中老年人和青少年都有十分理想的食疗作用。酸枣仁中的酸枣仁皂苷 A 和皂苷 B 的含量也是非常高的,这些物质对于人体的健康非常重要。

【使用注意】凡有实邪郁火及滑泻者慎服。

【贮藏】置阴凉干燥处,防蛀。

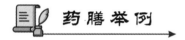

药膳举例

酸枣仁粥

材料:酸枣仁 30 g,生地黄 15 g,粳米 100 g。

制作:将酸枣仁、生地黄水煎取汁,加入粳米煮粥,

用法:每晚睡前食用。

功效:具有养阴、清心、安神的功效。适用于心阴不足、心烦发热、心悸失眠等症。

浮小麦酸枣仁百合粥

材料:浮小麦 10 g,酸枣仁 15 g,百合 10 g,粳米 100 g。

制作:上述材料共同煮粥食用。

用法:每晚睡前食用。

功效:具有益气滋阴、养心安神的功效。适用于骨伤科患者失眠多梦、易躁易怒者。

枣仁宁心汤

材料:酸枣仁 30 g,白茯苓 30 g,桂圆肉 10 g,生姜 3 片,红枣 5 颗,陈皮 5 g,猪瘦肉 500 g。

制作:将上述材料洗净后一同放进煲内,加水适量,先用大火煮沸,再用小火煲 2 h,

加盐调味即可食用。

用法:每晚睡前食用。

功效:具有养血补虚、宁心安神的功效。适合劳神透支、心血不足、心悸失眠者。

二十二、蝮蛇

【别名】土球子、土谷蛇、土布袋、土狗子蛇、草上飞、七寸子、土公蛇、土虺、灶土蛇、烂肚腹虺。

【来源】有鳞目蝮蛇科蝮蛇 *Agkistrodon halys*(Pallas) 的干燥全体。

【资源概况】全世界还生存着的蛇类有 2 750 余种,分别隶属于 11 科 417 属。中国的蛇类约有 8 科 64 属 209 种,其中有 47 种是毒蛇,剧毒蛇有 10 余种。

【产地、生境与分布】栖息于平原或较低的山区,常盘成圆盘状或扭曲成波状。捕食鼠、蛙、蜥蜴、小鸟、昆虫等,有剧毒。我国北部和中部均有分布。

【采收加工】春、夏间捕捉。捕得后,剖腹除去内脏,烘干。亦可鲜用。

【鉴别方法】

1. 性状鉴别 本品呈圆盘状,盘径 6 ~ 8 cm,头居中,体背黑灰色,有的个体有圆形黑斑,背鳞起棱,多脱落。腹面可见剖除内及的沟槽,脱落的腹鳞长条形,半透明。尾部较短,长 6 ~ 8 cm。质坚韧,不易折断。气腥。骨骼特征:鼻骨前端较突出,躯干椎的棘突较低矮,基本不后倾,椎体不突尖端较平截,多数呈长短不等的竖刀状,尾椎脉突侧面观亦成短竖刀状。

2. 显微鉴别 鳞片呈长椭圆形,长径 3.2 ~ 3.5 mm,短径 1.2 ~ 1.3 mm,有背棱,端突 2 个,长径 178 ~ 196 μm,短径 107 ~ 221 μm。乳突长三角形、长条形或多角形。

【炮制】

(1)蝮蛇粉:将蝮蛇杀死,烘干或焙干,研成细粉。

(2)蝮蛇酒:活蝮蛇 1 条,放入 1 000 mL 60 度白酒中,并加人参 5 钱,封塞后置冷处,3 个月后用,或用 1 条蝮蛇的粉末,浸 500 mL 的白酒,1 ~ 3 个月后用。

【化学成分】干燥蝮蛇含胆甾醇、牛磺酸及脂肪等,蝮蛇毒含卵磷脂酶及使中毒动物出血的毒质。

【性味与归经】味甘,性温;有毒;归脾、肝经。

【功能主治】祛风,通络,止痛,解毒。主治风湿痹痛,麻风,瘰疬,疮疖,疥癣,痔疾,肿瘤。

【用法用量】内服:浸酒,每条蝮蛇用 60 度白酒 1 000 mL 浸泡 3 个月,每次饮 5 ~ 10 mL,日饮 1 ~ 2 次;烧存性研成细粉,每次 0.5 ~ 1.5 g,日服 2 次。外用:适量,油浸、酒渍或烧存性研末调敷。

【骨科应用】

1. 药物功效

(1)祛风湿止痛。《本草纲目》记载"蝮蛇具有祛风,攻毒之效",可用于治疗风湿痹痛。其主要成分风湿蝮蛇抗栓酶常常与中药复方联合应用于类风湿关节炎的治疗,多数具有祛风湿功效的中药药酒或者复方中均含有该药物,如蝮蛇木瓜胶囊。

（2）止血作用。蝮蛇中含有的蝮蛇凝血酶具有较好的促进全血凝固和止血作用,可以减少手术切口单位面积的出血量,对于手术创面大和剥离组织较多的手术具有良好的止血作用。

2. 食物功效　蝮蛇肉中含有一种能增加脑细胞活力的营养物质谷氨酸,以及能帮助人们消除疲劳的天冬氨酸。食蛇肉可以补充人体的必需营养素,常食可以增强体质,起到抗衰老的作用;蛇肉中所含有的钙、镁等元素,是以蛋白质融合形式存在的,因而更便于人体吸收利用,所以对预防心血管疾病和骨质疏松、炎症是十分必要的。

【使用注意】阴虚血亏者慎服,孕妇禁服。

【贮藏】置干燥处,防蛀。

 药膳举例

蝮蛇粳米粥

材料:蝮蛇肉 50 g,粳米 100 g,生姜 10 g,盐 5 g。

制作:蝮蛇肉洗净切丝,生姜洗净去皮切丝,粳米洗净。锅加水烧开,加入粳米,用小火煮熟至黏稠后加入蝮蛇肉、姜丝,煮至蝮蛇肉熟烂即可。

用法:每日分 2 次温服。

功效:具有祛风止痛的功效。适用于风湿性关节炎、骨性关节炎等症。

二十三、薏苡仁

【别名】米仁、苡米、六谷、川谷、菩提子、薏仁米、沟子米。

【来源】为禾本科植物薏米 *Coix lacryma-jobi* L. var. *mayuen*（Roman.）Stapf 的干燥成熟种仁。

【资源概况】薏苡仁品种分为栽培种与野生种等两种,栽培种又分为糯性的 Mayuen 种与非糯性的 Major 种。

【产地、生境与分布】多生于屋旁、荒野、河边、溪涧或阴湿山谷中。全国大部地区均有分布,一般多为栽培种。我国大部分地区均产,主产福建、河北、辽宁。

【采收加工】秋季果实成熟时采割植株,晒干,打下果实,再晒干,除去外壳、黄褐色种皮和杂质,收集种仁。

【鉴别方法】

1. 性状鉴别　本品呈宽卵形或长椭圆形,长 4~8 mm,宽 3~6 mm。表面乳白色,光滑,偶有残存的黄褐色种皮;一端钝圆,另一端较宽而微凹,有一淡棕色点状种脐;背面圆凸,腹面有 1 条较宽而深的纵沟。质坚实,断面白色,粉性。气微,味微甜。

2. 显微鉴别　本品粉末淡类白色。主为淀粉粒,单粒类圆形或多面形,直径 2~20 μm,脐点星状;复粒少见,一般由 2~3 分粒组成。

3. 理化鉴别　取本品粉末 1 g,加石油醚(60 ~ 90 ℃)30 mL,超声处理 30 min,滤过,取滤液,作为供试品溶液。另取薏苡仁油对照提取物,加石油醚(60 ~ 90 ℃)制成每 1 mL 含 2 mg 的溶液,作为对照提取物溶液。照薄层色谱法试验,吸取上述两种溶液各 2 μL,分别点于同一硅胶 G 薄层板上,以石油醚(60 ~ 90 ℃)-乙醚-冰乙酸(83 : 17 : 1)为展开剂,展开,取出,晾干,喷以 5% 香草醛硫酸溶液,在 105 ℃ 加热至斑点显色清晰。供试品色谱中,在与对照提取物色谱相应的位置上,显相同颜色的斑点。

【炮制】

(1)薏苡仁:除去杂质。

(2)麸炒薏苡仁:取净薏苡仁,照麸炒法炒至微黄色。

【化学成分】种仁含蛋白质 16.2%、脂肪 4.65%、碳水化合物 79.17%,少量维生素 B_1。种子含氨基酸(为亮氨酸、赖氨酸、精氨酸、酪氨酸等)、薏苡素、薏苡酯、三萜化合物。

【性味与归经】甘、淡,凉。归脾、胃、肺经。

【功能主治】利水渗湿,健脾止泻,除痹,排脓,解毒散结。用于水肿,脚气,小便不利,脾虚泄泻,湿痹拘挛,肺痈,肠痈,赘疣,癌肿。

【用法用量】9 ~ 30 g。

【骨科应用】

1. 药用功效

(1)抗炎镇痛。《神农本草经》云"薏苡仁主筋急拘挛,不可屈伸,风湿痹……"。具有利水渗湿、健脾除痹、清热排脓之功效。其含有丰富的抗炎的活性成分,临床常用薏苡仁与茯苓、桂枝等药材制成苓桂薏苡仁汤内服,配合治疗膝关节滑膜炎、类风湿关节炎等,是治疗风湿痹痛的常用中药之一。

(2)抗骨质疏松作用。薏苡仁健脾祛湿,补脾而不滋腻,清热而不泻下,具有抑制骨质疏松等作用。

2. 食物功效　薏苡仁具有丰富的营养价值,因含有多种维生素和矿物质,有促进新陈代谢和减少胃肠负担的作用,可作为病中或病后体弱患者的补益食品。经常食用薏苡仁对慢性肠炎、消化不良等症也有效果。健康人常吃薏苡仁能使身体轻捷,减少肿瘤发病概率;薏苡仁中含有一定的维生素 E,是一种美容食品,常食可以保持人体皮肤光泽细腻,消除粉刺、色斑,改善肤色。薏苡仁所含的蛋白质为禾本科植物种子中最高,并且其碳水化合物、矿物质、维生素 B_1、维生素 B_2、维生素 E 等亦均有普通白米的数倍之多,所以能够有效地促进新陈代谢,治疗维生素、矿物质不足所引起的疾病,以及提供生命活动所需的能量,这种能量也就是中医所称的"气",故《神农本草经》所述的"轻身益气"道理即在此。

【使用注意】体质虚寒者慎服。

【贮藏】置通风干燥处,防蛀。

 **药膳举例**

白术薏苡仁汤

材料:白术、薏苡仁各 30 g,芡实 20 g。

制作:材料备好后放入锅中煎汤。

用法:每日 1 剂,坚持服用。

功效:具有健脾祛湿的功效。适用于腰肌劳损引起的腰部疼痛等症。

猪肾薏苡粥

材料:猪肾 1 对,山药 100 g,薏苡仁 50 g,粳米 200 g,味精、食盐、香油、葱、姜末等调味品适量。

制作:将猪肾洗净后除去筋膜,切碎,将山药去皮切碎,将猪肾块与山药块、粳米、薏苡仁一起入锅,加适量的清水,用小火炖煮成粥,再加入调料即成。

用法:每日早、中、晚各服 1 次。

功效:具有补肾健脾的功效。适用于肝肾亏虚、肝肾不足引起的腰膝酸软、骨质疏松等症。

二十四、覆盆子

【别名】覆盆、乌藨子、小托盘、山泡、芗藨子、托盘。

【来源】为蔷薇科植物华东覆盆子 *Rubus chingii* Hu 的干燥果实。

【资源概况】悬钩子属植物全世界约有 700 种,中国约有 194 种。

【产地、生境与分布】产自江苏、安徽、浙江、江西、福建、广西。生于低海拔至中海拔地区,在山坡、路边阳处或阴处灌木丛中常见。

【采收加工】夏初果实由绿变绿黄时采收,除去梗、叶,置沸水中略烫或略蒸,取出,干燥。

【鉴别方法】

1.性状鉴别 本品为聚合果,由多数小核果聚合而成,呈圆锥形或扁圆锥形,高 0.6～1.3 cm,直径 0.5～1.2 cm。表面黄绿色或淡棕色,顶端钝圆,基部中心凹入。宿萼棕褐色,下有果梗痕。小果易剥落,每个小果呈半月形,背面密被灰白色茸毛,两侧有明显的网纹,腹部有突起的棱线。体轻,质硬。气微,味微酸涩。

2.显微鉴别 本品粉末棕黄色。非腺毛单细胞,长 60～450 μm,直径 12～20 μm,壁甚厚,木化,大多数具双螺纹,有的体部易脱落,足部残留而埋于表皮层,表面观圆多角形或长圆形,直径约至 23 μm,胞腔分枝,似石细胞状。草酸钙簇晶较多见,直径 18～50 μm。果皮纤维黄色,上下层纵横或斜向交错排列。

3.理化鉴别 取本品粉末约 1 g,精密称定,置具塞锥形瓶中,精密加入 70% 甲醇 50 mL,称定重量,加热回流提取 1 h,放冷,再称定重量,用 70% 甲醇补足减失的重量,摇匀,滤过,精密量取续滤液 25 mL,蒸干,残渣加水 20 mL 使溶解,用石油醚(30~60 ℃)振摇提取 3 次,每次 20 mL,弃去石油醚液,再加水饱和正丁醇振摇提取 3 次,每次 20 mL,合并正丁醇液,蒸干,残渣加甲醇适量使溶解,转移至 5 mL 量瓶中,加甲醇至刻度,摇匀,滤过,取续滤液,作为供试品溶液。取椴树苷对照品,加甲醇制成每 1 mL 含 0.1 mg 的溶液,作为对照品溶液。照薄层色谱法试验,吸取供试品溶液 5 μL 上述对照品溶液 2 μL,分别点于同一硅胶 G 薄层板上,以乙酸乙酯–甲醇–水–甲酸(90∶4∶4∶0.5)为展开剂,展开,取出,晾干,喷以三氯化铝试液,在 105 ℃ 加热 5 min,置紫外光灯(365 nm)下检视。供试品色谱中,在与对照品色谱相应的位置上,显相同颜色的荧光斑点。

【化学成分】含有机酸、糖类及少量维生素等。

【性味与归经】甘、酸,温。归肝、肾、膀胱经。

【功能主治】益肾,固精缩尿,养肝明目。用于遗精滑精,遗尿尿频,阳痿早泄,目暗昏花。

【用法用量】内服:水煎汤,6~12 g;入丸、散,亦可浸酒或熬膏。食用:可作水果。

【骨科应用】

1.药物功效 覆盆子具有抗骨质疏松作用。覆盆子味酸、甘,性温,具有补肝肾、益精血的功效。可以治疗许多因肝肾不足而引起的疾病。《太平圣惠方》中的补肝柏子仁丸(柏子仁、黄芪、覆盆子、五味子等)治疗肝虚寒引起的面色青黄、胸胁胀满、筋脉不利以及背膊酸疼;《太平圣惠方》中的补肾肾沥汤方(牛膝、人参、五味子、熟干地黄、覆盆子等)用来治疗肾气虚所致的腰胯脚膝无力、四肢酸疼、手足逆冷、小腹急痛等;现代研究表明,覆盆子中的覆盆子素 A 和覆盆子素 B 能抑制破骨细胞活性以及骨吸收,山奈酚和槲皮素则能刺激成骨细胞的活性,从而发挥抗骨质疏松的作用。

2.食物功效 覆盆子果实含有相当丰富的维生素 A、维生素 C、钙、钾、镁等营养元素及大量纤维,可以满足多器官对营养的需要。另外,覆盆子能有效缓解心绞痛等心血管疾病。用覆盆子叶制成的茶还有调经养颜以及收敛止血的效果。平时多补充覆盆子,对男性有很好的壮阳作用。

【使用注意】肾虚有火,小便短涩者慎服。

【贮藏】置干燥处。

药膳举例

党参覆盆子红枣粥

材料:党参 10 g,覆盆子 10 g,大枣 20 颗,粳米 100 g,白砂糖适量。

制作:将党参、覆盆子放入锅内,加适量清水煎煮,去渣取汁;粳米淘洗干净。将药汁与大枣、粳米煮粥,粥熟加入白砂糖调味即成。

用法:分早、晚两次服用。

功效:具有补气养血的作用。可用于骨伤科患者气血虚弱者。

覆盆白果煲猪肚

材料:猪肚150 g,覆盆子10 g,鲜白果100 g,花椒、盐一些。

制作:猪肚洗净后切小块,覆盆子、白果洗净沥干,白果炒熟去壳;将覆盆子、猪肚、白果一起放入砂锅里,倒入约500 mL的清水,旺火煮沸,文火煲至猪肚烂熟,然后加盐调味即可。

用法:佐餐食用。

功效:具有滋补肝肾的作用。适用于肝肾不足引起的腰膝酸软等症。

二十五、人参

【别名】人街、鬼盖、黄参、玉精、血参、土精、地精、孩儿参、棒槌等。

【来源】为五加科植物人参 *Panax ginseng* C. A. Mey. 的干燥根和根茎。

【资源概况】人参属植物全世界约有10种,该属植物主产于亚洲东部及北美。其中仅有西洋参1种分布于北美地区,其他全部分布在东亚,尤其是中国西南地区。中国共有8种,均是特产药用植物,也仅有人参1种,主产于中国东北亚地带。

【产地、生境与分布】主产于辽宁、黑龙江,朝鲜、俄罗斯远东地区亦产。但公认的主产区是辽宁东部、吉林东半部和黑龙江东部,海拔数百米的落叶阔叶林或针叶阔叶混交林下。现吉林、辽宁栽培量甚多,河北、山西亦有引种栽培。为了保护野生人参,现提供人们医疗保健需求的国家法定品种仅是栽培人参。远东、西伯利亚地区、朝鲜也有分布,朝鲜和日本也多栽培。

【采收加工】多于秋季采挖,洗净经晒干或烘干。

【鉴别方法】

1. 性状鉴别　主根呈纺锤形或圆柱形,长3～15 cm,直径1～2 cm。表面灰黄色,上部或全体有疏浅断续的粗横纹及明显的纵皱,下部有支根2～3条,并着生多数细长的须根,须根上常有不明显的细小疣状突出。根茎(芦头)长1～4 cm,直径0.3～1.5 cm,多拘挛而弯曲,具不定根(芧)和稀疏的凹窝状茎痕(芦碗)。质较硬,断面淡黄白色,显粉性,形成层环纹棕黄色,皮部有黄棕色的点状树脂道及放射状裂隙。香气特异,味微苦、甘。主根多与根茎近等长或较短,呈圆柱形、菱角形或人字形,长1～6 cm。表面灰黄色,具纵皱纹,上部或中下部有环纹。支根多为2～3条,须根少而细长,清晰不乱,有较明显的疣状突起。根茎细长,少数粗短,中上部具稀疏或密集而深陷的茎痕。不定根较细,多下垂。

2. 显微鉴别　本品横切面:木栓层为数列细胞;栓内层窄;韧皮部外侧有裂隙,内侧薄壁细胞排列较紧密,有树脂道散在,内含黄色分泌物;形成层成环;木质部射线宽广,导管单个散在或数个相聚,断续排列成放射状,导管旁偶有非木化的纤维。薄壁细胞含草酸钙簇晶。

粉末淡黄白色。树脂道碎片易见,含黄色块状分泌物。草酸钙簇晶直径 20~68 μm,棱角锐尖。木栓细胞表面观类方形或多角形,壁细波状弯曲。网纹导管和梯纹导管直径 10~56 μm。淀粉粒甚多,单粒类球形、半圆形或不规则多角形,直径 4~20 μm,脐点点状或裂缝状,复粒由 2~6 分粒组成。

3. 理化鉴别　取本品粉末 1 g,加三氯甲烷 40 mL,加热回流 1 h,弃去三氯甲烷液,药渣挥干溶剂,加水 0.5 mL 搅拌湿润,加水饱和正丁醇 10 mL,超声处理 30 min,吸取上清液加 3 倍量氨试液,摇匀,放置分层,取上层液蒸干,残渣加甲醇 1 mL 使溶解,作为供试品溶液。另取人参对照药材 1 g,同法制成对照药材溶液。再取人参皂苷 Rb$_1$ 对照品、人参皂苷 Re 对照品、人参皂苷 Rf 对照品及人参皂苷 Rg$_1$ 对照品,加甲醇制成每 1 mL 各含 2 mg 的混合溶液,作为对照品溶液。照薄层色谱法试验,吸取上述 3 种溶液各 1~2 μL,分别点于同一硅胶 G 薄层板上,以三氯甲烷-乙酸乙酯-甲醇-水(15:40:22:10)10 ℃ 以下放置的下层溶液为展开剂,展开,取出,晾干,喷以 10% 硫酸乙醇溶液,在 105 ℃ 加热至斑点显色清晰,分别置日光和紫外光灯(365 nm)下检视。供试品色谱中,在与对照药材色谱和对照品色谱相应位置上,分别显相同颜色的斑点或荧光斑点。

【炮制】润透,切薄片,干燥,或用时粉碎、捣碎。

【化学成分】含有人参皂苷、挥发油、人参酸(软脂酸、硬脂酸、油酸、亚油酸等混合物)、植物甾醇和胆碱、黄酮成分、各种氨基酸、肽类、葡萄糖、麦芽糖、蔗糖、果胶、维生素、微量元素等。

【性味与归经】甘、微苦,微温。归脾、肺、心、肾经。

【功能主治】大补元气,复脉固脱,补脾益肺,生津养血,安神益智。用于体虚欲脱,肢冷脉微,脾虚食少,肺虚喘咳,津伤口渴,内热消渴,气血亏虚,久病虚羸,惊悸失眠,阳痿宫冷。

【用法用量】内服:另煎兑入汤剂服,用量 3~9 g;野山参若研粉吞服,一次 2 g,一日 2 次。食用:除传统食用煲汤外,可制成保健饮科、滋补药酒、高级食品等。

【骨科应用】

1. 药物功效

(1)防治骨质疏松。人参补脾益肺,生津养血,可以滋补强身、扶正固本、轻身延年。其主要成分人参皂苷、人参叶皂苷均具有抗骨丢失的作用,可以作为雌激素的代用品用于临床各种骨质疏松的预防和治疗。

(2)抗疲劳作用。人参大补元气、复脉固脱,应用于骨伤科术后患者出现疲劳综合征者,具有抗疲劳的作用。现代有研究发现,一定时间内,术后疲劳综合征大鼠骨骼肌存在着能量代谢不足,补充人参皂苷 Rb$_1$ 能增强骨骼肌的能量代谢。

(3)镇痛抗炎作用。《伤寒论》载有人参具有"温补、滋润、强壮、强精"之作用,可补益气血脏腑,是传统补虚要药。现代医家在临床用药中,将人参和多种中药相互配伍组成复方,作为治疗骨性关节炎的中药补益成分。且现代研究发现,人参皂苷 Rg$_1$ 可促进体外培养的软骨细胞增殖及相应表型的表达,能够对抗白细胞介素-1,减少其对软骨细胞的直接损害,恢复过氧化物酶活性,具有良好的镇痛抗炎活性。

2. 食物功效　人参多糖是一种免疫增强剂,可以增强人体免疫功能;人参主要成分人参皂苷具有抗氧化作用,能够预防人体衰老,还可以促进蛋白质、RNA、DNA 的合成,促进造血系统功能,调节胆固醇代谢等作用;另外,人参还能扩张皮肤毛细血管,促进皮肤血液循环,增加皮肤营养,调节皮肤的水油平衡,防止皮肤脱水、硬化、起皱,长期坚持使用含人参的产品,能增强皮肤弹性。

【使用注意】实热证者忌用人参;少年儿童不宜用人参滋补;高血压者忌用红参;忌过量久服;不可与某些西药同用;睡前不可超量服用;不可随意滥用;忌饮浓茶;忌与葡萄、萝卜同吃;不宜与藜芦、五灵脂同用。

【贮藏】置阴凉干燥处,密闭保存,防蛀。

 药膳举例

人参百合莲子汤

材料:人参 3 g,去心干莲子 30 g,百合 20 g,鸡汤 500 mL,料酒 5 mL,精盐 3 g,白砂糖 5 g。

制作:把莲子、百合用温水洗净,放入大碗内,加入人参、鸡汤 500 mL,置蒸锅中蒸 90 min。烧开剩余鸡汤,加入料酒,精盐、白砂糖调味,冲入有百合、莲子的碗内即可。

用法:吃莲子、百合,喝汤。每日 1 剂。

功效:具有健脾安神、补益气血的功效。适用于心烦失眠、干咳痰少、口干咽干、食少乏力者。

人参气血滋补汤

材料:人参 3 g,乌骨鸡 1 只,鸭肉 250 g,鸡血藤 15 g,仙鹤草 12 g,狗脊、夜交藤各 10 g,菟丝子、墨旱莲、女贞子、桑寄生各 8 g,合欢皮、熟地黄、白术、生地黄、续断各 5 g,花椒 2 g,胡椒粉 1 g,葱 3 段,姜 5 片,精盐 3 g。

制作:先将以上 14 味中药水煎取浓汁,滤去药渣备用;鸡、鸭肉用沸水氽后切成块,备用。将砂锅置于中火上,锅内放入鸡骨,加入鲜汤烧开,下入鸡、鸭肉块和药汁,加入姜、药椒,鸡、鸭肉熟烂后,加精盐、胡椒粉调味即成。

用法:食肉,饮汤。

功效:具有气血双补、强筋壮骨、养心安神的功效。适于气血双亏的头晕目眩、失眠健忘、精神疲倦、腰腿酸软、四肢乏力等症。

第五章 治疗骨质疏松的成药

一、西药

(一)钙剂

摄入充足的钙对获得理想骨峰值、减缓骨丢失、改善骨矿化和维护骨骼健康有益。中国居民膳食营养素参考摄入量建议,成人每日钙推荐摄入量为 800 mg(元素钙),50 岁及以上人群每日钙推荐摄入量为 1 000 ~ 1 200 mg。当饮食中钙摄入不足时,可给予钙剂补充。营养调查数据显示,我国居民每日膳食摄入元素钙约为 400 mg,故尚需补充元素钙 500 ~ 600 mg/d。钙剂选择可从钙元素含量、安全性和有效性等方面考虑。其中碳酸钙含钙量高,吸收率高,易溶于胃酸,常见不良反应为上腹不适和便秘等。枸橼酸钙含钙量较低,但水溶性较好,胃肠道不良反应小,且枸橼酸可减少胃结石的发生,适用于胃酸缺乏和有胃结石风险的患者,高钙血症和高钙尿症时应避免使用钙剂。补充钙剂需适量,超大剂量补充钙剂可能增加肾结石和心血管疾病的风险。在骨质疏松的防治中,钙剂应与其他药物联合使用,目前尚无充分证据表明单纯补钙可以替代其他抗骨质疏松药物治疗。

碳酸钙 D_3 片

【成分】本品为复方制剂,每片含碳酸钙 1. 25 g(相当于钙 500 mg)、维生素 D_3 200 IU。辅料为甘露醇、聚维酮 K30、香精、阿司帕坦、硬脂酸镁。

【性状】本品为白色或类白色片。

【适应证】用于儿童、妊娠期和哺乳期妇女、更年期妇女、老年人等的钙补充剂,并帮助防治骨质疏松。

【规格】每片含钙 0.5 g 与维生素 D_3 5 μg(200 IU)。

【用法用量】口服,吞咽困难者等可以咀嚼后咽下。成人,一次 1 片,一日 1 ~ 2 次,一日最大量不超过 3 片;儿童,一次半片,一日 1 ~ 2 次。

【不良反应】

1. 嗳气、便秘。

2. 过量服用可发生高钙血症,偶可发生乳碱综合征,表现为高钙血症、碱中毒及肾功能不全(因服用牛奶及碳酸钙或单用碳酸钙引起)。

【禁忌证】高钙血症、高尿酸血症、含钙肾结石或有肾结石病史者禁用。

【注意事项】

1.心肾功能不全者慎用。

2.如服用过量或出现严重不良反应,应立即就医。

3.对本品过敏者禁用,过敏体质者慎用。

4.本品性状发生改变时禁止使用。

5.请将本品放在儿童不能接触的地方。

6.如正在使用其他药品,使用本品前请咨询医师或药师。

【药物相互作用】

1.本品不宜与洋地黄类药物合用。

2.大量饮用含酒精和咖啡因的饮料以及大量吸烟,均会抑制钙剂的吸收。

3.大量进食富含纤维素的食物能抑制钙的吸收,因钙与纤维素可结合成不易吸收的化合物。

4.本品与苯妥英钠类及四环素类同用,二者吸收减低。

5.维生素 D、避孕药、雌激素能增加钙的吸收。

6.含铝的抗酸药与本品同服时,铝的吸收增多。

7.本品与噻嗪类利尿药合用时,因增加肾小管对钙的重吸收而易发生高钙血症。

8.本品与含钾药物合用时,应注意心律失常。

9.如与其他药物同时使用可能会发生药物相互作用,详情请咨询医师或药师。

【药理作用】 钙是维持人体神经、肌肉、骨骼系统、细胞膜和毛细血管通透性正常功能所必需的。维生素 D 能参与钙和磷的代谢,促进其吸收并对骨质形成有重要作用。

【贮藏】 遮光,密闭,室温干燥保存。

【包装】 塑料瓶。30 片/瓶,36 片/瓶,45 片/瓶,60 片/瓶,72 片/瓶,100 片/瓶。

【其他剂型、规格及包装】

1.碳酸钙 D_3 咀嚼片:每片含钙 0.5 g 与维生素 D_3 200 IU;30 片/瓶,36 片/瓶,60 片/瓶,90 片/瓶,120 片/瓶。

2.碳酸钙 D_3 颗粒:每袋含钙 0.5 g 与维生素 D_3 200 IU;10 袋/盒,12 袋/盒,20 袋/盒,30 袋/盒。

3.儿童维 D 钙咀嚼片:每片含钙 0.3 g 与维生素 D_3 100 IU;30 片/瓶或 60 片/瓶。

4.小儿碳酸钙 D_3 颗粒:每袋含钙 0.3 g 与维生素 D_3 100 IU;10 袋/盒,24 袋/盒。

牡蛎碳酸钙颗粒

【成分】 本品每袋含牡蛎碳酸钙按钙计 50 mg。辅料为蔗糖、糊精、吐温-80、明胶、柠檬酸、甜味剂、香精、柠檬黄。

【性状】 本品为白色或淡黄色颗粒;味酸甜。

【适应证】 用于预防和治疗钙缺乏症,如骨质疏松、手足抽搐症、骨发育不全、佝偻病以及儿童、妊娠期和哺乳期妇女、绝经期妇女、老年人钙的补充。

【规格】 每袋按钙计 50 mg。

【用法用量】口服。一次 1~2 袋,一日 3 次,用温开水冲服。

【不良反应】

1. 嗳气、便秘。

2. 偶可发生乳碱综合征,表现为高钙血症、碱中毒及肾功能不全(因服用牛奶及碳酸钙或单用碳酸钙引起)。

3. 过量长期服用可引起胃酸分泌反跳性增高,并可发生高钙血症。

【禁忌证】高钙血症、高钙尿症、含钙肾结石或有肾结石病史患者禁用。

【注意事项】

1. 心肾功能不全者慎用。

2. 对本品过敏者禁用,过敏体质者慎用。

3. 本品性状发生改变时禁止使用。

4. 请将本品放在儿童不能接触的地方。

5. 儿童必须在成人监护下使用。

6. 如正在使用其他药品,使用本品前请咨询医师或药师。

【药物相互作用】

1. 本品不宜与洋地黄类药物合用。

2. 大量饮用含酒精和咖啡因的饮料以及大量吸烟,均会抑制钙剂的吸收。

3. 大量进食富含纤维素的食物能抑制钙的吸收,因钙与纤维素会结合成不易吸收的化合物。

4. 本品与苯妥英钠及四环素类同用,二者吸收减少。

5. 维生素 D、避孕药、雌激素能增加钙的吸收。

6. 含铝的抗酸药与本品同服时,铝的吸收会增多。

7. 本品与噻嗪类利尿药合用时,易发生高钙血症(因其会增加肾小管对钙的重吸收)。

8. 本品与含钾药物合用时,应注意心律失常的发生。

9. 如与其他药物同时使用可能会发生药物相互作用,详情请咨询医师或药师。

【药理作用】本品参与骨骼的形成与骨折后骨组织的再建以及肌肉收缩、神经传递、凝血机制并降低毛细血管的渗透性等。

【贮藏】密封,在干燥处保存。

【包装】药品包装用复合膜袋,5 g/袋×12 袋/盒。

【其他剂型、规格及包装】

1. 牡蛎碳酸钙胶囊:每粒含钙 100 mg;80 粒/瓶。

2. 牡蛎碳酸钙咀嚼片:每片含钙 100 mg;48 片/瓶,60 片/瓶,98 片/瓶。

3. 牡蛎碳酸钙泡腾片:每片含钙 100 mg;10 片/瓶,18 片/瓶,24 片/瓶,30 片/瓶,40 片/瓶。

4. 牡蛎碳酸钙片:每片含钙 75 mg;60 片/瓶,90 片/瓶,100 片/瓶,120 片/瓶,150 片/瓶,180 片/瓶。

枸橼酸钙片

【成分】本品每片含枸橼酸钙 0.5 g(相当于钙 0.1 g)。辅料为预胶化淀粉、硬脂酸镁、淀粉。

【性状】本品为白色片。

【适应证】用于预防和治疗钙缺乏症,如骨质疏松、手足抽搐症、骨发育不全、佝偻病以及儿童、妊娠期和哺乳期妇女、绝经期妇女、老年人钙的补充。

【规格】每片含枸橼酸钙 0.5 g(相当于钙 0.1 g)。

【用法用量】口服。成人一次 1~4 片,一日 3 次。

【不良反应】偶见便秘。

【禁忌证】高钙血症、高钙尿症患者禁用。

【注意事项】

1. 心肾功能不全者慎用。

2. 对本品过敏者禁用,过敏体质者慎用。

3. 本品性状发生改变时禁止使用。

4. 肾结石患者应在医师指导下使用。

5. 请将本品放在儿童不能接触的地方。

6. 儿童必须在成人监护下使用。

7. 如正在使用其他药品,使用本品前请咨询医师或药师。

【药物相互作用】

1. 本品不宜与洋地黄类药物合用。

2. 大量饮用含酒精和咖啡因的饮料以及大量吸烟,均会抑制钙剂的吸收。

3. 大量进食富含纤维素的食物能抑制钙的吸收,因钙与纤维素结合成不易吸收的化合物。

4. 本品与苯妥英钠及四环素类同用,二者吸收减少。

5. 维生素 D、避孕药、雌激素能增加钙的吸收。

6. 含铝的抗酸药与本品同服时,铝的吸收会增多。

7. 本品与噻嗪类利尿药合用时,易发生高钙血症(因增加肾小管对钙的重吸收)。

8. 本品与含钾药物合用时,应注意心律失常的发生。

9. 如与其他药物同时使用可能会发生药物相互作用,详情请咨询医师或药师。

【药理作用】本品参与骨骼的形成与骨折后骨组织的再建以及肌肉收缩、神经传递、凝血机制并降低毛细血管的渗透性等。

【贮藏】密封保存。

【包装】塑料瓶,80 片/瓶。

乳酸钙咀嚼片

【成分】本品每片含乳酸钙 0.3 g。辅料为蔗糖、枸橼酸、糖精、柠檬黄、硬脂酸镁、柠檬香精。

【性状】本品为淡黄色片。

【适应证】用于预防和治疗钙缺乏症,如骨质疏松、手足抽搐症、骨发育不全、佝偻病以及儿童、妊娠期和哺乳期妇女、绝经期妇女、老年人钙的补充。

【规格】每片含乳酸钙 0.3 g(相当于钙 39 mg)。

【用法用量】嚼服。一次 2 片,一日 2～3 次。

【不良反应】偶见便秘。

【禁忌证】高钙血症、高钙尿症、含钙肾结石或有肾结石病史患者禁用。

【注意事项】

1. 心肾功能不全者慎用。

2. 对本品过敏者禁用,过敏体质者慎用。

3. 本品性状发生改变时禁止使用。

4. 请将本品放在儿童不能接触的地方。

5. 儿童必须在成人监护下使用。

6. 如正在使用其他药品,使用本品前请咨询医师或药师。

【药物相互作用】

1. 本品不宜与洋地黄类药物合用。

2. 大量饮用含酒精和咖啡因的饮料以及大量吸烟,均会抑制钙剂的吸收。

3. 大量进食富含纤维素的食物能抑制钙的吸收,因钙与纤维素结合成不易吸收的化合物。

4. 本品与苯妥英钠及四环素类同用,二者吸收减少。

5. 维生素 D、避孕药、雌激素能增加钙的吸收。

6. 含铝的抗酸药与本品同服时,铝的吸收增多。

7. 本品与噻嗪类利尿药合用时,易发生高钙血症(因增加肾小管对钙的重吸收)。

8. 本品与含钾药物合用时,应注意心律失常的发生。

9. 如与其他药物同时使用可能会发生药物相互作用,详情请咨询医师或药师。

【药理作用】本品参与骨骼的形成与骨折后骨组织的再建以及肌肉收缩、神经传递、凝血机制并可降低毛细血管的渗透性等。

【贮藏】密封保存。

【包装】高密度聚乙烯塑料瓶包装,60 片/瓶,72 片/瓶,90 片/瓶。

【其他剂型、规格及包装】乳酸钙口服溶液:每 10 mL 含钙 0.062 g;10 支/盒,12 支/盒,20 支/盒。

三合钙咀嚼片

【成分】本品为复方制剂,每片含主要成分乳酸钙、葡萄糖酸钙、磷酸氢钙各 0.05 g,(相当于钙总含量 22.6 mg),辅料为蔗糖、糊精、枸橼酸、柠檬黄、牛奶粉末香精、硬脂酸镁、二氧化硅。

【性状】本品为白色或着色的片或异形片,可加适当的矫味剂和芳香剂。

【适应证】用于预防和治疗钙缺乏症,如骨质疏松、手足抽搐症、骨发育不全、佝偻病以及妊娠期和哺乳期妇女、绝经期妇女钙的补充。

【规格】每片含乳酸钙50 mg、葡萄糖酸钙50 mg、磷酸氢钙50 mg。

【用法用量】嚼服或含服。一次2~4片,一日3次。

【不良反应】

1.可见便秘。

2.偶可发生高钙血症及肾功能不全。

3.长期过量服用可引起反跳性胃酸分泌增多。

【禁忌证】高钙血症、高钙尿症、含钙肾结石患者禁用。

【注意事项】

1.慢性肾功能不全、心功能不全、慢性腹泻或胃肠道吸收障碍患者慎用。

2.如服用过量或出现严重不良反应,应立即就医。

3.对本品过敏者禁用,过敏体质者慎用。

4.本品性状发生改变时禁止使用。

5.老年患者、儿童、孕妇及哺乳期妇女应在医师指导下使用。

6.请将本品放在儿童不能接触的地方。

7.儿童必须在成人监护下使用。

8.如正在使用其他药品,使用本品前请咨询医师或药师。

【药物相互作用】

1.本品不宜与洋地黄类药物同时使用。

2.大量饮用含酒精的饮料会抑制钙剂的吸收。

3.本品与苯妥英钠类及四环素类同用,二者吸收减低。

4.维生素D、避孕药、雌激素能增加钙的吸收。

5.本品与噻嗪类利尿药合用时,易发生高钙血症。

6.本品与含钾药物合用时,应注意心律失常。

7.如与其他药物同时使用可能会发生药物相互作用,详情请咨询医师或药师。

【药理作用】本品参与骨骼的形成与骨折后骨组织的再建以及肌肉收缩、神经传递、凝血机制,并可降低毛细血管的渗透性等。

【贮藏】遮光,密闭,在干燥处保存。

【包装】

1.口服固体药用高密度聚乙烯瓶,60片/瓶,100片/瓶,120片/瓶。

2.药用铝箔,聚氯乙烯固体药用硬片,每板12片;每板10片,每盒3板。

门冬氨酸钙口服溶液

【成分】本品主要成分为门冬氨酸钙。

【性状】本品为黄色或黄棕色澄清微黏的液体,味甜暗涩,带调味剂的芳香气味。

【适应证】补钙剂。用于预防和治疗钙缺乏症,如骨质疏松、手足抽搐症、骨发育不全、佝偻病以及妊娠期和哺乳期妇女、绝经期妇女钙的补充。

【规格】每支 10 mL,含门冬氨酸钙 0.2 g。

【用法与用量】口服,成人,一日 0.6~1.2 g(3~6 支),分 2~3 次服用。

【不良反应】根据国外文献报道,在 344 例总病例中,被报告出现副作用的有 14 例(4.1%),主要的副作用为腹部胀满感 8 例(2.3%)、软便 2 例(0.6%)等,其他还有头痛、上腹不适感、出疹以及高钙血症、结石等。出现副作用时,应进行中止给药等适当的处理。

【禁忌证】高钙血症、胃结石、严重肾功能不全患者禁用。

【注意事项】

1. 以下患者慎用:①使用维生素 D 制剂的患者;②使用洋地黄制剂的患者;③易出现高钙血症的患者。

2. 长期使用时应定期检查血清钙和尿钙,出现高钙血症时应停止使用。

【孕妇及哺乳期妇女用药】尚不明确。

【儿童用药】不建议对早产儿、新生儿、婴儿给药(对 3 周龄以下的小鼠及大鼠给予门冬氨酸 250 mg/kg 以上时,病理报告显示下丘脑弓状核出现了病理变化)。

【老年人用药】因为一般老年人的生理功能低下,故应注意减量给药等。

【药物相互作用】

1. 洋地黄制剂:增强了洋地黄制剂的作用,有时会出现洋地黄中毒症状(心律失常、休克),应定期检查有无洋地黄中毒症状,并实施心电图检查,必要时,测定洋地黄制剂的血药浓度,出现异常时,应将洋地黄制剂减量或中止给药。

2. 四环素类抗生素:钙离子通过整合化阻碍四环素类抗生素的吸收,以致四环素类抗生素的作用可能会减弱。应注意避免同时服用,合并用药时,应间隔 1 h 或以上。

3. 新喹诺酮类抗菌药:钙离子通过螯合化阻碍新喹诺酮类抗菌药物的吸收,降低其血药浓度,新喹诺酮类抗菌药物的作用可能减弱。应注意避免同时服用,合并用药时,应间隔 2 h 以上。

【药理毒理】本品为补钙剂,具有促进骨骼及牙齿的钙化形成,维持神经与肌肉的正常兴奋性和降低毛细血管通透性等作用。

【贮藏】遮光,密闭保存。

【包装】指型瓶装,每盒 6 支。

葡萄糖酸钙口服溶液

【成分】本品每毫升含主要成分葡萄糖酸钙 100 mg(相当于钙 9 mg),辅料为乳酸、氢氧化钙、三氯蔗糖、香精等。

【性状】本品为无色至淡黄色黏稠液体,气味芳香,味甜。

【适应证】本品为补钙剂,用于预防和治疗钙缺乏症,如骨质疏松、手足抽搐症、骨发育不全、佝偻病,以及妊娠期和哺乳期妇女、绝经期妇女钙的补充。

【规格】每支 10 mL,含葡萄糖酸钙 1 g。

【用法与用量】口服,成人一次 1~2 支,一日 3 次。儿童一次 1 支,一日 2 次。

【不良反应】

1. 嗳气、便秘。

2. 偶可发生乳碱综合征,表现为高钙血症、碱中毒及肾功能不全(因服用牛奶及碳酸钙或单用碳酸钙引起)。

3. 过量长期服用可引起胃酸分泌反跳性增高,并可发生高钙血症。

【禁忌证】

1. 心肾功能不全者慎用。

2. 高钙血症、高尿血症、含钙肾结石病史者禁用。

3. 服用洋地黄类药物期间患者禁用。

【注意事项】

1. 当药品性状发生改变时禁止使用。

2. 儿童必须在成人监护下使用。

3. 请将此药品放在儿童不能接触的地方。

【药物相互作用】

1. 大量饮用含酒精和咖啡因的饮料以及大量吸烟,均会抑制口服钙剂的吸收。

2. 大量进食富含纤维素的食物,能抑制钙的吸收,因钙与纤维素结合生成不易吸收的化合物。

3. 本品与苯妥英钠类以及四环素同用,二者吸收均减低。

4. 维生素 D、避孕药、雌激素能增加钙的吸收。

5. 含铝的抗酸药与本品同服时,铝的吸收会增多。

6. 与钙通道阻滞剂(如硝苯地平)同用,血钙可明显升高至正常以上,但盐酸维拉帕米等的作用则降低。

7. 本品与噻嗪类利尿药合用时,易发生高钙血症(因增加肾小管对钙的重吸收)。

8. 本品与含钾药物合用时,应注意心律失常。

9. 与氧化镁等有轻泻作用制酸药合用或交叉应用,可减少嗳气、便秘等副作用。

10. 如正在服用其他处方药药品,使用本品前请咨询医生或药师。

【药理作用】本品参与骨骼的形成与骨折后骨组织的再建以及肌肉收缩、神经传递、凝血机制并降低毛细血管的渗透性等。

【贮藏】密封保存。

【包装】每盒 6 瓶或每盒 10 瓶,玻璃瓶装。

【其他剂型、规格及包装】

1. 葡萄糖酸钙含片:0.1 g/片、0.15 g/片、0.2 g/片;30 片/瓶,60 片/瓶,100 片/瓶,120 片/瓶。

2. 葡萄糖酸钙片:0.1 g/片,0.5 g/片;100 片/瓶。

复方氨基酸螯合钙胶囊

【成分】本品为复方制剂,每粒含氨基酸螯合钙 523.6 mg、氨基酸螯合铜 1.7 mg、抗坏血酸钙 145.0 mg、氨基酸螯合锰 8.2 mg、磷酸氢钙 110.0 mg、氨基酸螯合钒 0.1 mg、氨基酸螯合镁 167.0 mg、氨基酸螯合硅 3.3 mg、氨基酸螯合锌 40.0 mg、氨基酸螯合硼 0.9 mg、维生素 D_3 200 IU。辅料为十二烷基硫酸钠及硬脂酸镁。

【性状】本品内容物为淡黄色粉末。

【适应证】

1. 用于防治钙、矿物质缺乏引起的各种疾病,尤适用于骨质疏松、儿童佝偻病、缺钙引起的神经痛和肌肉抽搐等。

2. 可用作孕期、哺乳期妇女及儿童钙及维生素 D_3 的补充。

【规格】每粒 1 g。

【用法用量】口服,温水送下。成人一日 1~2 粒;6 岁以下儿童一日半粒,6 岁以上按成人剂量服用。幼儿及吞服不便者,可打开胶囊用适量果汁冲服。

【不良反应】偶见胃部不适。

【禁忌证】肾功能不全或血钙过高者禁用。

【注意事项】

1. 心功能不全患者慎用。

2. 如服用过量或出现严重不良反应,应立即就医。

3. 对本品过敏者禁用,过敏体质者慎用。

4. 本品性状发生改变时禁止使用。

5. 请将本品放在儿童不能接触的地方。

6. 儿童必须在成人监护下使用。

7. 如正在使用其他药品,使用本品前请咨询医师或药师。

【药物相互作用】

1. 本品不宜与洋地黄类药物合用。

2. 如与其他药物同时使用可能会发生药物相互作用,详情请咨询医师或药师。

【药理作用】本品是由钙及多种微量元素通过配位键与氨基酸形成的螯合物,并辅以维生素 D_3 和维生素 C 制成的复方制剂。钙及多种微量元素与氨基酸形成螯合物避免了金属离子与酸根(碳酸根、磷酸根等)或氢氧根离子结合形成沉淀。因此,本品在酸性(如胃液)及碱性环境中(如肠液)溶解性好,并保持稳定,不会引起便秘等不良反应。本品也无抗原性,不会引起过敏反应发生。氨基酸在小肠主要通过黏膜上皮细胞主动转运方式吸收。氨基酸在小肠黏膜上皮细胞主动转运促进了钙及多种微量元素氨基酸整合物在小肠的摄取。这种主动转运与本品被动扩散的双重作用极大地提高了本品中螯合钙的生物利用度,维生素 D_3 可促进人体对钙的吸收,而维生素 C 及微量元素能促进骨基质生成,增强成骨功能。

【贮藏】密闭,遮光,室温干燥处保存。

【包装】固体药用塑料瓶包装,30 粒/瓶。

磷酸氢钙咀嚼片

【成分】本品主要成分为磷酸氢钙。

【性状】本品为白色、淡黄色或浅红色片。

【适应证】用于防治钙缺乏症,如骨质疏松、手足抽搐症、佝偻病以及妊娠期和哺乳期妇女、绝经期妇女钙的补充。

【规格】每片 0.15 g。

【用法用量】含服或咀嚼后咽服。一次 3 ~ 6 片,一日 3 次,饭后服用。

【不良反应】可引起便秘。

【禁忌证】

1.高钙血症患者禁用。

2.高钙尿症患者禁用。

3.含钙胃结石或有肾结石病史患者禁用。

4.类肉瘤病(可加重高钙血症)患者禁用。

【注意事项】

1.下列情况慎用:①脱水或低钾血症等电解质紊乱时应先纠正低钾,再纠正低钙,以免增加心肌应激性。②慢性腹泻或胃肠道吸收功能障碍(钙吸收较差,而肠道排钙增多,此时对钙剂的需要量增加)。③慢性胃功能不全(肾脏对钙的排泄减少,注意高钙血症)。④胃酸降低或缺乏时,对磷酸氢钙的吸收减少,应在进食同时服用。⑤心室颤动。

2.用药过程中需随访检查:血清钙浓度,尿钙排泄量,血清钾、镁、磷浓度,血压,心电图。

【孕妇及哺乳期妇女用药】尚不明确。

【儿童用药】尚不明确。

【老年人用药】老年人可能由于活性维生素 D_3 分泌减少,肠道对钙的吸收降低,故口服剂量应相应增大。

【药物相互作用】

1.与雌激素同用,可增加对钙的吸收。

2.与苯妥英钠同用,产生不吸收的化合物,影响二者生物利用度。

3.与四环素同服,减少四环素吸收。

4.与噻嗪类利尿药同用,增加肾脏对钙的重吸收,可致高钙血症。

【药物过量】尚不明确。

【药理毒理】本品为钙补充剂。钙离子是保持神经、肌肉和骨骼正常功能所必需的元素,对维持正常的心、肾、肺和凝血功能,以及细胞和毛细血管通透性也起重要作用。另外,钙还参与调节神经递质和激素的分泌和贮存,氨基酸的摄取和结合,维生素 B_{12} 的吸收等。

【贮藏】密封保存。

【包装】药用复合材料装;高密度聚乙烯药用塑料瓶装。100 片/袋;80 片/袋。

【其他剂型、规格及包装】磷酸氢钙片:1.1 g/片;10 片×3 板/盒。

（二）维生素 D

充足的维生素 D 可增加肠钙吸收、促进骨骼矿化、保持肌力、改善平衡能力和降低跌倒风险。维生素 D 不足可导致继发性甲状旁腺功能亢进,增加骨吸收,从而引起或加重骨质疏松,同时补充钙剂和维生素 D 可降低骨质疏松性骨折风险,维生素 D 不足还会影响其他抗骨质疏松药物的疗效。在我国,维生素 D 不足状况普遍存在,7 个省份的调查报告显示:55 岁以上女性血清 25-(OH)D 平均浓度为 18 μg/L,61.0% 绝经后女性存在维生素 D 缺乏的情况。2013 版中国居民膳食营养素参考摄入量建议,推荐成人维生素 D 摄入量为 400 IU(10 μg)/d;65 岁及以上老年人因缺乏日照,以及摄入和吸收障碍常有维生素 D 缺乏,推荐摄入量为 600 IU(15 μg)/d;可耐受最高摄入量为 2 000 IU(50 μg)/d;维生素 D 用于骨质疏松防治时,剂量可为 800 ~ 1 200 IU/d。对于日光暴露不足和老年人等维生素 D 缺乏的高危人群,建议酌情检测血清 25-(OH)D 水平,以了解患者维生素 D 的营养状态,指导维生素 D 的补充,有研究建议老年人血清 25-(OH)D 水平应不低于 75 nmol/L(30 μg/L),以降低跌倒和骨折风险。临床应用维生素 D 制剂时应注意个体差异和安全性,定期监测血钙和尿钙浓度,不推荐使用活性维生素 D 纠正维生素 D 缺乏,不建议 1 年单次较大剂量普通维生素 D 的补充。

维生素 D 滴剂

【成分】本品每粒含维生素 D_3 400 U。辅料为植物油、胶囊用明胶、甘油、纯化水。

【性状】本品为胶囊型单剂量包装,内含黄色至橙红色的澄明液体,无败油臭或苦味。

【适应证】

1.预防维生素 D 缺乏性佝偻病。

2.预防骨质疏松。

【规格】每粒含维生素 D_3 400 U。

【用法用量】口服。①预防维生素 D 缺乏性佝偻病:儿童一日 1 ~ 2 粒。②预防骨质疏松:成人一日 1 ~ 2 粒。

【不良反应】长期过量服用可出现中毒,早期表现为骨关节疼痛、肿胀、皮肤瘙痒、口唇干裂、发热、头痛、呕吐、便秘或腹泻、恶心等。

【禁忌证】维生素 D 增多症、高钙血症、高磷血症伴肾性佝偻病患者禁用。

【注意事项】

1.下列情况慎用:动脉硬化、心功能不全、高胆固醇血症、高磷血症、对维生素 D 高度敏感及肾功能不全患者。

2.婴儿应在医师指导下使用。

3.必须按推荐剂量服用,不可超量服用。

4.对本品过敏者禁用,过敏体质者慎用。

5. 本品性状发生改变时禁止使用。

6. 请将本品放在儿童不能接触的地方。

7. 儿童必须在成人监护下使用。

8. 如正在使用其他药品,使用本品前请咨询医师或药师。

9. 在服用维生素 D 期间,建议监测血清 25-(OH)D、血清钙及尿钙水平,方便剂量调整。

10. 维生素 D 的补充与地区、日光照射、饮食、机体状态等相关,请遵医嘱用药。

【药物相互作用】

1. 苯巴比妥、苯妥英、扑米酮等可减弱维生素 D 的作用。

2. 硫糖铝、氢氧化铝可减少维生素 D 的吸收。

3. 正在使用洋地黄类药物的患者,应慎用本品。

4. 大剂量钙剂或利尿药(一些抗高血压药)与本品同用,可能会发生高钙血症。

5. 大量含磷药物与本品同用,可发生高磷血症。

6. 如与其他药物同时使用可能会发生药物相互作用,详情请咨询医师或药师。

【药理作用】维生素 D 可参与钙和磷的代谢,促进其吸收,并对骨质形成有重要作用。

【贮藏】遮光,密封保存。

【包装】铝塑包装,①每板 6 粒,每盒 1 板;②每板 12 粒,每盒 1 板;③每板 10 粒,每盒 2 板;④每板 12 粒,每盒 2 板;⑤每板 10 粒,每盒 3 板;⑥每板 12 粒,每盒 3 板;⑦每板 10 粒,每盒 4 板;⑧每板 12 粒,每盒 4 板;⑨每板 10 粒,每盒 6 板;⑩每板 12 粒,每盒 6 板。

(三)双膦酸盐类

双膦酸盐(bisphosphonates)是焦磷酸盐的稳定类似物,其特征为含有 P-C-P 基团。双膦酸盐是目前临床上应用最广泛的抗骨质疏松药物,双膦酸盐与骨骼羟磷灰石的亲和力高,能够特异性结合到骨重建活跃的骨表面,抑制破骨细胞功能,从而抑制骨吸收。不同双膦酸盐抑制骨吸收的效力差别很大,因此临床上不同双膦酸盐药物使用剂量及用法也有所差异,目前用于防治骨质疏松的双膦酸盐主要包括阿仑膦酸钠、唑来膦酸、利塞膦酸钠、伊班膦酸钠、依替膦酸二钠和氯膦酸二钠等。

阿仑膦酸钠片

【成分】本品主要成分为阿仑膦酸钠,其化学名称为(4-氨基-1-羟基亚丁基)二膦酸单钠盐三水合物。

【性状】本品为白色片。

【适应证】适用于治疗绝经后妇女的骨质疏松,以预防髋部和脊柱骨折(椎骨压缩性骨折);适用于治疗男性骨质疏松以预防骨折。

【规格】10 mg。

【用法用量】

1. 本品必须在每天第一次进食、喝饮料或应用其他药物治疗之前的至少半小时,用白水送服。

2. 如食物中摄入不足,所有骨质疏松患者都应补充钙和维生素 D(见【注意事项】)。

3. 老年患者或伴有轻至中度肾功能不全的患者(肌酐清除率 35~60 mL/min)不需要调整剂量。因缺乏经验,对于更严重的肾功能不全患者(肌酐清除率<35 mL/min),不推荐使用本品。

4. 绝经后妇女骨质疏松的治疗:推荐剂量为一次 10 mg,每天一次。

5. 男性骨质疏松的治疗:推荐剂量为一次 10 mg,每天一次。

【禁忌证】

1. 导致食管排空延迟的食管异常,例如狭窄或弛缓不能者禁用。

2. 不能站立或坐直至少 30 min 者禁用。

3. 对本产品任何成分过敏者禁用。

4. 低钙血症者。

【注意事项】

1. 和其他双膦酸盐一样,本品可能对上消化道黏膜产生局部刺激。

2. 在服用本品的患者中,已报告的食管不良反应有食管炎、食管溃疡和食管糜烂,罕有食管狭窄或穿孔的报告。其中有些病例,因这些不良反应严重而需要住院治疗。因此,医生应该警惕可能发生食管反应的任何症状和体征,应指导患者如果出现吞咽困难、吞咽痛、胸骨后疼痛或新发胃灼热或胃灼热加重,停用本品并就医。

3. 在服用本品后躺卧和(或)不用一满杯水送服药物和(或)出现提示食管刺激的症状后仍继续服药的患者,发生严重食管不良反应的危险性较大。因此,提供患者详尽的用药指导,让其充分理解是很重要的(见【用法用量】)。

4. 尽管在国外的大规模临床试验中未观察到胃和十二指肠溃疡危险性的增加,上市后却有极少量的报告,某些较为严重并伴有并发症。然而,它们与药物的因果关系尚未确定。

为了便于将本品送至胃部从而降低对食管的刺激,应指导患者用一满杯水吞服药物,并且在至少 30 min 内及当天第一次进食之前不要躺卧。患者不应该咀嚼或吮吸药片,以防口咽部溃疡。应该特别指导患者在就寝前或清早起床前不要服用本品。应该告诉患者,若不遵医嘱就可能增加出现食管问题的危险性;如果发生食管疾病的症状(如吞咽困难或疼痛、胸骨后疼痛或新发胃灼热或胃灼热加重),应该停服本品并请医生诊断治疗。

5. 肌酐清除率<35 mL/min 的患者,不推荐应用本品(见【用法用量】)。除雌激素缺乏和老龄之外,还应考虑其他造成骨质疏松的原因。

6. 在开始应用本品治疗之前,必须先纠正低钙血症(见【禁忌证】)。其他影响矿物质代谢异常的情况(例如维生素 D 缺乏),也应该得到有效治疗。对于这些患者,在使用本品治疗时应监测其血清钙和低钙血症的情况。

【孕妇及哺乳期妇女用药】孕妇不宜使用。

【儿童用药】未在儿童中做过研究,儿童不宜使用。

【老年人用药】在临床研究中,未发现本品有年龄相关性的疗效和安全性方面的差异,或遵医嘱。

【药物相互作用】

1. 如果同时服用钙补充制剂、抗酸药物和其他口服药物可能会干扰本品吸收。因此,患者在服用本品以后,必须等待至少半小时后,才可服用其他药物。

2. 预计无其他具有临床显著性的药物相互作用。

3. 在骨质疏松临床研究中,有一小部分绝经后妇女服用本品的同时还接受雌激素治疗(阴道内、皮下或口服)。未发现合并用药有任何不良反应。

4. 特异性相互作用研究尚未进行。在治疗男性和绝经后妇女的骨质疏松的研究中,本品已与各种常用处方药同时使用,未有明确的临床不良相互作用。

【药物过量】目前尚没有关于本品过量用药的资料。口服药物过量可能会导致低钙血症、低磷血症和上消化道不良反应,如胃部不适、胃灼热、食管炎、胃炎或溃疡。应给予牛奶或抗酸剂以结合阿仑膦酸钠。由于食管刺激的危险,不应该诱导呕吐,患者应保持直立。

【贮藏】密闭,30 ℃以下干燥处保存。

【包装】铝塑包装,6 片/板,1 板/盒。

【其他剂型、规格及包装】阿仑膦酸钠肠溶片:10 mg(6 片/盒,7 片/盒,10 片/盒,12 片/盒,14 片/盒,30 片/盒)、70 mg(1 片/盒,2 片/盒,4 片/盒)。

唑来膦酸注射液

【成分】本品活性成分为唑来膦酸($C_5H_{10}N_2O_7P_2$)。辅料为枸橼酸钠、甘露醇、注射用水。

【性状】本品为无色的澄明液体。

【适应证】绝经后妇女的骨质疏松;成年男性的骨质疏松,以增加骨量;变形性骨炎(Paget 病)。

【规格】100 mL:5 mg(按 $C_5H_{10}N_2O_7P_2$ 计)。

【用法用量】

1. 对于骨质疏松的治疗,推荐剂量为一次静脉滴注 5 mg 唑来膦酸,每年一次。本品通过输液管以恒定速度滴注。滴注时间不得少于 15 min(参见【注意事项】)。

2. 对于佩吉特病(Paget 病)的治疗,推荐剂量为一次静脉滴注 5 mg 唑来膦酸。

【禁忌证】

1. 对唑来膦酸或其他双膦酸盐或药品成分中任何一种辅料过敏者禁用。

2. 低钙血症患者(参见【注意事项】)禁用。

3. 肌酐清除率<35 mL/min 的严重肾功能损害患者(参见【注意事项】)禁用。

4. 妊娠期和哺乳期妇女禁用。

【注意事项】

1. 5 mg 的唑来膦酸剂量给药时间必须在 15 min 以上。

2. 由于缺乏充分临床使用数据,严重肾功能不全患者不可使用(肌酐清除率小 35 mL/min)。在给予本品前,应对患者的血清肌酐水平进行评估。

3. 给药前必须对患者进行适当的补水,对于老年患者和接受利尿剂治疗的患者尤为重要。

4. 在给予本品治疗前,患有低钙血症的患者需服用足量的钙和维生素 D(参见【禁忌】)。

5. 对于其他矿物质代谢异常也应给予有效治疗(如甲状旁腺贮备降低、甲状腺手术、甲状旁腺手术、肠内钙吸收不良)。医生应当对该类患者进行临床监测。

6. 本品禁用于严重肾功能损害(肌酐清除率<35 mL/min)的患者,其会使该人群肾衰竭风险增加。应考虑采用以下预防措施将肾脏不良反应的风险减至最低:每次使用本品之前应检测肌酐清除率(如 Cockcroft-Gault 氏法)。

7. 肝功能不全患者无须调整剂量。

8. 对于绝经后妇女的骨质疏松和成年男性的骨质疏松,如果饮食中钙剂以及维生素 D 摄入不充足,进行适量补充非常重要。

9. 由于唑来膦酸能快速对骨转换起效,因此在本品给药后可能会发生短暂的或有症状的低钙血症,通常在给药后最初 10 d 内最明显。建议本品给药同时给予足够的维生素 D 补充剂。另外,强烈建议 Paget 病患者接受本品治疗后 10 d 内接受足量的钙补充剂,保证每日两次至少补充 500 mg 元素钙。应告知患者低钙血症的症状,并对危险患者给予足够的临床监护。

10. 对使用双膦酸盐(含本品)的患者,严重及偶发的失能性骨骼、关节和(或)肌肉疼痛罕有报道。

11. 颌骨坏死的报道主要发生在使用双膦酸盐类药物(包括唑来膦酸)进行治疗的成年癌症患者中。大多数患者还同时接受了化疗和皮质激素的治疗。在这些报告的病例中,多数患者均曾经接受过牙科疾病的治疗(如拔牙),而且多数病例还有局部感染(包括骨髓炎)的体征。

12. 对于同时伴有危险因素(如癌症、化疗、皮质激素、抗血管生成药物、口腔卫生不良)的患者在使用双膦酸盐类药物之前,应当考虑对其进行预防牙科并发症的牙齿检查。除非临床急需,口腔开放性软组织损伤未愈合的患者,应暂缓用药或暂缓开始新疗程。用药期间患者应注意保持口腔卫生情况良好,尽量避免应用侵入性的牙科治疗操作。用药期间如确需牙科治疗操作,患者应主动告知牙科医生唑来膦酸的用药情况。使用唑来膦酸期间,患者如出现牙齿松动、疼痛、肿胀、难以愈合的口腔溃疡及分泌物,应立即告知医生。

13. 唑来膦酸与抗血管生成药物合用时应谨慎,因为在合用这些药物治疗的患者中观察到颌骨坏死的发生率增加。

14. 已有其他骨坏死(包括股骨、髋骨,膝盖骨和肱骨)的病例报告。然而,其与唑来膦酸注射液治疗的因果关系尚未确定。

15. 在使用双膦酸盐类药物治疗的患者中,报道了非典型的转子下和股骨干骨折,主要发生于长期使用双膦酸盐治疗骨质疏松的患者中。唑来膦酸治疗期间应建议患者报告任何大腿、髋部或腹股沟疼痛,对于出现此类症状的患者应评估是否已发生不完全股骨骨折或存在不完全股骨骨折的风险。

16. 本品与用于肿瘤患者的择泰(唑来膦酸)具有相同的活性成分,如果患者已使用了择泰,请勿使用本品。

17. 目前尚无数据显示唑来膦酸会影响驾驶和操作设备的能力。

18. 本品不能与其他钙制剂或其他二价阳离子注射剂同时使用。

19. 本品不能与任何其他药物混合或同时静脉给药,必须通过单独的输液管按照恒量恒速输注。本品如果经过冷藏,请放置至室温后使用。必须保证输注前的准备过程是无菌操作。

20. 请单独使用本品。任何未用完的溶液必须丢弃。仅有澄清的,无颗粒及无色的溶液才可以使用。

【孕妇及哺乳期妇女用药】

1. 有生育能力的妇女:应该建议有生育能力的妇女在接受本品治疗过程中进行避孕。理论上,如果女性在接受双膦酸盐治疗过程中妊娠,具有胎儿损害的风险(例如,骨骼和其他畸形)。尚未确定不同的情况变量(例如停止应用双膦酸盐治疗至妊娠之间的时间、使用特殊的双膦酸盐和特殊给药途径)对于该风险的影响(参见【禁忌证】)。

2. 妊娠:在妊娠期间禁用本品(参见【禁忌证】)。无妊娠期女性使用唑来膦酸的数据。大鼠研究表明本品有生殖毒性作用,对人类的潜在风险未知。

3. 哺乳期:本品禁用于哺乳期女性(参见【禁忌证】)。

【儿童用药】由于缺少安全性和有效性数据,不建议在儿童和18周岁以下青少年中使用本品。

【老年人用药】老年患者(≥65 岁)与年轻人具有相似的生物利用度、药物分布和清除,因此无须调整给药剂量。然而,由于高龄患者更常见肾功能减弱,因此对高龄患者肾功能检测应予以特殊注意。

【药物相互作用】

1. 目前没有进行明确的唑来膦酸与其他药物相互作用的研究。唑来膦酸不是被系统性代谢的,体外试验显示不影响人体细胞色素 P450 酶系。唑来膦酸血浆蛋白结合率不高(23% ~40%),因此不会与高血浆蛋白结合率的药物发生竞争性相互作用。

2. 唑来膦酸经肾脏排泄。当本品与显著影响肾功能的药物(例如,氨基糖苷类或可导致脱水的利尿剂)合用时应谨慎。在有肾功能损害的患者中,主要由肾脏排泄的伴随用药的系统暴露量可能升高。

【药物过量】急性药物过量的临床经验有限。如果患者接受了超过推荐剂量的唑来膦酸,应对患者进行密切监测。如果发生药物过量导致明显的低血钙症状,采取口服钙剂和(或)静脉滴注葡萄糖酸钙进行治疗可以改善药物过量。

【药理作用】唑来膦酸属于含氮双磷酸化合物,主要作用于人体骨骼,通过对破骨细胞的抑制,从而抑制骨吸收。双磷酸化合物对矿化骨具有高度亲和力,可以选择性地作用于骨骼。唑来膦酸静脉注射后可以迅速分布于骨骼当中,优先聚集于高骨转化部位。唑来膦酸的主要分子靶点是破骨细胞中法泥基焦磷酸合成酶。

【贮藏】30 ℃以下保存。避免儿童误取。

【包装】中硼硅玻璃模制注射剂瓶、注射液用覆聚四氟乙烯/六氟丙烯的共聚物膜氯化丁基橡胶塞。100 mL/瓶,1 瓶/盒。

利塞膦酸钠片

【成分】本品主要成分为利塞膦酸钠。

【性状】本品为薄膜衣片,除去包衣后显白色或类白色。

【适应证】本品用于治疗和预防绝经后妇女的骨质疏松。

【规格】5 mg(按 $C_7H_{10}NO_7P_2Na$ 计)。

【用法与用量】口服用药,需至少餐前30 min 直立位服用,一杯(200 mL 左右)清水送服,服药后 30 min 内不宜卧床。用量为一日 1 次,一次 5 mg(一片)。

【不良反应】

1. 消化系统可引起上消化道紊乱,表现为吞咽困难、食管炎、食管或胃溃疡,还可引起腹泻、腹痛、恶心、便秘等。

2. 其他如流感样综合征、头痛、头晕、皮疹、关节痛等。

【禁忌证】已知对本品过敏者禁用;低钙血症患者禁用;30 min 内难以坚持站立或端坐位者禁用。

【注意事项】

1. 服药后 2 h 内,避免食用高钙食品(例如牛奶或奶制品)以及服用补钙剂或含铝、镁等的抗酸药物。

2. 不宜与阿司匹林或非甾体抗炎药同服。

3. 重度肾功能损害者慎用本品。

4. 饮食中钙、维生素 D 摄入不足者,应加服这些药品。

5. 勿嚼碎或吸吮本品。

【孕妇及哺乳期妇女用药】

1. 孕妇用药的安全有效性尚未确立,除非疾病本身对母子的危害性更大并无其他更安全药物替代时,才在妊娠期使用本品。

2. 本品对哺乳婴儿有严重的不良反应,哺乳期妇女应停药或停止哺乳。

【儿童用药】儿童用药的安全有效性尚未确立。

【老年人用药】临床试验资料表明,老年人和年轻人在服用本品时无安全性和有效性上的差异,但不排除老年人个体对本品具有高敏性。

【药物相互作用】

1. 没有有关本品特殊的药物间相互作用的报道。本品不被代谢,也不诱导或抑制肝

接受牙科治疗的癌症患者,但部分来自绝经后骨质疏松及其他疾病的患者。已知下颌骨坏死的危险因素癌症,伴随治疗(如化疗、放疗,类固醇皮质激素)及伴随疾病(如贫血、感染、已有齿科疾病)。多数报道病例来自静脉注射双膦酸盐的患者,少数来自接受口服双膦酸盐治疗的患者。在治疗期间,这些患者应尽可能避免进行有创牙科手术。

6. 外耳道骨坏死:已经报道了双膦酸盐治疗期间的外耳道骨坏死,主要与长期治疗有关。外耳道骨坏死的可能的危险因素包括使用类固醇和化疗和(或)局部危险因素,如感染或创伤。出现耳部症状,包括慢性耳感染的接受双膦酸盐治疗的患者中,应考虑外耳道骨坏死的可能性。

7. 肌肉骨骼痛:在已批准用于预防和治疗骨质疏松的双膦酸盐药物上市后获得的经验中,双膦酸盐药物可引起严重的骨关节和(或)肌肉疼痛,但这种情况并不常见。此类药物也包括伊班膦酸钠注射液。多数见于绝经后妇女,症状出现的时间为从用药后一天至数月。停药后,多数患者症状会消失。再次使用同一种或另外双膦酸盐药物,可使症状复发。如果出现严重症状,应停用伊班膦酸。

8. 非典型性股骨转子下骨折及股骨干骨折:有报道称双膦酸盐治疗患者的股骨干发生非典型、低能或低外伤骨折。这些骨折可发生在股骨干的任何地方,从小转子的下方到髁上,方向为横向或短斜向,而无粉碎的证据。尚未确定因果关系,因为未使用双膦酸盐治疗的骨质疏松患者也发生过这些骨折。受累部位未发生外伤或轻微外伤,经常发生非典型骨折。他们可能为双侧,很多患者都报告受累部位前驱性疼痛,通常表现为大腿钝性酸痛,在完全骨折之前存在数周到数月。一些报道注意到患者在骨折时还接受糖皮质激素(如泼尼松)治疗。

任何有双膦酸盐暴露史的患者,若表现出大腿或腹股沟疼痛,则应怀疑非典型骨折,应进行检查排除不完全股骨骨折。表现为非典型骨折的患者,还应评估对侧肢体有无骨折症状体征。应根据个体原则,进行风险/获益评估,中断双膦酸盐治疗。

9. 对驾驶和机械操作能力的影响:未研究输注本品对司机及操作机器者的反应能力及警觉性或认知功能的影响。

10. 患者须知:伊班膦酸钠注射液需每3个月使用1次,如果错过注射的时间,尽快重新安排注射,注射完成后,以此时间起,每3个月使用1次,不要比每3个月更多频次地注射伊班膦酸钠,同时患者需补充钙剂和维生素D。

11. 虽然缺乏临床资料,但有严重肝脏疾病(肝功能不全)时不应按上述推荐剂量给药。有心力衰竭危险的患者应避免过多补充液体。本品不得与其他种类双膦酸类药物合并使用。

【孕妇及哺乳期妇女用药】尚无孕妇和哺乳期妇女使用伊班膦酸钠注射液的充分临床资料,对人类的潜在危险尚不明确,孕期和哺乳期妇女禁用。

【儿童用药】在儿科患者中的安全性和有效性尚未建立,故不推荐18岁以下的患者使用。

【老年人用药】国外临床研究(DIVA)显示:在接受每3个月3 mg伊班膦酸钠静脉注射为期1年的患者中,51%的患者年龄在65岁以上,没有观察到这些患者在疗效和安全性上与年龄较低患者之间存在差异,但不排除一些老龄个体会更加敏感。

【药物相互作用】

1.在药物分布方面,未观察到有临床意义的药物相互作用。伊班膦酸钠不经任何生物转化过程,仅经由肾脏分泌作用消除,其分泌途径似乎不包括已知的其他活性物质分泌所涉及的酸或碱性转运系统。此外伊班膦酸钠不抑制人类肝脏主要的 P450 同工酶系统,也不会诱导大鼠肝脏 P450 同工酶系统。治疗浓度的伊班膦酸钠血浆蛋白结合率低,因此不可能取代其他活性物质。

2.本品不应与含钙溶液混合使用。

3.双膦酸盐给药治疗的同时给予氨基糖苷类药物需谨慎,因两者皆可使血清钙较长时间降低。治疗期间也应对可能同时存在的低镁血症予以重视。

4.对多发性骨髓瘤患者,同时应用美法仑或泼尼松未发现药物的相互作用。

5.健康绝经后妇女的药代动力学研究表明,与他莫昔芬或激素替代疗法(雌激素)不存在相互作用。

6.与常用利尿剂、抗生素和镇痛药物合用,没有发现有临床意义的相互作用。

7.仅对成人进行过药物相互作用的研究。

【药物过量】伊班膦酸钠注射液上市前的研究没有药物过量的病例报告。临床前研究显示,高剂量伊班膦酸钠的毒性作用主要表现为肝和肾毒性,因此药物过量时应监测肝肾功能。静脉过量使用可能导致低钙血症、低磷血症和低镁血症,可分别静脉给予葡萄糖酸钙、磷酸钠或磷酸钾、硫酸镁进行纠正。过量给药后,透析治疗应在 2 h 以内进行,否则将起不到有利作用。

【药理作用】

1.伊班膦酸对骨的作用基于其与骨骼矿物基质中羟基磷灰石的结合。伊班膦酸可抑制破骨细胞介导的骨重吸收。伊班膦酸抑制破骨细胞的活性,减少骨重吸收和更新。对于绝经妇女,伊班膦酸可减低已升高的骨更新率,使得平均骨净重增加。

在绝经妇女中的研究显示,伊班膦酸注射液(0.5～3.0 mg)可引起骨重吸收抑制的生化改变,包括骨胶原蛋白降解生化标志物[Ⅰ型胶原蛋白 C 端交联(环磷酰胺)]减少。由于骨重吸收和骨形成的偶联性质,骨形成指标(骨钙蛋白)的改变晚于骨重吸收指标。

2.动物研究显示,伊班膦酸是破骨细胞介导的骨重吸收的抑制剂。生长大鼠胫骨干骺端组织学检测结果显示,伊班膦酸抑制骨重吸收,增加骨容量。伊班膦酸皮下注射给药 5 mg/(kg·d),未见受损矿化证据。该剂量为该模型最低抗重吸收剂量 0.005 mg/(kg·d)的 1 000 倍,是卵巢切除老年大鼠最佳抗重吸收剂量 0.001 mg/(kg·d)的 5 000 倍。上述试验结果提示,治疗剂量的伊班膦酸注射液不太可能引起骨软化。

3.对切除卵巢的大鼠、猴长期每天或间隔给予伊班膦酸,可见骨更新抑制,骨量增加。通过分别比较体表面积标准化的累积剂量(mg/m^2)和曲线下面积(AUC),当伊班膦酸剂量为人体静脉注射剂量(每 3 个月 3 mg)的 4～8 倍时,大鼠和猴的脊椎骨密度、骨小梁密度、生物力学强度可见剂量依赖性增加。伊班膦酸可使尺骨和股骨颈的骨量与强度保持正相关。在伊班膦酸存在时,新生骨组织结构正常,未见矿化障碍。

【贮藏】密闭,在不超过 25 ℃下保存。稀释后的静脉注射液 2 ~ 8 ℃可稳定 24 h,未用的溶液应丢弃。

【包装】中硼硅玻璃安瓿,1 支/盒。

依替膦酸二钠片

【成分】本品主要成分为依替膦酸二钠。

【性状】本品为白色片。

【适应证】用于绝经后骨质疏松和增龄性骨质疏松。

【规格】0.2 g。

【用法用量】口服,每次 0.2 g(1 片),一日两次,两餐间服用。

【不良反应】腹部不适、腹泻、便软、呕吐、口炎、咽喉灼热感、头痛、皮肤瘙痒、皮疹等症状。

【禁忌证】

1. 本品需间歇、周期性服药,服药 2 周后需停药 11 周为 1 个周期,然后开始第二周期,停药期间需补充钙剂及维生素 D_3。长期服用,请遵医嘱。

2. 服药 2 小时内,避免食用高钙食品(例如牛奶或奶制品)以及含矿物质的维生素或抗酸药。

【注意事项】

1. 肾功能损害者慎用。

2. 若出现皮肤痛痒、皮疹等过敏症状时应停止用药。

【孕妇及哺乳期妇女用药】动物实验中发现高剂量可引起胎儿骨骼异常,而且药物可进入母乳,故孕妇和可能妊娠的妇女,不宜使用。

【儿童用药】可能影响骨生长,曾有长期服用引起佝偻病样症状的报告,应慎用。

【老年人用药】适量减量。

【药物相互作用】尚不明确。

【药理毒理】本品为骨代谢调节药。对体内磷酸钙有较强的亲和力,能抑制人体异常钙化和过量骨吸收,减轻骨痛;降低血清碱性磷酸酶和尿羟脯氨酸的浓度;在低剂量时可直接抑制破骨细胞形成及防止骨吸收,降低骨转换率,增加骨密度等达到骨钙调节作用。

【贮藏】遮光,密封,在干燥处保存。

【包装】铝塑泡罩包装,每板 10 片,每盒 1 板。

【其他剂型、规格及包装】依替膦酸二钠胶囊:0.2 g;30 粒/瓶。

氯膦酸二钠胶囊

【成分】本品主要成分为氯膦酸二钠。

【性状】本品内容物为白色或类白色颗粒。

【适应证】

1.恶性肿瘤并发的高钙血症。

2.溶骨性癌转移引起的骨痛。

3.可避免或延迟恶性肿瘤溶骨性骨转移。

4.治疗各种类型骨质疏松。

【规格】0.4 g。

【用法与用量】口服。

1.恶性肿瘤患者:每日2.4 g,可分2~3次服用。对血清钙水平正常的患者,可减为每日1.6 g;若伴有高钙血症,可增至每天3.2 g。必须空腹服用,最好在餐前1 h空腹服用。

2.早期或未发生骨痛的各类型骨质疏松,每天0.4 g,连用3个月,为1个疗程,必要时可重复疗程。严重或已经发生骨痛的各类型骨质疏松,每天1.6 g,分2次服用,或遵医嘱。

【不良反应】

1.在开始治疗时,可能会出现腹痛、气胀和腹泻,在少数情况下也会出现眩晕和疲劳,但往往随治疗的继续而消失。

2.有时可出现血清乳酸脱氢酶的水平升高,白细胞减少及肾功能异常等不良反应。

3.严重肾损伤者、骨软化症患者禁用。

【禁忌证】对本品过敏者禁用。

【注意事项】

1.本品用于治疗骨质疏松时,应遵医嘱决定是否需要补钙。如需要补钙,本品与钙剂应分开服用,如饭前1 h服用本品,钙剂应在进餐时服用,以免影响本品的吸收,降低疗效。

2.用药期间,应对血细胞数、肝肾功能进行监测。

【孕妇及哺乳期妇女用药】安全性尚不明确,不宜使用。

【儿童用药】小儿长期用药可能影响骨代谢,应慎用。

【老年人用药】尚不明确。

【药物相互作用】尚不明确。

【贮藏】密封,在阴凉干燥处保存(不超过20 ℃)。

【包装】聚酯瓶,每瓶30粒。

【其他剂型、规格及包装】氯膦酸二钠片:0.4 g;10片×2板/盒。

米诺膦酸片

【成分】本品主要成分为米诺膦酸($C_9H_{12}N_2O_7P_2 \cdot H_2O$)。

【性状】本品为白色或类白色片。

【适应证】适用于治疗绝经后妇女的骨质疏松。

【规格】1 mg(按$C_9H_{12}N_2O_7P_2 \cdot H_2O$计)

【用法用量】

1. 一般成人用量为每日 1 次,1 次 1 mg,于晨起后用足量(约 180 mL)白水送服。本品必须在服药当天第一次进食、喝饮料或其他药物治疗之前的至少 30 min 白水送服,因为其他饮料(包括矿泉水)、食物和一些药物有可能会降低本品的吸收(见【药物相互作用】)。

2. 本品可能会对口腔、咽喉有刺激性,不得含服或咀嚼本品,并且在服药后 30 min 之内患者应避免横躺。本品不应在就寝时及清早起床前服用,否则会增加发生食管不良反应的危险(见【注意事项】)。

【禁忌证】

1. 不能站立或直坐至少 30 min 的患者禁用。

2. 对本品有效成分或其他双膦酸盐类有药物过敏史的患者禁用。

3. 低钙血症患者(血钙含量低下、有可能恶化低钙血症的症状)禁用。

4. 妊娠或者有可能妊娠的妇女(参见【孕妇及哺乳期妇女用药】)禁用。

【注意事项】

1. 食管狭窄或弛缓不能等导致食管排空延迟的患者可能会增加食管局部产生不良反应的危险性。

2. 上消化道不良反应:由于本品存在加重潜在疾病的可能性,有上消化道疾病(如吞咽困难、食管炎、胃炎、十二指肠炎或溃疡等)的患者应慎用。若出现此类症状,应停用本品并接受观察及治疗。

3. 肾功能损伤:重度肾功能障碍患者服用本品时,有可能发生排泄障碍,应慎用。

4. 矿物质代谢:在开始应用本品治疗之前,必须先纠正低钙血症(见【禁忌证】)。应对其他可影响矿物质代谢的疾病(例如维生素 D 缺乏)进行有效治疗。对于这些患者,在使用本品治疗期间应监测其血清钙和低钙血症的情况。

患者的膳食中钙、维生素 D 摄取不足的情况下,应补充钙或者维生素 D,钙补充剂以及含有钙、铝、镁的补充剂,会妨碍本品的吸收,应错开时间服用(见【药物相互作用】)。

5. 颌骨坏死及颌骨骨髓炎:在服用双膦酸盐类药物的患者中,有可能发生颌骨坏死、颌骨骨髓炎,这一般与拔牙和(或)局部感染伴愈合延迟有关。颌骨坏死的已知风险因素包括侵入性牙齿治疗(如拔牙、种植牙、骨科手术)、癌症诊断、伴随治疗(如化疗、皮质类固醇类药物、血管生成抑制剂、放射治疗)、口腔卫生差、牙齿过往病史等。

6. 耳道坏死:在使用双膦酸盐药物的患者中,有发生耳道坏死的报道,在这些报道中,还发现与耳部感染和创伤相关的病例。若患者继续出现外耳炎、耳漏、耳部疼痛等症状,应指导患者至耳鼻喉科就诊。

7. 非典型性转子下骨折和骨干股骨骨折:有报道指出,长期使用双膦酸盐类药物的患者,可引起非典型性转子下骨折和骨干股骨骨折发生。这些报道中,因为发生完全性骨折的几周前到数月前,患病部位会有疼痛的征兆,所以此种情况需采取适当的措施,如行 X 线检查等。另外,两侧腿骨均有可能发生骨折,所以发现单侧腿骨骨折时,也应对另一侧大腿骨进行图像检查,并根据观察到的骨皮质的厚薄等特征性的影像学资料,采取适当的治疗措施。

8.其他注意事项:骨质疏松发病除雄性激素缺乏、年龄增长的原因外,还存在其他影响因素,因此,在接受治疗时应予以考虑。向患者交付药品时,应指导患者如何从铝塑包装中正确取出药片(曾有报道患者误服铝塑包装,因铝塑包装尖角刺穿食管黏膜,引起食管穿孔并导致了纵隔炎等严重并发症)。

【孕妇及哺乳期妇女用药】

妊娠或可能妊娠的妇女禁用本品。服用本品时应停止哺乳。

【儿童用药】本品不适用于儿童。

【老年人用药】老年患者无须调整给药剂量,但由于老年患者可能更加敏感,应注意监测患者肾功能、血钙等指标。

【药物相互作用】水以外的饮料、食物,尤其是钙含量高的牛奶、乳制品等饮料,含多价阳离子的药物制剂(钙、铁、镁、铝等),含矿物质的维生素、抗酸剂等与本药同时服用,有可能影响本品吸收,医师应指导患者在服用本品后 30 min 内,不可摄取和服用左列表中所述的食物和药物。本品与多价阳离子可能产生络合物,联合使用会降低本品的吸收。

【药物过量】口服药物过量可能会导致低钙血症和上消化道不良反应,如胃部不适、胸闷、食管炎、胃炎或胃溃疡等。如发生以上症状,应采用以下处理措施:给予含多价阳离子的抗酸药物或牛奶,以抑制本品吸收;另外,可考虑通过洗胃除去未吸收药物;对于低钙血症患者,必要时可直接通过静脉补充钙。

【药理毒理】米诺膦酸可抑制破骨细胞内焦磷酸法尼酯合成酶的活性,从而抑制破骨细胞的骨吸收,降低骨转换。

【贮藏】密封,在不超过 25 ℃干燥处保存。

【包装】铝塑泡罩包装。10 片/板×1 板/盒、2 板/盒、5 板/盒、10 板/盒或 20 板/盒,14 片/板×10 板/盒。

英卡膦酸二钠片

【成分】本品主要成分为英卡膦酸二钠一水合物。

【性状】本品为白色片。

【适应证】本品为骨代谢改善药,主要用于治疗绝经后骨质疏松和骨量减少。

【规格】5 mg。

【用法与用量】口服,成人每日早餐前半小时服用 5 mg(1 片),清水送服。

【不良反应】少数患者有腹痛、腹胀、胃不适、倦怠、发热、食欲不振、头痛等,均为轻度,偶有小腿发麻、皮疹、黄疸和肝功能受损等。

【禁忌证】对本品及其他双膦酸类药物过敏者禁用。

【注意事项】

1.空腹服药,服药前后半小时,不要进食,清水送服。

2.每晚适量加服钙剂。

3. 有严重肾功能受损的患者慎用,定期进行肾功能检查。

4. 低钙血症患者慎用,给药后注意血清钙值的变化。

5. 有肝功能受损的患者慎用,服用期间定期进行肝功能检查。

【孕妇及哺乳期妇女用药】

1. 孕妇忌服(妊娠中给药的安全性尚未确定)。

2. 对可能妊娠的妇女,只有判明治疗的益处大于危险性时才能给药。

3. 服药者应避免哺乳(在动物实验大鼠中发现此药物能向母乳转移)。

【儿童用药】本品对儿童的安全性尚未确定。

【老年人用药】本品临床试验多为老年患者,平均年龄 64.4 岁(49~83 岁),未发现有特殊不良反应,由于一般高龄者生理功能下降,应慎重给药。

【药物相互作用】

1. 本品可与二价金属阳离子物质构成复合物,故本品与食物如牛奶等,抗酸剂和含二价阳离子药物合用时,会降低生物活性。

2. 降钙素制剂与本品合用有使血清钙浓度急速下降的危险。

3. 含有钙和镁的制剂、精氨酸制剂、利尿药、磺胺类药物等不要与本品混合使用。

【药物过量】本品一次性给药实验中 50 mg 接近最大耐受量,50 mg 给药时可见脉搏快(100 次/min)、发热(37.4~38.4 ℃)、头痛、食欲不振、软便、咽喉痛、腰痛、胸痛,均为轻中度,无须处理自行缓解,消失。

【贮藏】遮光,密封保存。

【包装】铝箔·PVC 硬片,每板 7 片。每盒 1 板;每盒 2 板;每盒 4 板。

(四)降钙素类

降钙素(calcitonin)是一种钙调节激素,能抑制破骨细胞的生物活性、减少破骨细胞数量,减少骨量丢失并增加骨量,降钙素类药物的另一突出特点是能明显缓解骨痛,对骨质疏松及其骨折引起的骨痛有效。目前应用于临床的降钙素类制剂有两种:鳗鱼降钙素类似物和鲑降钙素。

依降钙素注射液

【成分】本品主要成分为一种合成的鳗鱼降钙素衍生物。

【性状】本品为无色澄明的液体。

【适应证】骨质疏松引起的骨痛。

【规格】1 mL : 10 U。

【用法与用量】肌内注射 1 次 10 U,每周 2 次。应根据症状调整剂量,或遵医嘱。

【不良反应】

1. 休克:偶见休克,故应密切观察。若有症状出现,应立即停药并及时治疗。

2. 过敏反应:若出现皮疹、荨麻疹等,应停药。

3. 循环系统:偶见颜面潮红、热感、胸部压迫感、心悸。

4. 消化系统：恶心、呕吐、食欲不振，偶见腹痛、腹泻、口渴、胃灼热等。

5. 神经系统：偶见眩晕、步态不稳，偶见头痛、耳鸣、手足抽搐。

6. 肝脏：少见 GOT、GPT 上升。

7. 电解质代谢：偶见低钠血症。

8. 注射部位：偶见疼痛。

9. 其他：瘙痒，偶见哮喘、发汗、指端麻木、尿频、浮肿、视力模糊、咽喉部有含薄荷类物质后感觉、发热、寒战、无力感、全身乏力等。

【禁忌证】

1. 对本品过敏者禁用。

2. 孕妇、哺乳期妇女及 14 岁以下患者禁用。

【注意事项】

1. 本品在睡前使用或用药前给予止吐药可减轻不良反应。

2. 本品是多肽制剂，有引起休克的可能性，故对易发生皮疹、红斑、风疹等过敏反应的患者和支气管哮喘的患者或有其既往史患者慎用。

3. 肝功能异常者慎用。

4. 肌内注射时，注意避开神经走行部位及血管，若有剧痛或抽出血液，应速拔针换位注射。反复注射时，应左右交替注射，变换注射部位。

5. 老年人用本品时，应注意调整剂量。

【药理毒理】本品为人工合成的鳗鱼降钙素多肽衍生物，可以抑制破骨细胞活性，减少骨的吸收，防止骨钙丢失。本品可促进骨骼从血中摄取钙，导致血钙降低，其降血钙作用比人降钙素大 10～40 倍。

【贮藏】密闭，室温下避光保存。

鲑降钙素注射液

【成分】本品主要成分为鲑降钙素。

【性状】本品为无色的澄明液体。

【适应证】

1. 禁用或不能使用常规雌激素与钙制剂联合治疗的早期和晚期绝经后骨质疏松以及老年性骨质疏松。

2. 继发于乳腺癌、肺癌或肾癌、骨髓瘤和其他恶性肿瘤骨转移所致的高钙血症。

3. 变形性骨炎。

【规格】1 mL：50 IU。

【用法与用量】皮下或肌内注射，须在医生指导下用药。

1. 骨质疏松：每日一次，根据疾病的严重程度，每次 50～100 IU 或隔日 100 IU，为防止骨质进行性丢失，应根据个体的需要适量地摄入钙和维生素 D。

2. 高钙血症：每日每千克体重 5～10 IU，一次或分两次皮下或肌内注射，治疗应根据患者的临床和生物化学反应进行调整，如果注射的剂量超过 2 mL，应采取多个部位注射。

3. 变形性骨炎:每日或隔日 100 IU。

【不良反应】可能出现恶心、呕吐、头晕、轻度的面部潮红伴发热感。这些不良反应与剂量有关,静脉注射比肌内注射或皮下注射给药更常见。罕见的多尿和寒战已有报告。这些反应常常自发性地消退,仅在极少数的病例,需暂时性减少剂量。在罕见的病例中,给予本品可导致过敏反应,包括注射部位的局部反应或全身性皮肤反应。据报道,个别的过敏反应可导致心动过速、低血压和虚脱。

【禁忌证】对降钙素过敏者禁用,孕妇及哺乳期妇女禁用。

【注意事项】

1. 本品临床使用前必须进行皮肤试验。

2. 长期卧床治疗的患者,每月需检查血液生化和肾功能。

3. 本品必须在医生指导下应用。

4. 变形性骨炎及有骨折史的慢性疾病患者,应根据血清碱性磷酸酶及尿羟脯氨酸排出量决定停药或继续治疗。

【孕妇及哺乳期妇女用药】禁用。

【儿童用药】儿童使用本品的安全性资料尚未确定,故不推荐儿童使用。

【老年人用药】未进行该项实验且无参考文献。

【药物相互作用】

1. 抗酸药和导泻剂因常含钙或其他金属离子如镁、铁而影响本药吸收。

2. 与氨基糖苷类合用会诱发低钙血症。

【药物过量】大剂量做短期治疗时,少数患者易引起继发性甲状旁腺功能减退。

【药理毒理】降钙素是由甲状腺和甲状旁腺内的滤泡旁细胞所分泌的多肽激素。其可抑制破骨细胞的活性,从而抑制骨盐溶解,阻止钙由骨释出,而骨骼对钙的摄取仍在进行,因而可降低血钙。

【贮藏】避光,在 2~8 ℃保存。

【包装】每盒5支。

【其他剂型、规格及包装】鲑降钙素鼻喷雾剂:2 mL:250 μg,每喷含鲑降钙素12.5 μg,每瓶20喷;2 mL/瓶,3 mL/瓶,4 mL/瓶,6 mL/瓶。

(五)激素类

绝经激素治疗(menopause hormone therapy,MHT)类药物能抑制骨转换,减少骨丢失。临床研究已证明MHT包括雌激素补充疗法(estrogen therapy,ET)和雌、孕激素补充疗法(estrogen plus progestogen therapy,EPT),能减少骨丢失,降低骨质疏松性椎体、非椎体及髋部骨折的风险,是防治绝经后骨质疏松的有效措施。

复方雌二醇片

【成分】本品为复方制剂,其组分为雌二醇(1 mg)、醋酸炔诺酮(0.5 mg)。

【性状】本品为白色薄膜衣片,除去包衣后显白色或类白色。

【适应证】妇女更年期综合征；与绝经有关的外阴和阴道萎缩；预防绝经后骨质疏松。

【规格】每片含雌二醇 1 mg 与醋酸炔诺酮 0.5 mg。

【用法与用量】口服。每日 1 次，每次 1 片。遵医嘱服用。

【不良反应】本品中雌激素和孕激素剂量很小，在本品剂量下用药应该是安全的，少见或罕见的不良反应有恶心、呕吐、头痛、眩晕、视力改变、皮肤发红、皮疹、胆囊疾患、乳房触痛或包块、阴道不规则流血、子宫内膜增生等。

【禁忌证】已知或怀疑患有乳腺癌、子宫癌禁用；深静脉血栓或其他血凝性疾病禁用；未明确诊断的阴道不规则流血禁用。

【注意事项】

1. 下述症状一般不属于本品的不良反应，并且研究表明妇女小剂量应用雌激素不会加重这些症状，但由于雌激素可能会引起体内血液凝固系统的变化，因此，如果出现这些症状，应警惕并就诊，查明原因并进行相关处理。这些症状包括：小腿或胸部疼痛，突发性呼吸困难或咯血；严重的头痛或呕吐、眩晕、昏厥、视力或言语改变，肢体无力或麻木。

2. 患乳腺癌和(或)骨癌的妇女应慎用，因为雌激素可能导致这些患者血液中血钙水平升高。

3. 长期服用本品者宜每 6～12 个月进行一次定期体检，或遵医嘱检查：①阴道脱落细胞检查；②乳房检查；③肝功能检查；④血压检测；⑤宫颈刮片检查(每年一次)。

4. 如果有乳腺癌家族史或从前有过乳房包块或异常乳房 X 线检查结果者，需要更频繁的乳房检查。

【孕妇及哺乳期妇女用药】妊娠期间不要使用雌激素，因其可能导致胎儿畸形。哺乳期妇女禁用，因为雌激素可经乳腺进入乳汁。

【儿童用药】本品不适于儿童使用。

【药物相互作用】

1. 与抗凝血药同用时，雌激素可降低抗凝效应，必须同用时，应调整抗凝血药用量。

2. 与卡马西平、苯巴比妥、苯妥英钠、扑米酮、利福平等同时使用，可降低雌激素的效应，这是由于诱导了肝微粒体酶，增快了雌激素的代谢所致。

3. 与三环类抗抑郁药同时使用，大量的雌激素可增强抗抑郁药的不良反应，同时降低其应有的效应。

4. 与抗高血压药同时使用，可降低其抗高血压的作用。

5. 降低他莫昔芬的治疗效果。

6. 增加钙剂的吸收。

【贮藏】密封保存。

【包装】7 片/板，铝塑包装。每盒 1 板；每盒 2 板。

(六)选择性雌激素受体调节剂类

选择性雌激素受体调节剂(selective estrogen receptor modulators，SERM)不是雌激素，而是与雌激素受体结合后，在不同靶组织导致受体空间构象发生不同改变，从而在不同组织发挥类似或拮抗雌激素的不同生物效应,如 SERM 制剂需洛昔芬在骨骼与雌激素受体结合,发挥类酸激素的作用,抑制骨吸收,增加骨密度,降低椎体骨折发生的风险;而在乳腺和子宫则发挥拮抗雌激素的作用,因而不刺激乳腺和子宫,有研究表明其能够降低雌激素受体阳性浸润性乳癌的发生率。

盐酸雷洛昔芬片

【成分】本品活性成分为盐酸雷洛昔芬($C_{28}H_{27}NO_4S \cdot HCl$)。

【性状】本品为白色椭圆形薄膜衣片。

【适应证】治疗绝经后妇女的骨质疏松。

【规格】60 mg。

【用法用量】

1. 推荐服用剂量为每次 60 mg,每日一次,在一天内任何时间均可服用,无须考虑进餐与否。

2. 钙剂及维生素 D 补充推荐:不论是用于治疗还是用于预防骨质疏松,如果每天摄入的钙剂和(或)维生素 D 不足,应在膳食中补充。

【禁忌证】

1. 可能妊娠的妇女禁用。

2. 患有或既往患有静脉血栓栓塞性疾病(VTE),包括深静脉血栓、肺栓塞和视网膜静脉血栓者禁用。

3. 对雷洛昔芬或片中所含的任何赋形剂成分过敏者禁用。

4. 肝功能减退(包括胆汁淤积)者禁用。

5. 严重肾功能减退者禁用。

6. 原因不明的子宫出血者禁用。

【注意事项】

1. 雷洛昔芬可增加静脉血栓栓塞事件的危险性,这一点与目前使用的激素替代治疗伴有的危险性相似。对任何原因可能造成静脉血栓事件的患者均需考虑平衡治疗利弊。

2. 在给有中风病史或其他明显的中风危险因素(例如暂时性缺血发作或心房颤动)的绝经后妇女使用雷洛昔芬时应该注意其危险性。

3. 没有盐酸雷洛昔芬片引起子宫内膜增生的证据。在盐酸雷洛昔芬片治疗期间的任何子宫出血都属意外并应请专科医师做全面检查。雷洛昔芬治疗期间最常见的子宫出血原因是内膜萎缩和良性内膜息肉。

4. 雷洛昔芬主要在肝脏代谢。肝硬化和轻度肝功能不全(Child-Pugh A 级)的患者单次使用雷洛昔芬的药代动力学与健康者比较,血浆雷洛昔芬的浓度比对照者高约 2.5 倍,并与总胆红素水平相关。

5. 本品不能用于重度肾功能不全的患者。对轻度或中度肾功能不全的患者,在使用本品时应慎重。

6. 有限的临床资料提示:在某些伴发因口服雌激素造成的高甘油三酯血症(甘油三

酯>5.6 mmol/L)的患者中,雷洛昔芬可能会引起其血清甘油三酯水平的进一步上升。

7.因为与全身雌激素合用的安全性信息有限,因此不推荐同时使用。

8.盐酸雷洛昔芬片对减少血管扩张(潮热)无作用,对其他与雌激素缺乏有关的绝经期症状也无效。

9.盐酸雷洛昔芬片中含有乳糖。患有罕见遗传性半乳糖不耐受、Lapp乳糖分解素不足或葡萄糖半乳糖吸收障碍的患者不应服用盐酸雷洛昔芬片。

10.尚不清楚雷洛昔芬对驾驶和机器操作能力的影响。

11.运动员慎用。

【孕妇及哺乳期妇女用药】雷洛昔芬仅用于绝经后妇女,雷洛昔芬在有妊娠可能的妇女中禁用。孕妇摄入雷洛昔芬可能引起胎儿损害。如果孕妇误服或在服用该药期间妊娠,应向患者说明对胎儿的可能损害。尚不知雷洛昔芬是否经乳汁排出,所以不推荐哺乳期妇女使用雷洛昔芬。雷洛昔芬可能影响婴儿的发育。

【儿童用药】不适用。

【老年人用药】老年人无须调整剂量。

【药物相互作用】

1.同时摄入碳酸钙或含铝和氢氧化镁的抗酸剂对全身使用雷洛昔芬不影响。

2.同时服用雷洛昔芬和华法林不改变两种化合物的药代动力学。但发现能轻度缩短凝血酶原时间,所以当雷洛昔芬与华法林或其他香豆素类衍生物合用时需要监测凝血酶原时间。对已经接受香豆素抗凝血药的患者,雷洛昔芬对凝血酶原时间的作用可能在治疗后几周内出现。

3.雷洛昔芬不影响单次作用甲泼尼龙的药代动力学。

4.雷洛昔芬不影响地高辛曲线下面积(AUC)的稳定状态,地高辛的药物最大浓度(C_{max})的增加少于5%。

5.在雷洛昔芬预防和治疗的临床研究中评价了同时服药物对雷洛昔芬血浆浓度的影响。经常同服的药物包括对乙酰氨基酚、非甾体抗炎药(如乙酰水杨酸、布洛芬和萘普生)、口服抗生素、H_1垂体拮抗剂、H_2垂体拮抗剂和苯二氮䓬类。未发现同服药物对雷洛昔芬血浆浓度存在临床影响。

6.若需要治疗阴道萎缩的症状,可以在临床治疗方案中同时经阴道使用雌激素制剂,与安慰剂比较,使用雷洛昔芬的患者中局部雌激素的使用例数未见增加。

7.雷洛昔芬在体外与华法林、苯妥英钠和三苯氧胺之间无相互作用。

8.雷洛昔芬不宜与考来烯胺(或其他阴离子交换树脂)同时服用,它可显著减低雷洛昔芬的吸收和肠肝循环。

9.与氨苄青霉素同服会降低雷洛昔芬的峰浓度,但由于不影响整体的吸收量和清除率,雷洛昔芬可以与氨苄青霉素同服。

10.雷洛昔芬可轻度增加激素结合球蛋白的浓度,包括性激素结合球蛋白(SHBG)、甲状腺素结合球蛋白(TBG)和皮质激素结合球蛋白(CBG),使总激素浓度增高,但并不影响自由激素的浓度。

【贮藏】遮光,密闭,30 ℃以下干燥处保存。

【包装】铝塑包装;7 片/板/盒,10 片/板/盒。

(七)锶盐

锶(strontium)是人体必需的微量元素之一,参与人体多种生理功能和生化效应。锶的化学结构与钙和镁相似,在正常人体软组织、血液、骨骼和牙齿中存在少量的锶,雷奈酸锶是合成锶盐。体外实验和临床研究均证实,雷奈酸锶可同时作用于成骨细胞和破骨细胞,具有抑制骨吸收和促进骨形成的双重作用,可降低椎体和非椎体骨折的发生风险。

雷奈酸锶干混悬剂

【成分】主要组成成分为雷奈酸锶($C_{12}H_6N_2O_8S,Sr_2$)。

【性状】本品为黄色粉末。

【适应证】治疗绝经后妇女的严重骨质疏松,用于因禁忌证或不耐受等原因而无法使用其他已批准的骨质疏松治疗药物,且存在高骨折风险的患者。在绝经后妇女中,本品可降低椎体和髋部骨折的风险。应基于个体化的全面风险评估决定是否给予患者雷奈酸锶治疗(详见【禁忌证】和【注意事项】)。

【规格】2 g。

【用法用量】只有具备骨质疏松治疗经验的医师才能开始雷奈酸锶的治疗。

1.剂量:推荐剂量是每日口服一次,一次一袋(2 g)。因为所治疗疾病的性质,雷奈酸锶应当长期使用。食物、牛奶和奶制品能够降低雷奈酸锶的吸收,本品应当在两餐之间服用。因为吸收较慢,本品应当在睡前服用,最好在进食2 h之后。使用雷奈酸锶治疗的患者,如果饮食摄入不足,应当补充维生素 D 和钙。

2.老年患者:雷奈酸锶的疗效和安全性已经在很大的年龄范围内的绝经后骨质疏松妇女中得到证实(入选时的年龄高达100岁)。不需要根据年龄来调整剂量。

3.肾功能损害的患者:对于重度肾功能损害(肌酐清除率低于30 mL/min)的患者,不建议使用雷奈酸锶。轻度至中度肾功能损害(肌酐清除率30~70 mL/min)的患者,不需要调整剂量。

4.肝功能损害的患者:肝功能损害的患者不需要调整剂量。

药袋里的颗粒必须在水杯里制成混悬液后服用,用水量不少于30 mL(约为普通水杯的1/3)。虽然临床研究使用中已经证明雷奈酸锶在制成混悬液后的稳定性长达24 h,但是一旦制成混悬液应当立即服用。

【禁忌证】

1.对活性成分和任何赋形剂成分过敏者禁用。

2.目前或既往有静脉血栓栓塞(venous thromboembolism,VTE)的患者,包括深静脉血栓和肺栓塞禁用。

3.因术后恢复或长期卧床所致的暂时性或永久性制动禁用。

4.已确诊的目前或既往有缺血性心脏病、外周动脉疾病和(或)脑血管疾病禁用。

5. 高血压控制不佳者禁用。

【注意事项】

1. 心脏缺血事件:汇总绝经后骨质疏松患者的随机安慰剂对照研究发现,与安慰剂组相比,雷奈酸锶治疗组患者中的心肌梗死发生率显著增加。治疗开始前应该评估患者的心血管风险,只有慎重考虑之后,才可以对存在显著心血管事件风险因素(如高血压、高脂血症、糖尿病、吸烟)的患者使用雷奈酸锶进行治疗。治疗期间,应该定期监测这些心血管风险因素,通常为每隔 6~12 个月。如果患者出现缺血性心脏病、外周动脉疾病、脑血管疾病或高血压控制不佳,应停止治疗(见【禁忌证】)。

2. 静脉血栓栓塞:在 III 期安慰剂对照研究中,雷奈酸锶的治疗与静脉血栓栓塞(VTE)包括肺栓塞的年发生率升高有关,尚不清楚其中的原因。有 VTE 既往史的患者禁用本品(详见【禁忌证】),有 VTE 风险的患者应谨慎使用本品。当发生 VTE 时,应停止使用本品。对于年龄超过 80 岁且存在 VTE 风险的患者,应重新评估是否有必要继续使用雷奈酸锶治疗。当制动时应尽快停止使用本品,并采取充分的预防措施。直至原发病缓解,患者行动能力完全恢复时方可重新使用本品。

3. 在肾功能损害的患者中的使用:由于缺乏雷奈酸锶治疗重度肾功能损害患者的骨安全性方面的资料,不建议本品用于肌酐清除率低于 30 mL/min 的患者。依照临床实践,有慢性肾功能损害的患者应定期监测肾功能。可能进展成重度肾功能损害的患者能否继续使用本品,应当结合实际情况考虑。

4. 皮肤反应:在本品使用中报告有危及生命的皮肤反应:Stevens-Johnson 综合征(Stevens-Johnson syndrome,SJS)、中毒性表皮坏死松解症(toxic epidermal necrolysis,TEN)和伴嗜酸粒细胞增多和系统症状的药疹(drug rash with eosino philia and systemic symptoms,DRESS)。

5. 与实验室检查相互作用:锶干扰对血和尿钙浓度的比色法测定。因此在医疗工作中应当使用诱导耦合等离子体原子发射光谱法或原子吸收光谱法以确保精确地测定血和尿钙浓度。

6. 赋形剂:本品含有阿司帕坦,是苯丙氨酸的一种原料,可能对高苯丙氨酸血症的人群有害。

7. 对驾驶机动车和操纵机器能力的影响:雷奈酸锶对驾驶机动车和操作机器能力没有影响或影响可以忽略不计。

【孕妇及哺乳期妇女用药】

1. 本品仅用于绝经后妇女。没有关于雷奈酸锶用于孕妇的资料。在动物实验中,妊娠期使用大剂量雷奈酸锶治疗大鼠和兔子的下一代中观察到可逆性的骨作用(详见毒理研究)。如果在妊娠期无意中服用本品,必须立即停药。

2. 理化数据显示雷奈酸锶可以分泌至乳汁中。哺乳期妇女禁用雷奈酸锶。

3. 在动物研究中未观察到雷奈酸锶对雄性和雌性动物生育能力的影响。

【儿童用药】本品在 18 岁以下儿童中的安全性和有效性尚未确立,缺少临床数据。

【老年人用药】参见【用法用量】。

【药物相互作用】

1.食物、牛奶和奶制品,以及含有钙的药品降低雷奈酸锶生物利用度达60%~70%。因此,服用本品和上述食品或药品时应当至少间隔2 h。

2.由于二价阳离子能够与口服的四环素(如强力霉素)和喹诺酮类抗菌药物(如环丙沙星)在胃肠道形成复合物,从而减少它们的吸收,因此不推荐雷奈酸锶与这些药品同时服用。为谨慎起见,在服用四环素或喹诺酮类抗菌药物时,应当暂时停用雷奈酸锶。

3.药物相互作用的体内临床研究显示氢氧化铝和氢氧化镁在服用雷奈酸锶之前2 h服用或与雷奈酸锶同时服用,会使雷奈酸锶的吸收稍有降低(AUC降低20%~25%),但是当在服用雷奈酸锶之后2 h服用抗酸剂,吸收几乎未受影响。

4.未观察到与口服维生素D的药物相互作用。

5.在临床研究中,服用雷奈酸锶的目标人群在同时服用其他常用药物时,未发现临床药物相互作用的证据或血锶水平相应升高的证据。

【药物过量】

1.症状:健康绝经后妇女在一项临床研究中,重复服用雷奈酸锶4 g/d,长达25 d,显示出良好的耐受性。健康年轻男性志愿者单次服药剂量高达11 g,未导致特别的症状。

2.处理:在临床研究中发生的药物过量情况(高达4 g/d,最长持续时间为147 d),未观察到相关的临床事件。

牛奶和抗酸剂有助于减少活性物质的吸收。当发生严重过量时,呕吐可能会排出尚未吸收的活性物质。

【贮藏】30 ℃以下密封保存。

【包装】纸-聚乙烯-铝-聚乙烯袋;7袋/盒,14袋/盒,28袋/盒。

(八)活性维生素 D 及其类似物

目前国内上市用于治疗骨质疏松的活性维生素 D 及其类似物有 1α-羟维生素 D_3(α-骨化醇)和 $1,25$-双羟维生素 D_3(骨化三醇)两种,国外上市的尚有艾迪骨化醇。因不需要肾脏 1α-羟化酶羟化就有活性,故得名为活性维生素 D 及其类似物。活性维生素 D 及其类似物更适用于老年人、胃功能减退以及 1α-羟化酶缺乏或减少的患者,具有提高骨密度,减少跌倒,降低骨折风险的作用。

阿法骨化醇胶囊

【成分】本品主要成分为阿法骨化醇。

【性状】本品为胶囊剂,内容物为白色或类白色粉末。

【适应证】

1.改善慢性肾功能不全、甲状旁腺功能减退和抗维生素D佝偻病、骨软化症患者因维生素D代谢异常的症状,如低钙血症、抽搐、骨痛及骨损害。

2.骨质疏松。

【规格】0.5 μg。

【用法与用量】口服。

1. 慢性肾功能不全和骨质疏松：成人，每次 0.5 μg（1 粒），每日一次，或遵医嘱。

2. 甲状旁腺功能减退以及其他的维生素 D 代谢异常疾病：成人，每次 1.0 ~ 4.0 μg（2 ~ 8 粒），每日一次，或遵医嘱。

【不良反应】

1. 偶见食欲不振，恶心，呕吐，腹胀，腹泻，便秘，天冬氨酸转氨酶（AST）、丙氨酸转氨酶（ALT）、乳酸脱氢酶（LDH）轻度升高，罕见口渴、胃痛等。

2. 偶见头痛、头重、失眠、急躁、四肢无力、倦怠，罕见目眩、困倦、胸背痛、老年性聋、耳鸣、记忆力减退。

3. 偶见血压升高、血尿素氮（BUN）及肌酐升高（肾功能减退），罕见心悸。

4. 其他可见皮疹、瘙痒、热感等皮肤反应，眼结膜充血，关节周围钙化，肾结石，声音嘶哑等。

【禁忌证】高钙血症患者禁用。

【注意事项】

1. 服用本品的同时，根据医嘱，酌情补充钙剂。

2. 服药期间，应在医生指导下，严密监测血钙、尿钙水平，调整剂量，发生高钙血症时，立即停药。血钙值恢复到正常范围后，可重新减量给药。

3. 避免同时服用维生素 D 类药物。

4. 正在服用抗凝血剂、抗癫痫药、抗酸铝剂、含镁或含钙制剂、噻嗪类利尿剂、洋地黄药物的患者，请遵医嘱使用本品。

5. 超大剂量服药可能出现胃肠道系统、肝脏、精神神经系统、循环系统等方面的不良反应，如胃痛、便秘、GOT 及 GPT 升高、头痛、血压轻度升高等。

【孕妇及哺乳期妇女用药】目前尚无充分的安全性资料，对孕妇、可能妊娠的妇女以及哺乳期妇女应权衡对胎儿和婴儿的利益大于风险时，方可遵照医嘱使用。

【药物相互作用】尚不明确。

【药物过量】尚不明确。

【药理毒理】本品为维生素 D_3 的活性代谢产物，口服吸收后，在肝脏迅速羟化为骨化三醇[$1\alpha,25-(OH)_2D_3$]，分布于肠道、骨等靶组织内与其受体结合，从而促进肠道对钙、磷的吸收，升高血清钙水平，促进骨骼钙化。另外通过降低血浆中甲状旁腺激素水平，防止骨钙丢失。

【贮藏】遮光，密封；在干燥、凉暗处保存。

【包装】8 粒/板/盒，药用铝箔及药用 PVC 板。

【其他剂型、规格及包装】

1. 阿法骨化醇滴剂：20 mL∶40 μg；1 瓶/盒。

2. 阿法骨化醇片：0.25 μg，0.5 μg；10 片/板×1 板/盒，10 片/板×2 板/盒，10 片/板×3 板/盒。

3. 阿法骨化醇软胶囊：0.25 μg、0.5 μg；10 粒/板×1 板/盒，10 粒/板×2 板/盒。

骨化三醇软胶囊

【成分】本品主要成分为骨化三醇。

【性状】本品内容物为淡黄色至黄色的油状液体。

【适应证】绝经后和老年性骨质疏松;慢性肾衰竭尤其是接受血液透析患者之肾性骨营养不良症;术后甲状旁腺功能减退;特发性甲状旁腺功能减退;假性甲状旁腺功能减退;维生素 D 依赖性佝偻病;低血磷性维生素 D 抵抗型佝偻病等。

【规格】0.25 μg;0.5 μg;1.0 μg。

【用法用量】

1.用法:口服,应根据每个患者血钙水平谨慎制定本品的每日最佳剂量。开始以本品治疗时,应尽可能使用最小剂量,并且不能在没有监测血钙水平的情况下增加用量。本品最佳疗效的先决条件是足够但不过量的钙摄入量(成人每日约 800 mg),治疗开始时,补钙是必要的。

2.用量:具体方法如下。

(1)绝经后和老年性骨质疏松:推荐剂量为每次 0.25 μg,每日 2 次。服药后分别于第 4 周、第 3 个月、第 6 个月监测血钙和血肌酐浓度,以后每 6 个月监测 1 次。

(2)肾性骨营养不良(包括透析患者):起始阶段的每日剂量为 0.25 μg。血钙正常或略有降低的患者隔日 0.25 μg 即可。如 2 ~ 4 周生化指标及病情未见明显改善,则每隔 2 ~ 4 周将本品的每日用量增加 0.25 μg,在此期间至少每周测定血钙 2 次。大多数患者最佳用量为每日 0.5 ~ 1.0 μg。

(3)甲状旁腺功能减退和佝偻病:推荐起始剂量为每日 0.25 μg,晨服。如生化指标和病情未见明显改善,则每隔 2 ~ 4 周增加剂量。在此期间,每周至少测定血钙浓度 2 次。甲状旁腺功能减退者,偶见吸收不佳现象,因此这种患者需要较大剂量。或遵医嘱。

【不良反应】

1.由于骨化三醇能产生维生素 D,所以可能发生的不良反应与维生素 D 过量相似,如高钙血症或钙中毒(取决于高钙血症的严重程度及持续时间)。偶见的急性症状,包括食欲减退、头痛、呕吐和便秘。慢性症状包括营养不良,感觉障碍,伴有口渴的发热、尿多、脱水、情感淡漠,发育停止以及泌尿系统感染。

2.调查长达 15 年临床使用本品治疗所有适应证,结果显示不良反应的发生率很低,包括高钙血症在内的发生率为 0.001% 或更低。

3.并发高钙和高磷血症的患者(血磷浓度大于 6 mg/100 mL 或 1.9 mmol/L)可能发生软组织钙化,这些表现可通过放射学检查而观察到。肾功能正常的患者,慢性高钙血症也许与血肌酐增高有关。由于骨化三醇的生物半衰期较短,其药代动力学研究表明,停药或减量数天后升高的血钙即恢复至正常范围,这一过程要比维生素 D_3 快许多。敏感体质的患者可能会发生过敏反应。

【禁忌证】本品禁用于与高钙血症有关的疾病,亦禁用于已知对本品或同类药品及其任何赋形剂过敏的患者;禁用于有维生素 D 中毒迹象的患者。

【注意事项】

1. 高钙血症同本品的治疗密切相关。对尿毒症性骨营养不良患者的研究表明,高达40%使用骨化三醇治疗的患者中发现高钙血症。肾功能正常的患者,慢性高钙血症可能与血肌酐增加有关。卧床患者,如术后卧床患者发生高钙血症机会更大些。

2. 骨化三醇能增加血无机磷水平,这对低磷血症的患者是有益的。但对肾衰竭的患者来说则要小心不正常的钙沉淀所造成的危险。本品治疗的稳定期,每周至少测定血钙2次。

3. 由于骨化三醇是现有的最有效的维生素 D 代谢产物,故不需其他维生素 D 制剂与其合用,从而避免高维生素 D 血症。如果患者由服用维生素 D_3 改服用骨化三醇时,则可能需要数月时间才能使血中维生素 D_3 恢复至基础水平。

4. 肾功能正常的患者服用本品时必须避免脱水,故应保持适当的水摄入量。

5. 对驾驶车辆和操作机器的影响 基于所报道的不良反应的药效学特性,推测本品对驾驶车辆及操作机器是安全的或者说影响很小。

【孕妇及哺乳期妇女用药】

1. 目前没有适当的和良好对照的试验研究本品对孕妇的影响,因而孕妇使用本品,需权衡利弊。

2. 哺乳期妇女用药:骨化三醇吸收后骨化三醇可以进入乳汁。因为许多药物都可以进入乳汁,而且骨化三醇的潜在不良反应还没有确定。因此哺乳期妇女在服用骨化三醇的期间不应哺乳。

【儿童用药】应遵医嘱。

【老年人用药】老年患者无须特殊剂量,但建议监测血钙和血肌酐浓度。对于正进行透析的老年患者使用的安全性和有效性尚未建立。

【药物相互作用】

1. 由于骨化三醇是维生素 D_3 重要的代谢产物之一,因此在骨化三醇治疗期间禁止使用药理学剂量的维生素 D 及其衍生物制剂,以避免可能发生的附加作用和高钙血症。

2. 与噻唑类利尿剂合用会增加患高钙血症的危险,对正在进行洋地黄类药物治疗的患者,应谨慎制定骨化三醇的用量,因为这类患者如发生高钙血症可能会诱发心律失常。

3. 在维生素 D 类似物和激素之间存在功能性拮抗的关系,维生素 D 类制剂能促进钙的吸收,而激素类制剂则抑制钙的吸收。

4. 含镁药物(如抗酸药)可能导致高镁血症,故长期接受透析的患者使用本品进行治疗时,不能服用这类药物。

5. 由于本品影响磷在肠道、肾脏及骨髓内的输送,故应依据血磷浓度(正常值 2~5 mg/100 mL,或 0.6~1.6 mmol/L)调节磷结合型制剂的用量。

6. 维生素 D 对抗型佝偻病患者(家族性低磷血症)应继续口服磷制剂。但应考虑骨化三醇可能刺激肠道磷吸收,因为该影响可能改变磷的需要量。

7. 使用二苯乙内酰胺或苯巴比妥等酶诱导剂可能会增加骨化三醇的代谢从而使其血浓度降低,如同时服用这类制剂则应增加骨化三醇的药物剂量。

8.考来烯胺能降低脂溶性维生素在肠道的吸收,故可能诱导骨化三醇在肠道的吸收不良。

【药物过量】

1.超剂量服用骨化三醇可以引起高钙血症、高钙尿症和高磷血症。同时服用大剂量的钙和磷制剂也可以引起相似的异常,透析池中钙浓度过高也可引起高钙血症。

2.急性中毒症状表现为食欲减退、恶心、头痛、呕吐、便秘。

3.慢性中毒症状表现为营养不良(乏力、体重减轻)、感觉障碍,可能会伴有口渴、发热、多尿、脱水、表情淡漠、发育停止和泌尿系统感染等。

4.高钙血症还可能导致肾皮质、心肌、肺和胰腺等组织的转移性钙化。

5.治疗急性药物过量时可考虑以下处理:①立即停药并洗胃或诱导呕吐,防止药物的进一步吸收。②口服液体石蜡,促进药物经肠道的排泄。③反复检测血清的钙浓度。如果血钙水平仍高,可选用磷酸盐和皮质类固醇,并采取措施以适当利尿。

【药理毒理】

1.药理作用

(1)骨化三醇是维生素 D_3 的重要活性代谢产物之一,通常在肾脏内由其前体 25-羟维生素 D_3(25-HCC)转化而成,正常生理性每日生成量为 $0.5 \sim 1.0~\mu g$,并在骨质合成增加期内(如生长期或妊娠期)其生长量稍有增加。骨化三醇促进肠道对钙的吸收并调节骨的矿化。单剂量骨化三醇的药理作用可持续 $3 \sim 5~d$。

(2)骨化三醇在调节钙平衡方面的关键作用,包括对骨骼中成骨细胞活性的刺激作用,为治疗骨质疏松提供了充分的药理学基础。肾性骨营养不良的患者,口服本品使肠道吸收钙的能力恢复正常,纠正低钙血症及过高的血碱性磷酸酶和血甲状旁腺素浓度。本品能减轻骨与肌肉疼痛,并矫正发生在纤维性骨炎和其他矿化不足患者中的组织学改变。

(3)维生素 D 依赖性佝偻病患者,血中骨化三醇水平降低或缺失,由于肾脏内生产骨化三醇不足,可考虑本品作为一种替代性治疗。维生素 D 抵抗性佝偻病患者和低磷血症的患者中,血钙水平降低,本品治疗能降低磷的管式清除,并结合磷制剂的治疗,恢复骨的生长。即使在很高剂量,无证据表明维生素 D 对人具有致畸作用。

2.毒理研究:尚不明确。

【贮藏】避光,密闭,30 ℃以下保存。

【包装】铝塑包装,外套复合膜袋。7 粒/板,1 板/盒;7 粒/板,2 板/盒;10 粒/板,1 板/盒;10 粒/板,2 板/盒;20 粒/板,1 板/盒。

(九)维生素 K 类

四烯甲萘醌(menatetrenone)是维生素 K_2 的一种同型物,是 γ-羧化酶的辅酶,在 γ-羧基谷氨酸的形成过程中起着重要作用。γ-羧基谷氨酸是骨钙素发挥正常生理功能所必需的,具有提高骨量的作用。

四烯甲萘醌软胶囊

【成分】本品主要成分为四烯甲萘醌。

【性状】本品为软胶囊,内容物为微黄色或黄绿色油状液或半固体。

【适应证】提高骨质疏松患者的骨量。

【规格】15 mg。

【用法用量】通常成人一次1粒(按四烯甲萘醌计15 mg),一日3次,饭后口服。

【禁忌证】正在使用华法林治疗的患者禁用。

【注意事项】

1. 出现皮疹、皮肤发红、瘙痒时,应停止用药。

2. 服药时:本品系脂溶性制剂,空腹服用时吸收较差,必须让患者饭后服用。且饮食中脂肪含量较少时本品的吸收率也会降低。

3. 发药时:应指导患者从铝塑包装中取出药剂后服用(曾有由于误服铝塑包装而发生坚硬的锐角部刺入食管黏膜,进而穿孔而并发严重的纵隔窦道炎等疾病的报道)。

【孕妇及哺乳期妇女用药】孕妇、哺乳期妇女用药的安全性尚未确立(没有临床经验)。

【儿童用药】儿童用药的安全性尚未确立(没有临床经验)。

【老年人用药】因老年人长期使用本品的情况居多,所以在用药过程中应密切观察患者的状态。

【药物相互作用】本品不可与华法林(苄丙酮香豆素)合用。

【药物过量】未进行该项实验且无可靠参考文献。

【贮藏】避光,25 ℃以下保存。铝袋开封后应避免高温、防潮保存(遇潮时胶囊壳可能会发生软化、变色)。

【包装】铝塑包装。30粒/盒。

(十)其他

依普黄酮片

【成分】本品主要成分为依普黄酮。

【性状】本品为白色或类白色片。

【适应证】改善骨质疏松的骨量减少。

【规格】0.2 g。

【用法与用量】通常成人一次1片(200 mg),一日3次,饭后口服。此剂量应根据年龄及患者的症状进行调整。

【不良反应】

1.重要的不良反应

(1)消化性溃疡、胃肠道出血:罕见出现消化道溃疡、胃肠道出血或恶化症状。当出现这种情况时,应立即停药,并给予适当的处理。故有消化道溃疡以及有消化道溃疡病史者应慎用。

(2)黄疸:罕见出现黄疸,故应密切观察。如有异常状况,立即停用该药,并进行适当处理。

2.其他不良反应

(1)过敏反应:出疹、瘙痒等症状偶见,此时应停药。

(2)消化系统:偶见恶心、呕吐、食欲不振、胃部不适、胃灼热、腹痛、腹胀、腹泻、便秘、口腔炎、口干、舌炎、味觉异常等。偶见胆红素、ALT、AST、ALP、LDH上升,罕见 γ-GT上升。

(3)神经系统:偶见眩晕、轻微头痛等。

(4)血液:罕见粒细胞减少,偶见贫血等。

(5)肾脏:罕见尿素氮、肌酐上升。

(6)其他:罕见男子女性型乳房,若此情况出现,应停药。罕见舌唇麻木,偶见浮肿。罕见不良反应发生率少于0.1%;偶见,少于0.1%~5.0%;常见,5.0%以上。

【禁忌证】

1.对本品过敏者禁用。

2.低钙血症者禁用。

【注意事项】

1.高龄患者长期应用本品时,在用药过程中应仔细观察患者的情况,若出现消化系统的不良反应症状,要进行适当处理。

2.重度食管炎、胃炎、十二指肠炎、溃疡和胃肠功能紊乱患者慎用。

3.中重度肝肾功能不全者慎用。

4.服药期间需补钙。

5.对男性骨质疏松无用药经验。

【孕妇及哺乳期妇女用药】妊娠、哺乳期妇女不宜服用。

【儿童用药】儿童、青少年不宜服用。

【老年人用药】高龄患者应慎重用药。

【药物相互作用】

1.对摘除卵巢的动物,合并使用雌酮,可增强雌激素的作用,故在本药与雌激素制剂合并使用时,应慎重用药。

2.同时使用茶碱,可使茶碱的血浓度上升,故在本药与茶碱合并使用时应减少茶碱用量,并慎重用药。

3.与香豆素类抗凝血药同时使用时,可增强香豆素类抗凝血药的作用,故本药与抗凝血药合并用药时,应减少香豆素类抗凝血药的用量并慎重用药。

【药物过量】尚未见报道。

【药理毒理】据文献报道,本品属植物性促进骨形成药物,能直接作用于骨,具有雌激素样的抗骨质疏松特性,但无雌激素对生殖系统的影响。其抗骨质疏松的机制为:①促进成骨细胞的增殖,促进骨胶原合成和骨基质的矿化,增加骨量;②减少破骨细胞前体细胞的增殖和分化,抑制成熟破骨细胞活性,降低骨吸收;③通过雌激素样作用增加降钙素的分泌,间接产生抗骨吸收作用。

【贮藏】密闭保存。

【包装】塑料瓶装,每瓶30片。

【其他剂型、规格及包装】依普黄酮胶囊:0.2 g/粒,30粒/瓶。

复方八维甲睾酮胶囊

【成分】本品为复方制剂,其组分为维生素 B_1 2.5 mg、维生素 E 5 mg、维生素 C 25 mg、维生素 B_2 2.5 mg、维生素 A 2 500 IU、维生素 D_2 250 IU、维生素 B_6 0.25 mg、肌醇 25 mg、炔雌醇 0.002 5 mg、甲睾酮 0.625 mg、磷酸氢钙 127.5 mg、重酒石酸胆碱 25 mg、人参皂苷 10 mg、L-盐酸赖氨酸 25 mg、碘化钾 0.05 mg、硫酸铜 0.5 mg、氧化锌 0.25 mg、烟酰胺 7.5 mg、硫酸亚铁 5 mg、氧化镁 0.5 mg、氯化钾 1.85 mg 21 种有效成分。

【性状】本品内容物为黄色或淡黄色粉末。

【适应证】

1.适用于更年期综合征:潮红,潮热,出汗;性格改变,孤僻多疑,抑郁,易激动,烦躁,失眠多梦;皮肤干燥起皱,发麻,脱发;不对称性肥胖。

2.老年性阴道炎,外阴干燥,性交疼痛及困难;更年期尿道炎。

3.骨质疏松:腰酸背痛,驼背,骨、关节疼痛,易发性骨折。

4.脑功能减退:注意力不集中,记忆力、精力和工作能力下降。

【用法用量】每日 1 次,一次 2 粒,晚饭后 1 h 服用,3 周为 1 个疗程,疗程间停服 1 周。症状控制后或轻症者,药量减半,或遵医嘱。建议根据临床症状轻重确定给药剂量,并依据上述疗程长期给药。

【不良反应】治疗过程中不良反应发生率极低,偶见水肿、乳房胀痛、胃部不适等,通常在治疗几周后会自然消失。

【禁忌证】生殖道癌、前列腺肥大、前列腺癌、肺癌、乳腺癌以及有转化上述病变倾向的患者禁用。

【注意事项】

1.原因不明的阴道出血慎用。

2.新近心肌梗死、急性脑出血、脑梗死、急性肝病患者慎用。

【孕妇及哺乳期妇女用药】孕妇及哺乳期妇女禁用。

【药物相互作用】本品不宜与四环素类药物合用,不宜与抗胆碱类药物合用,以免发生拮抗作用;本品可增强口服抗凝血药的作用,甚至可引起出血。

【药物过量】本品服用过量易引起子宫膜增厚、子宫内膜炎等不良反应。

【药理毒理】

1. 本品能提高实验动物的神经系统功能,有抗疲劳作用;对心肌细胞的核酸代谢有促进作用;有增强免疫功能的作用,能使吞噬细胞的吞噬活性和 NK 细胞活性升高;纠正人体内性激素水平降低引起的神经内分泌紊乱,连续给予大鼠本品 30 d,体重明显增长。

2. 本品能直接调节人体骨质代谢,减少骨矿物质的丢失,降低骨折发生率;促进肝脏对低密度脂蛋白胆固醇的摄取,抑制肝脏对高密度脂蛋白胆固醇的分解,增加载脂蛋白的合成;抑制血小板在血管壁的黏附,减少低密度脂蛋白胆固醇在动脉血管壁上的沉积;增加心输出量,降低外周血管阻力;提高神经运动系统抗衰老、抗疲劳能力。

【包装】铝塑泡眼包装,10 粒/板×1 板/盒;10 粒/板×2 板/盒。

注射用复方骨肽

【成分】本品为复方制剂,其组分为健康猪四肢骨与全蝎经提取制成的复方骨肽溶液加适量赋形剂制成的无菌冻干品。

【性状】本品为类白色疏松块状物。

【适应证】用于风湿、类风湿关节炎、骨质疏松、颈椎病等疾病的症状改善,同时用于骨折及骨科手术后骨愈合,可促进骨愈合和骨新生。

【规格】30 mg 多肽物质。

【用法与用量】肌内注射,一次 30～60 mg,一日 1 次;静脉滴注,一次 60～150 mg,一日 1 次,15～30 日为 1 个疗程或遵医嘱,亦可在痛点和穴位注射。

【不良反应】上市后不良反应监测数据显示本品可见以下不良反应。

1. 皮肤及其附属器损害:皮疹、瘙痒、多汗、潮红、皮炎等。

2. 全身性损害:胸闷、寒战、畏寒、发热、高热、胸痛、乏力、苍白、不适、颤抖、眼睑浮肿等;有因过敏性休克导致死亡的个案报道。

3. 消化系统损害:恶心、呕吐、腹胀、腹痛、腹泻、口干、胃肠道反应、肝功能异常等。

4. 呼吸系统损害:呼吸困难、气促、咳嗽、憋气、咽喉异物感、喉头水肿、哮喘等。

5. 免疫功能损害:过敏反应、过敏样反应、过敏性休克、面部水肿等。

6. 心血管系统损害:心悸、发绀、血压升高、血压降低、心前区不适等。

7. 神经系统损害:头晕、头痛、局部或全身麻木、抽搐、意识模糊等。

8. 血管损害和出凝血障碍:静脉炎。有溶血性贫血急性发作、便血的个案报道。

9. 其他:注射部位疼痛、局部红肿、肌痛、关节痛、视觉异常、精神障碍、白细胞减少、白细胞升高等。有肾功能异常、心肌酶谱改变的个案报道。

【禁忌证】

1. 对本品过敏者禁用。

2. 严重肝肾功能不全者禁用。

3. 孕妇及哺乳期妇女禁用。

【注意事项】

1. 如出现西林瓶破裂,禁止使用。

2. 如本品溶解后出现混浊,禁止使用。

3. 过敏体质者慎用。

4. 如应用本品伴有发热、皮疹等症状,应当及时停药并咨询医生。

【孕妇及哺乳期妇女用药】孕妇和哺乳期妇女禁用。

【儿童用药】儿童禁用。

【老年人用药】尚不明确。

【药物相互作用】本品不可与氨基酸类药物、碱性药物同时使用。

【药理毒理】文献报道,复方骨肽注射液对关节炎急性炎症模型及免疫性炎症模型具有明显的抗炎作用,同时对小鼠疼痛模型也具有明显的镇痛作用。复方骨肽注射液含有多种骨生长因子,具有调节骨代谢和生长作用,能促进骨愈合和骨新生;能参与骨钙的吸收和释放,促进骨痂和新生血管的形成,调节骨代谢平衡,从而发挥促进骨愈合的作用。

【贮藏】密闭,在阴凉处保存。

【包装】管制抗生素玻璃瓶,每盒6瓶。

【其他剂型、规格及包装】复方骨肽注射液,2 mL∶30 mg;2 mL/支×10支/盒。

二、中成药

中医学文献中无骨质疏松之名,按骨质疏松主要临床表现,中医学中相近的病症有骨痿,见于没有明显的临床表现,或仅感腰背酸软无力的骨质疏松患者("腰背不举,骨枯而髓减");骨病,症见"腰背疼痛,全身骨痛,身重,四肢沉重难举"的患者。根据中医药"需主骨"、"脾主肌肉"及"气血不通则痛"的理论,治疗骨质疏松以补肾益精、健脾益气、活血祛瘀为基本治法。中药治疗骨质疏松多以改善症状为主,经临床证明有效的中成药可按病情选用。

丹杞颗粒

【成分】熟地黄、山茱萸(蒸)、泽泻、山药、淫羊藿、牡丹皮、茯苓、枸杞子、菟丝子、肉苁蓉、牡蛎(煅)。

【性状】本品为浅棕色至棕色颗粒;味酸、甜,微苦。

【功能主治】补肾壮骨,用于骨质疏松属肝肾阴虚证,症见:腰脊疼痛或全身骨痛,腰膝酸软,或下肢痿软,眩晕耳鸣,舌质或偏红或淡等。

【规格】每袋装12 g。

【用法与用量】温开水冲服,一次12 g,一日2次。3个月为1个疗程,连续服用2个疗程。

【不良反应】个别发生胃脘不适。

【药理作用】动物实验表明,本品可降低维A酸致骨质疏松模型大鼠的血碱性磷酸酶活性和尿羟脯氨酸含量;使地塞米松致骨质疏松模型大鼠的骨密度和骨灰重升高,使血中雌二醇浓度升高,血和肾组织中前列腺素 E_2(PGE$_2$)浓度降低,血中 $1,25-(OH)_2D_3$ 浓度升高。

【贮藏】密封,置阴凉干燥处。

【包装】复合膜袋。

补肾健骨胶囊

【成分】熟地黄、山茱萸(制)、山药、狗脊、淫羊藿、当归、泽泻、牡丹皮、茯苓、牡蛎(煅)。

【性状】本品为胶囊剂,内容物为棕褐色的颗粒;气微香,味苦、微涩。

【功能主治】滋补肝肾、强筋健骨。用于原发性骨质疏松的肝肾不足证候,症见腰脊疼痛、胫软膝酸、肢节痿弱、步履艰难、目眩等。

【规格】每粒装 0.4 g。

【用法与用量】口服,一次 4 粒,一日 3 次。3 个月为 1 个疗程。

【不良反应】偶见口干、便秘。

【药理作用】临床前动物实验结果提示:本品可减轻切除卵巢或维 A 酸引起的成年大鼠骨丢失,骨检测相关指标在用药后有改善;对醋酸泼尼松龙所致的小鼠实验模型症状有改善作用;减少醋酸致痛小鼠的扭体次数;减轻巴豆油致小鼠耳郭肿胀和蛋清致大鼠足跖肿胀。

【贮藏】密封,防潮。

【包装】铝塑泡罩包装,9 粒/板×3 板/盒;塑料瓶包装,48 粒/瓶。

仙黄颗粒

【成分】熟地黄、山药、枸杞子、杜仲、菟丝子、仙茅、党参、黄芪、丹参、延胡索(醋制)、牡蛎(煅)。

【性状】本品为棕褐色颗粒;气微,味甜。

【功能主治】滋补肝肾,益气活血。用于绝经后骨质疏松肝肾不足证,症见全身或腰脊疼痛、筋脉拘挛、腰脊酸软乏力、头晕、目眩等。

【规格】每袋装 9 g。

【用法与用量】饭后温开水冲服,一次 1 袋,一日 2 次。

【不良反应】偶见胃脘不适、胀痛、便秘等胃肠道反应,停药后通常自行消失。个别患者因虚火上炎出现牙痛、口黏。

【注意事项】既往有胃炎、高血压患者慎服。临床试验过程中,1 例患者出现轻度失眠,对症治疗后消失,可能与药物无关。

【药理作用】药效学试验表明,本品能增加去势雌性大鼠全身、腰椎、股骨的密度及股骨截面积、弹性极限和最大载荷,增加老年大鼠腰椎的骨密度及雌二醇含量。

【贮藏】密封,置阴凉处。

【包装】复合膜袋包装。

【其他剂型、规格及包装】仙黄胶囊:0.4 g/粒,24 粒/盒。

骨康胶囊

【成分】芭蕉根、酢浆草、补骨脂、续断、三七,辅料为玉米淀粉。

【性状】本品为硬胶囊,内容物为黄棕色粉末;气微,味微苦。

【功能主治】滋补肝肾,强筋壮骨,通络止痛。用于骨折、骨性关节炎、骨质疏松属肝肾不足、经络瘀阻者。

【规格】每粒装 0.4 g。

【用法与用量】口服。一次 3~4 粒,一日 3 次。

【不良反应】

1. 消化系统:恶心、呕吐、食欲不振、肠胃不适、腹痛、腹泻、腹胀、便秘、肝生化指标异常等,有重度肝损伤病例报告。

2. 皮肤及附属器:皮疹、瘙痒等。

3. 其他:头晕、头痛、发热、乏力、尿色加深等。

【禁忌证】

1. 有肝病史或肝生化指标异常者禁用。

2. 对本品过敏者禁用。

3. 孕妇禁用。

【注意事项】

1. 有药物过敏史或过敏体质者慎用。

2. 消化道溃疡者慎用。

3. 与其他药物联合应用本品的安全性尚不明确,应避免与有肝毒性的药物联合使用。

4. 儿童、孕妇及哺乳期妇女应用本品的安全性尚不明确。

5. 用药期间应定期监测肝肾功能,若出现异常立即停药,并及时去医院就诊。

6. 有多种慢性病的老年患者合并用药时慎用。

7. 用药期间应定期监测肝生化指标,如出现异常,或出现全身乏力、食欲不振、厌油、恶心、上腹胀痛、尿黄、目黄、皮肤黄染等可能与肝损伤有关的临床表现时,应立即停药并到医院就诊。

8. 严格按药品说明书用法用量服用,勿超剂量、长期连续用药。

【贮藏】密封。

【包装】铝塑板装。12 粒/板×4 板/盒。

骨愈灵胶囊

【成分】三七、血竭、红花、醋乳香、大黄、当归、川芎、醋没药(天然没药)、白芍、熟地黄、赤芍、骨碎补、续断、煅自然铜、五加皮、硼砂。

【性状】本品为硬胶囊,内容物为浅棕色至棕红色的粉末;气微香,味微苦。

【功能主治】活血化瘀,消肿止痛,强筋壮骨。用于骨折及骨质疏松。

【规格】每粒装 0.4 g。

【用法用量】口服。一次 5 粒,一日 3 次;饭后服用或遭医嘱。

【不良反应】尚不明确。

【禁忌证】孕妇禁服。

【注意事项】尚不明确。

【贮藏】密封。

【包装】铝塑铝包装;15 粒/板×2 板/盒。

【其他剂型、规格及包装】骨愈灵片:0.4 g/片,15 片/板×2 板/盒。

塞隆风湿胶囊

【成分】塞隆骨。

【性状】本品为硬胶囊,内容物为黄棕色的粉末;气微腥,味微咸。

【功能主治】祛风散寒除湿,通络止痛,补益肝肾。用于风寒湿所致的痹证,症见肢体关节疼痛、肿胀、屈伸不利,肌肤麻木,腰膝酸软及类风湿关节炎、骨性关节炎见上述证候者;用于原发性骨质疏松肝肾不足证,症见腰背疼痛、腰膝酸软、头晕目眩、步履艰难、不能持重、耳鸣。

【规格】每粒装 0.31 g。

【用法用量】用于风寒湿所致的痹证及类风湿关节炎、骨性关节炎见上述证候者,口服,一次 2 粒,一日 2 次,疗程 1 个月。用于原发性骨质疏松肝肾不足证,口服,一次 2 粒,一日 2 次,疗程 24 周。

【不良反应】

1.偶见汗出。

2.少数患者用药后出现胃胀、口腔溃疡、血压升高。

3.少数患者用药后出现血 ALT 异常升高,血常规中血红蛋白、白细胞下降。

【禁忌证】

1.肾脏病患者禁用。

2.患火热病证者禁用。

3.对本品过敏者禁用。

【注意事项】

1.用于治疗原发性骨质疏松:临床试验数据仅支持用药 24 周的安全性。

2.器质性心脏病、高血压患者慎用。

3.过敏体质者慎用。

4.少数患者用药后出现血肌酐清除率(Cr)异常升高,与药物的关系无法判定。

5.本品目前尚无孕妇和哺乳期妇女及儿童用药的研究数据。

6.用于治疗原发性骨质疏松,服用期间建议定期去医院复诊,定期进行血液生化指标的检测(肝肾功能)及心电图检查。如有异常立即停药,并做相应处理。

【贮藏】密封,遮光,置阴凉处。

【包装】铝塑板包装,10 粒/板;塑料瓶包装,40 粒/瓶。

塞隆风湿酒

【成分】塞隆骨,辅料为紫草、白酒、蜂蜜、红糖。

【性状】本品为红棕色的澄清液体;气香,味微辛、甜。

【功能主治】祛风散寒除湿,通络止痛,补益肝肾。用于风寒湿痹引起的肢体关节疼痛、肿胀、屈伸不利,肌肤麻木,腰膝酸软。

【规格】每瓶装 300 mL。

【用法用量】口服。一次 30 mL,一日 3 次。疗程 1 个月。

【不良反应】偶见口干、咽痛、心悸、颜面潮红、食欲减退。

【禁忌证】儿童、孕妇禁用;高血压、肝肾功能不全及对酒精过敏者禁服。风寒外感、湿热有痰时禁服。

【注意事项】

1. 忌食生冷、油腻食物。

2. 经期及哺乳期妇女慎用。年老体弱者应在医师指导下服用。

3. 心脏病、糖尿病等慢性病严重者应在医师指导下服用。

4. 发热患者暂停服用。不胜酒力者慎用。

5. 低温会出现少量沉淀,服用时先置水中加温。

6. 服药 7 d 症状无缓解,应去医院就诊。

7. 对本品过敏者禁用,过敏体质者慎用。

8. 本品性状发生改变时禁止使用。

9. 请将本品放在儿童不能接触的地方。

10. 如正在使用其他药品,使用本品前请咨询医师或药师。

【药物相互作用】如与其他药物同时使用可能会发生药物相互作用,详情请咨询医师或药师。

【贮藏】密封,置阴凉处,防冻。

【包装】玻璃瓶装,300 mL/瓶。

金乌骨通胶囊

【成分】狗脊、乌梢蛇、葛根、淫羊藿、木瓜、土牛膝、土党参、姜黄、威灵仙、补骨脂。

【性状】本品为硬胶囊,内容物为棕黄色至黄棕色颗粒或粉末;气香,味苦。

【功能主治】

1. 苗医:维象样丢象,决安档蒙;僵是风,稿计凋嘎边蒙。

2. 中医:滋补肝肾,祛风除湿,活血通络。用于肝肾不足、风寒湿痹、骨质疏松、骨质增生引起的腰腿酸痛、肢体麻木等症。

【规格】每粒装 0.5 g。

【用法与用量】口服。一次 3 粒,一日 3 次,或遵医嘱。

【不良反应】尚不明确。

【禁忌证】尚不明确。

【注意事项】孕妇忌服。

【贮藏】密封。

【包装】药用聚乙烯瓶,60 粒/瓶。

阿胶强骨口服液

【成分】熟地黄、阿胶、枸杞子、牡蛎、黄芪、党参。辅料为蜂蜜、阿司帕坦、山梨酸。

【性状】本品为深棕色黏稠液体,味甜。

【功能主治】补益肝肾,填精壮骨。用于原发性骨质疏松肝肾不足证,腰脊疼痛或腰膝酸软,麻木抽搐,不能持重,目眩耳鸣,虚烦不寐等,以及小儿佝偻病肝肾不足证;毛发稀疏,面黄憔悴,多汗,夜惊或夜啼。

【规格】每支 10 mL。

【用法与用量】

1. 成人:口服每次 10 mL,一日 3 次。

2. 儿童:口服 3 ~ 6 个月,每次 5 mL,一日 2 次;7 个月 ~ 1 岁,每次 5 mL,一日 3 次;2 ~ 3 岁,每次 10 mL,一日 3 次。

【不良反应】尚不明确。

【禁忌证】尚不明确。

【注意事项】

1. 忌烟、酒及辛辣、生冷、油腻食物。

2. 高血压、心脏病、糖尿病、肝病、肾病等慢性病严重者应在医师指导下服用。

3. 服用本品时,避免和枸橼酸及草酸盐类药物同时服用。

4. 按照用法用量服用,小儿、孕妇、年老体虚者应在医师指导下服用。

5. 长期服用应向医师咨询。

6. 对本品过敏者禁用,过敏体质者慎用。

7. 本品性状发生改变时禁止使用。

8. 儿童必须在成人监护下使用。

9. 请将本品放在儿童不能接触的地方。

10. 如正在使用其他药品,使用本品前请咨询医师或药师。

11. 少数患者服药后感觉口干。

12. 在有效期内,有少量的沉淀,请摇匀服用,不影响疗效。

【药物相互作用】如与其他药物同时使用可能会发生药物相互作用,详情请咨询医师或药师。

【贮藏】密封,置阴凉处保存。

【包装】钠钙玻璃管制口服液体瓶、口服液瓶用铝塑组合盖。10 mL/支×9 支/盒。

骨疏康颗粒

【成分】淫羊藿、熟地黄、骨碎补、黄芪、丹参、木耳、黄瓜子。辅料为糊精。

【性状】本品为深棕色至棕褐色颗粒;味甜、微苦。

【功能主治】补肾益气,活血壮骨。用于肾虚气血不足所致的中老年骨质疏松,症见腰脊疼痛、胫腰疫软、神疲乏力。

【规格】每袋装 10 g。

【用法与用量】口服,一次 10 g,一日 2 次。饭后开水冲服。

【不良反应】偶有轻度胃肠反应,一般不影响继续服药。

【禁忌证】尚不明确。

【注意事项】

1. 忌辛辣、生冷、油腻食物。

2. 按照用法用量服用,年老体虚者、高血压患者应在医师指导下服用。

3. 发热患者暂停使用。

4. 对本品过敏者禁用,过敏体质者慎用。

5. 本品性状发生改变时禁止使用。

6. 请将本品放在儿童不能接触的地方。

7. 如正在使用其他药品,使用本品前请咨询医师或药师。

8. 本规格为无糖型。

【药物相互作用】如与其他药物同时使用可能会发生药物相互作用,详情请咨询医师或药师。

【贮藏】密封。

【包装】铝塑复合膜,10 g/袋×6 袋/盒。

【其他剂型、规格及包装】骨疏康胶囊:0.32 g/粒,10 粒/板,4 板/盒。

肾骨胶囊

【成分】牡蛎。

【性状】本品为胶囊剂,内容物为白色的粉末;味微酸。

【功能主治】促进骨质形成,维持神经传导、肌肉收缩、毛细血管正常渗透压,保持血液酸碱平衡。用于儿童、成人或老年人缺钙引起的骨质疏松、骨质增生、骨痛、肌肉痉挛,小儿佝偻病。

【规格】每粒含钙(Ca)0.1 g。

【用法与用量】口服,一次 1~2 粒,一日 3 次;孕妇和儿童遵医嘱。

【不良反应】尚不明确。

【禁忌证】尚不明确。

【注意事项】饭后立即服,服药后要多饮水。

【贮藏】密封。

【包装】铝塑包装,10 粒/板×3 板/盒。

【其他剂型、规格及包装】肾骨片:0.35 g/片,210 片/瓶。

骨松宝胶囊

【成分】淫羊藿、赤芍、三棱、莪术、生地黄、知母、续断、川芎、牡蛎(煅)。

【性状】本品为胶囊剂,内容物为棕褐色颗粒;气微香,味微苦。

【功能主治】补肾活血,强筋壮骨。用于骨痿(骨质疏松)引起的骨折、骨痛及预防更年期骨质疏松。

【规格】每粒装 0.5 g。

【用法与用量】口服。一次 2 粒,用于骨痿(骨质疏松)引起的骨折、骨痛,一日 3 次,用于预防更年期骨质疏松,一日 2 次。

【不良反应】偶可出现恶心、呕吐、腹胀、胃部不适、皮肤瘙痒、皮疹、胸闷等与治疗作用无关的症状,减量或停药后可自行消失。如情况未好转,请及时咨询医师。

【禁忌证】孕妇禁用。

【注意事项】对本品过敏者慎用。

【药理作用】本品灌胃给药能对抗肌内注射维生素 A 所致的大鼠膝关节髓腔面积的增大、小梁骨面积的减小、关节软骨宽度减小等骨质疏松的表现。本品亦能提高老龄雌性大鼠的血清雌二醇水平,老龄雄性大鼠血清雌二醇及睾酮水平。能减少乙酸所致的小鼠扭体反应的次数。

【贮藏】密封。

【包装】PVC 硬片、铝箔板装。每盒 12 粒。

【其他剂型、规格及包装】

1. 骨松宝颗粒:5 g/袋;6 袋/盒。

2. 骨松宝片:0.6 g/片,12 片/板×2 板/盒。

3. 骨松宝丸:每 10 丸重 1.9 g(相当于饮片 10 g),10 丸/袋×6 袋/盒。

强骨胶囊

【成分】骨碎补总黄酮。

【性状】本品为胶囊剂,内容物为棕红色至棕褐色粉末;无臭,味苦、微涩。

【功能主治】补肾,强骨,止痛。用于肾阳虚所致的骨痿。症见骨脆易折、腰背或四肢关节疼痛。畏寒肢冷或抽筋、下肢无力、夜尿频多;原发性骨质疏松、骨量减少见上述证候者。

【规格】每粒装 0.25 g。

【用法与用量】饭后用温开水送服。一次 1 粒,一日 3 次,3 个月为 1 个疗程。

【不良反应】偶见口干、便秘,一般不影响继续治疗。

【禁忌证】尚不明确。

【注意事项】

1. 忌辛辣、生冷、油腻食物。

2. 感冒发热患者不宜服用。

3. 有高血压、心脏病、肝病、糖尿病、肾病等慢性病严重者应在医师指导下服用。

4. 目前尚无孕妇服用本品的经验。

5. 儿童、哺乳期妇女应在医师指导下服用。

6. 服用4周症状无缓解,应去医院就诊。

7. 对本品过敏者禁用,过敏体质者慎用。

8. 本品性状发生改变时禁止使用。

9. 儿童必须在成人监护下使用。

10. 请将本品放在儿童不能接触的地方。

11. 如正在使用其他药品,使用本品前请咨询医师或药师。

【药物相互作用】如与其他药物同时使用可能会发生药物相互作用。详情请咨询医师或药师。

【贮藏】密封。

【包装】铝塑泡罩,6粒/板×2板/盒。

仙灵骨葆胶囊

【成分】淫羊藿、续断、丹参、知母、补骨脂、地黄。

【性状】本品为硬胶囊,内容物为棕黄色至棕褐色的颗粒及粉末;味微苦。

【功能主治】滋补肝肾,接骨续筋,强身健骨。用于骨质疏松、骨折、骨性关节炎、骨无菌性坏死等。

【规格】每粒装0.5 g。

【用法与用量】口服。一次3粒,一日2次;4~6周为1个疗程,或遵医嘱。

【不良反应】本品可能引起以下不良反应。

1. 过敏反应:皮疹、瘙痒等。

2. 消化系统:恶心、呕吐、食欲不振、胃部不适、腹痛、腹泻、便秘等。

3. 肝脏:丙氨酸氨基转移酶、天冬氨酸氨基转移酶、胆红素等升高,严重者可出现肝衰竭。

4. 全身症状:乏力、外周水肿、尿色加深等。

【禁忌证】

1. 孕妇禁用。

2. 有肝病史或肝生化指标异常者禁用。

3. 对本品过敏者禁用,过敏体质者慎用。

4. 重症感冒期间不宜服用。

【注意事项】

1. 用药期间应定期监测肝生化指标。

2. 出现肝生化指标异常或全身乏力、食欲不振、厌油、恶心、上腹胀痛、尿黄、目黄、皮肤黄染等可能与肝损伤有关的临床表现时,应立即停药并到医院就诊。

3. 本品应避免与有肝毒性的药物联合用药。

4. 患有多种慢性病的老年患者,合并用药时应在医师指导下服用。

【药理作用】

1. 调节机体代谢,刺激骨形成;提高骨密度,增加骨矿含量;抑制破骨细胞的吸收活动,加快骨再建活动,使整体骨量和骨的质量得到恢复。

2. 增加骨折断端骨痂面积及类骨质面积;增加血清骨钙素、生长激素、血清碱性磷酸酶(ALP)、血清磷,明显降低血清 Ca^{2+};促进骨小梁成熟、成骨细胞增加及髓腔内细胞丰富,促进软骨细胞成熟。

3. 促进纤维组织形成、外骨痂形成,加快骨痂组织的代谢活动,使骨痂矿化提前,再塑造加快。

4. 保护性腺,提高性激素水平;恢复因性激素水平下降而丢失的骨量。

5. 能促进组织出血吸收,对关节原发性及继发性损害、化学性足肿胀、损伤性足肿胀及炎症有明显抑制作用;能明显降低腹腔毛细血管通透性。

6. 明显增加血清雌激素水平,改善阳虚情况,提高游泳耐力。

7. 有明显镇痛作用。

【贮藏】密封。

【包装】铝塑包装,50 粒/盒。

【其他剂型、规格及包装】仙灵骨葆片:0.3 g/片,20 片/盒。

补肾健骨胶囊

【成分】熟地黄、山茱萸(制)、山药、狗脊、淫羊藿、当归、泽泻、牡丹皮、茯苓、牡蛎(煅)。辅料为乙醇。

【性状】本品为胶囊剂,内容物为棕褐色的颗粒;气微香,味苦、微涩。

【功能主治】滋补肝肾,强筋健骨。用于原发性骨质疏松的肝肾不足证候,症见腰脊疼痛、胫软膝酸、肢节痿弱、步履艰难、目眩。

【规格】每粒装 0.58 g。

【用法与用量】口服。每次 4 粒,一日 3 次。3 个月为 1 个疗程。

【不良反应】尚不明确。

【禁忌证】孕妇禁用。

【注意事项】

1. 忌食生冷、油腻食物。

2. 感冒时不宜服用。

3. 高血压、心脏病、糖尿病、肝病、肾病等慢性病严重者应在医师指导下服用。

4. 服药2周症状无缓解,应去医院就诊。

5. 对本品过敏者禁用,过敏体质者慎用。

6. 本品性状发生改变时禁止使用。

7. 儿童必须在成人监护下使用。

8. 请将本品放在儿童不能接触的地方。

9. 如正在使用其他药品,使用本品前请咨询医师或药师。

【药物相互作用】如与其他药物同时使用可能会发生药物相互作用,详情请咨询医师或药师。

【贮藏】密封,防潮。

【包装】塑料瓶包装。48粒/瓶。

丹苓补骨胶囊

【成分】熟地黄、骨碎补、补骨脂、淫羊藿、炙黄芪、茯苓、黄瓜子、丹参、自然铜(煅)、血竭、乳香(制)、没药(制)。

【性状】本品为胶囊剂,内容物为红褐色的粉末;味淡、微涩。

【功能主治】补肾壮骨,益气健脾,活血止痛。适用于脾肾不足、瘀血阻滞型原发性骨质疏松,症见腰膝酸痛、胫酸膝软、足跟痛等的辅助治疗。

【规格】每粒装0.3 g。

【用法与用量】口服,一次3粒,一日3次。

【禁忌证】孕妇忌服。

【注意事项】建议在医生指导下使用。

【贮藏】密封。

【包装】PVC,铝箔。

护骨胶囊

【成分】制何首乌、淫羊藿、熟地黄、龟甲、巴戟天、杜仲、续断、骨碎补、当归、山药。

【性状】本品为硬胶囊,内容物为黄棕色至棕色粉末;气微香,味微甘。

【功能主治】补肾益精。用于肾精亏虚,腰脊疼痛,痿软无力,下肢痿弱,步履艰难,足跟疼痛,性欲减退,头晕耳鸣;原发性骨质疏松见上述证候者。

【规格】每粒装0.45 g。

【用法与用量】口服,一次4粒,一日3次;饭后30 min服用,3个月为1个疗程。

【不良反应】

1. 少数患者可出现恶心、腹泻、便秘、皮疹、瘙痒。

2. 临床研究中,个别患者出现肝肾功能轻度异常,原因待定。

【禁忌证】

1. 孕妇忌用。

2.对本品过敏者禁用,过敏体质者慎用,胃阴虚体质者请咨询医师使用。

3.用药 1 个疗程,症状未缓解,请咨询医师。

4.如服用过量或出现严重不良反应,应立即就医。

5.请将本品放在儿童不能接触的地方。

【注意事项】

1.忌食生冷、油腻食物。

2.风热感冒时不宜服用。

3.有肝病史或肝生化指标异常者应慎用并在医师指导下服用。

【药理作用】主要药效学试验结果表明,本品对雌性大鼠去卵巢所致的子宫指数、股骨最大载荷及股骨钙、磷含量降低有一定的拮抗作用;对受试大鼠的股骨形态计量学指标改变有一定的改善作用。

【贮藏】密封。

【包装】包装材料:聚氯乙烯固体药用硬片,药品包装用 PTP 铝箔。包装规格:12 粒/板×6 板/盒。

芪骨胶囊

【成分】淫羊藿、制何首乌、黄芪、石斛、肉苁蓉、骨碎补、菊花。

【性状】本品为硬胶囊,内容物为棕黄色或棕褐色的粉末;味苦。

【功能主治】滋养肝肾,强筋健骨。用于女性绝经后骨质疏松肝肾不足证,症见腰膝酸软无力、腰背疼痛、步履艰难、不能持重。

【规格】每粒装 0.55 g。

【用法与用量】口服。一次 3 粒,一日 3 次;疗程 6 个月。

【不良反应】服药过程中,个别患者可能会出现腹痛、腹胀、腹泻、便秘、胃部不适等胃肠道反应;个别患者出现多汗、口干、皮肤瘙痒、口腔溃疡等;偶见可逆性丙氨酸氨基转移酶(ALT)和血尿素氮轻度升高。

【禁忌证】

1.肝肾功能不全者禁用。

2.对本品过敏者禁用。

【注意事项】

1.过敏体质者慎用。

2.本品服药时间较长,服药期间定期检测肝肾功能。

3.阴虚火旺者慎用。

4.试验过程中,出现 1 例轻度自汗、盗汗、头晕、失眠,1 例尿路感染,尚无法判定与药物关系。

【药理作用】动物实验表明,本品可提高去卵巢致大鼠骨质疏松模型的骨密度。

【贮藏】密封,置阴凉干燥处(不超过 20 ℃)。

【包装】药用塑料瓶。每瓶装 90 粒。

壮骨止痛胶囊

【成分】补骨脂、淫羊藿、枸杞子、女贞子、骨碎补(烫)、狗脊、川牛膝。

【性状】本品为硬胶囊,内容物为棕色至棕褐色细颗粒;气微,味微酸、微苦。

【功能主治】补益肝肾,壮骨止痛。用于原发性骨质疏松属肝肾不足证,症见腰背疼痛、腰膝酸软、四肢骨痛、肢体麻木、步履艰难、舌质偏红或淡、脉细弱等。

【规格】每粒装 0.45 g。

【用法与用量】口服一次 4 粒,一日 3 次,3 个月为 1 个疗程。服用 1~2 个疗程。

【不良反应】个别患者出现消化不良、腹胀。

【禁忌证】尚不明确。

【注意事项】尚不明确。

【药理作用】本品对去卵巢及维 A 酸所致的大鼠骨质疏松模型的骨密度降低有抑制作用,可以提高阳虚小鼠抗应激能力,改善急性血瘀模型动物的血液流变学指标,并有一定的镇痛作用。

【贮藏】密封。

【包装】药用 PVC 硬片/药用包装用 PTP 铝箔。12 粒/板×3 板/盒。

第六章　对骨质疏松相关问题的认识误区

骨质疏松发病率已跃居常见病、多发病的第四位,正确认识、早期诊断、早期预防尤为重要。然而多数人对骨质疏松的认识存有误区。

一、骨质疏松认识误区

误区一:有骨质增生,就不会得骨质疏松

骨质增生和骨质疏松往往并存,骨刺与骨质疏松,原因都是缺钙。长骨刺不是因为补钙多了。长了骨刺,同时也会患骨质疏松。

骨刺,医学上叫骨质增生,骨刺并不是补钙以后发生的,而是与骨质疏松共生的。二者都是由缺钙引起的,是一种病的两种表现形式。骨质疏松是一种以骨骼内部质和量的病变为特征的全身性骨病,因人体内钙磷代谢异常,导致骨骼的骨量丢失而减少,骨的微细结构遭到破坏。骨质疏松是一个综合的症候群,它的发生与激素调控、营养状况、运动、日光、免疫功能和遗传等多种因素的变化密切相关。骨质增生是由于构成关节的软骨、椎间盘、韧带等软组织的变性、退化,关节边缘增生形成骨刺,导致关节变形,当受到异常载荷时,引起关节疼痛、活动受限等症状。

在临床上,骨质增生和骨质疏松往往是并存的,而骨质疏松会加剧骨质增生的形成。二者的根本原因都是缺钙。

体内的骨是一种有生命的活体组织,不断进行着新陈代谢活动。28岁左右,骨量进入最高峰,之后骨量逐渐下降。中老年之后,人体各脏器出现退化,尤其是胃酸、胃蛋白酶和唾液腺分泌减少,以及消化酶的活性降低,使得钙的摄取、消化和吸收受到严重的影响,人体处于负钙平衡状态。钙摄入不足的直接后果是低钙血症,低钙血症会引发一系列严重的病理反应。这时人体的血钙自稳系统,即会增加甲状旁腺激素的分泌,溶解骨钙,使骨中的钙进入血液,以补充血钙而使血钙维持原来的水平。

一个钙代谢正常的人,如果在短期内缺钙,一般不会使血钙受累而降低,但如果人体长期缺钙而得不到纠正,甲状旁腺就会持续受缺钙刺激,过量分泌甲状旁腺激素,过多地溶解骨钙。这样就会造成骨钙减少、血钙含量增加的反常现象,即医学上的高钙血症。高钙血症刺激降钙素分泌增加,促进成骨,使钙又回到骨中。这就是骨质疏松与骨质增生并存的激素基础。

骨质增生只是机体对骨质疏松的一种代偿,使本应进入骨骼内部的钙,在应力的作用下,沉积在了某些受力最大的骨面上,如颈椎、腰椎、足跟骨等,从而形成骨刺。因此,经常同时折磨中老年朋友的骨质疏松和骨质增生,都是因为机体缺钙引起的。预防骨质疏松和骨质增生都要从防止缺钙开始,人们从年轻时起就要注意平衡膳食,加强运动锻炼,增加户外活动,多晒太阳,增强骨强度和韧性,预防或延缓骨质疏松和骨质增生的发生。

误区二:有骨质疏松一定缺钙

骨质疏松并非一定缺钙。补钙已成为当今人们正常生活概念,但是人体对钙的需求量并不是无限制的,盲目补钙同样是有害的,血钙过高,也会引发一些疾病。骨质疏松的发生原因很多,除了遗传因素、机体内分泌紊乱、生活不规律、超强度体力消耗等因素外,不合理的膳食结构也是造成骨质疏松的重要原因。

现代医学研究还表明,缺锰才是导致骨质疏松的主要原因,其他微量元素缺乏与此症的发生也有一定关联,如血中锌与铜也都低于正常含量很多,有的人还不足正常值的一半。同时还发现,即使血中钙的含量充足,如果缺锰,仍然会发生骨质疏松,大量的动物实验结果也证明了这个论点。在临床治疗实践中,对骨质疏松的患者,应用含锰的矿物质、锰的化合物类药品,作为锰的补充剂,都能获得满意的治疗效果,这种治疗方法在美国的一些医院中已得到了充分的证实。

误区三:没有外伤史,就不会发生骨折

患有骨质疏松的骨骼是非常脆弱的,有些轻微动作也会引起不被感知的骨折(即没有明显的外伤史),如咳嗽、打喷嚏、用力提重物或抱小孩,甚至用力呼吸等。常见的骨折部位有脊椎骨、肋骨、桡骨、股骨上端。这些轻微的骨折可能给患者带来严重的后果,应注意平时的检查,以便及时治疗。

误区四:已明确有骨质疏松,无须做骨密度测定

骨密度测定不但可用于诊断骨质疏松,而且可用于随访骨质疏松的病情变化和评价骨质疏松药物治疗的效果。患有骨质疏松的患者应定期进行骨密度测定。一般来说,可以每年检查一次骨密度。

误区五:血钙正常,就没有患骨质疏松

血钙正常不等于骨骼中的钙正常。当钙摄入不足或丢失过多而导致机体缺钙时,骨骼这一巨大的钙储备库中的钙将释放到血液中,以使血钙维持在正常范围,此时骨中的钙发生流失;当膳食中钙摄入增加时,则通过成骨细胞重新形成骨质而重建钙的储备,上述平衡被打破即可引发骨质疏松。原发性骨质疏松即使发生严重的骨折,其血钙水平仍然是正常的,不能简单地只根据血钙水平而判定骨质疏松。

误区六:骨质疏松患者不能运动,以防骨折

长期卧床和静坐会加速骨质疏松的发展,导致恶性循环。适量的运动刺激可以促进骨骼生长,使骨骼保持正常的骨密度和骨强度。而且,适量的运动还可以使肌肉得到锻炼;肌肉肌力增加,反过来还会增强对骨骼的刺激,促进骨形成。长期不进行运动的话,肌肉强度减低,也会使得老年人更容易发生摔倒等意外情况,增加骨折的风险。

　　总的来说,患有骨质疏松的老年人更应当进行适量运动,特别是户外运动。散步等强度不大的活动,就十分适合患有骨质疏松的老年人。此外,户外运动还能增加老年人接受日照的时间,利于紫外线将皮肤中的胆固醇转化成维生素 D。而维生素 D 能增加小肠上皮细胞对于钙质的吸收,还能协同钙质发挥作用,增加骨形成、提高骨量、预防骨折。

误区七:人上了年纪一定会患骨质疏松

　　骨质疏松是一种病,不是所有人都必得的病。现在医学诊断骨质疏松是以骨密度检测为依据的。而人上了年纪骨密度是一定会下降的,这是正常的生理变化,和老年人有皱纹、体力差一样是必然的生理规律。骨密度每个年龄段都有其不同的正常标准,只要在这一范围内即是正常的。就是说20岁和60岁的正常标准不一样,没有可比性,只能在同年龄段中相比较。

误区八:中国人易患骨质疏松

　　中国人与西方人种存在差异,饮食结构亦有不同。中国人多食植物性食物,欧美人多食动物性食物;中国人小肌群发达,灵活性好,欧美人大肌肉发达。不能以欧美的诊断标准来衡量中国人,中国人与欧美人各有不同的身体结构,应用不同的骨质疏松诊断标准来衡量。用欧美的标准来衡量中国人,肯定会带来较大偏差。

误区九:喝骨头汤能防治骨质疏松

　　中国有句老话:"吃什么补什么",所以很多骨质疏松患者都将骨头汤作为补钙首选。但有试验证明,一碗骨头汤中的钙含量不过 10 mg,而同样一碗牛奶中的钙含量达到 200 mg,两者相差 20 倍。另外,对老人而言,骨头汤里溶解了大量骨内的脂肪,经常食用还可能引起其他健康问题,所以骨头汤并不是理想的补钙食物。就日常饮食补钙来说,牛奶仍是首选。

误区十:补充性激素防治骨质疏松者易患癌症

　　同时伴有更年期症状的骨质疏松患者,可在医生指导下用雌激素替代疗法进行合理治疗,雌激素的使用原则是低剂量、短期,主要目的是改善更年期症状,且在治疗过程中应定期随访。只要坚持半年内查 1 次子宫、乳腺和卵巢有无病变,雌激素治疗还是比较安全的。假如骨质疏松患者无更年期症状,不主张补充雌激素。

误区十一:骨质疏松是小病,治疗无须小题大做

　　骨质疏松,可不是小病。骨质疏松患者,平时也不只是腰酸腿痛而已,一旦发生脆性骨折,尤其老年患者的髋部骨折,可导致长期卧床,病死率甚高。治疗骨质疏松不是仅凭

自己吃药就可以了,要看专科医生。对于已经确诊为骨质疏松的患者,应当及早到正规医院接受专科医生的综合治疗。

误区十二:骨质疏松是老年人特有的现象,与年轻人无关

随着人口老龄化,骨质疏松越来越是一个普遍的健康问题了,但不少人认为骨质疏松是老年人的专利,中青年人不用理会。实际上要想预防骨质疏松,不是老了要补钙那么简单,而是在年轻时就要预防。

人体的自然规律是35岁左右骨量达到峰值,之后就开始下降。趁年轻时多给自己存骨量这个道理像存钱。如果把骨量与存款做个类比,假如存款低于2.5万时因生活易发生意外情况而出现危机,定义为贫困;若骨量$T \leq -2.5$就定义为骨质疏松,容易因为摔倒等意外而发生骨折(T值是衡量骨量的单位),年轻时就经常锻炼的人,骨髓内能存储更多钙,老了慢慢释放,不容易患骨质疏松,而且锻炼无论什么时候开始都对骨骼健康有益。所以趁年轻,除了往账户里多存点钱,还得给自己骨骼里多存点钙! 不然老了患了骨质疏松,还怎么环游世界? 少壮不努力老大徒伤悲,年轻不锻炼老了骨质松。

误区十三:防治骨质疏松等于补钙

骨质疏松不等于缺钙,单纯补钙不能防治骨质疏松和骨质疏松性骨折。补钙只是辅助治疗手段。

简单来讲,骨质疏松是骨代谢的异常造成的,即人体内破骨细胞的影响大于成骨细胞,以及骨吸收的速度超过骨形成的速度。补钙和维生素D确实有助于预防骨质疏松,但希望仅用补钙的方式来治疗骨质疏松是不行的。骨质疏松是需要治疗的疾病。如果老年人被诊断为骨质疏松了,须听从医生的指导,使用治疗骨质疏松的药物。有些骨质疏松患者属于继发性骨质疏松,也就是生了别的病,然后导致了骨质疏松,比如甲状旁腺肿瘤等,这些患者需要首先治疗原发疾病,否则补多少钙也没有用,甚至会加重病情。对于骨质疏松患者来说,每天补充的纯钙量要达到1 000 mg,这个补钙量包括饮食中的钙和额外补充的钙剂。因此骨质疏松的治疗不是单纯补钙,而是综合治疗,提高骨量、增强骨强度和预防骨折。患者应当到正规医院进行诊断和治疗。

误区十四:靠自我感觉可发现骨质疏松

大多数骨质疏松是由骨强度下降导致骨折危险性增加的一种骨代谢疾病。骨强度主要由骨密度和骨质量来体现。有些人出现骨质疏松后,会伴有腰背疼痛、身体变矮、驼背等情况,但大多数骨质疏松的患者没有症状。随着年龄的增长,人骨质中的网状结构逐渐稀疏,骨骼就像一根被白蚁侵蚀的梁柱。从外表看,其依然是正常的木头,但里面早已被蛀空,稍不留神,脆弱的骨骼就会发生骨折,尤其是髋部骨折危险性更大。目前医院可以通过测量骨密度来预测骨折发生的可能性,很多人都是在骨折后到医院就诊,才知道自己已经患了骨质疏松。此外,老年糖尿病患者的骨折发生率比较高。这主要是因为糖尿病影响了骨质量。因此,"糖友"更应该注意控制血糖并尽早防治糖尿病性骨质疏松。

误区十五:骨质疏松属于退行性疾病,无法防范,一旦出现骨质疏松,就无法增加骨密度,只能延缓骨质流失

一般而言,从年轻时就注重饮食补钙并坚持运动、保持合适体重的人,患骨质疏松的可能性较低,或将最大限度地推迟骨质疏松的发病年龄,即便出现症状也较轻,且发展的速度较慢。根据临床观察,有相当一部分患者在合理治疗1年后,复查显示骨密度上升。说明治疗并非只是延缓骨质的流失,而是使骨质流失停止,同时可以改善骨骼质量。

误区十六:骨质疏松是随着机体衰老自然出现的疾病,骨质疏松不用预防,也没有办法预防

首先,我们应当明确,骨质疏松是可防可治的慢性病。虽然骨质疏松被视为一种自然的衰老的体现,但是这种表现是可以预防的。一般来说,正常人从30岁开始,身体的各个器官就会开始出现衰老的表现,骨关节系统也不例外。而绝经期后的女性由于失去了雌激素的刺激,骨质疏松的进程会进一步加快。

预防比治疗更现实、有效。预防骨质疏松应从儿童期开始,并贯穿生命的全过程,以获得理想的骨峰值和防止骨量的丢失,否则就容易导致骨折的发生。人一般在30岁左右达到最佳骨峰值,之前是储备期,之后均属支出。骨峰值的高低有70%~80%决定于遗传因素,20%~30%决定于环境因素。环境因素中已被证实的有两点:富含钙的饮食和规则的负重锻炼有利于建立理想的骨峰值。因此,从儿童期开始即进食富含钙、低盐和适量蛋白质的饮食,注重获得足够的光照,同时进行规律的负重运动可以达到满意的骨峰值,那么发生骨折的概率就会减少。成年和老年期骨量丢失的速度与骨质疏松和骨折的发生具有密切的关系,避免和干预骨量的丢失也十分重要。

因此,绝大多数人需要从30岁开始就预防骨质疏松,通过多食用高钙的食物、适度运动等方式增加骨密度,预防骨质疏松。

误区十七:骨质疏松是自然衰老造成的,无须治疗

随着人类寿命的延长,老龄人口不断增加,一些与增龄相关疾病的发病率也在逐年增加,老年人需要关注的四大疾病为高血压、高脂血症、糖尿病与骨质疏松。这些疾病的发生均与增龄有关。也可以说与自然衰老有关,但是并非不需要治疗或没有办法治疗。事实上,上述疾病都是可以预防和治疗的,其中骨质疏松即可通过生活方式干预、补钙,必要时配合药物治疗而减轻患者的疼痛,预防骨折的发生,从而提高老年人的生活质量并延长其寿命。

误区十八:有骨质增生者不能补钙

骨质疏松常常合并骨质增生(即通常说的骨刺),而骨质增生常常是继发于骨质疏松后机体的代偿过程中发生钙异位沉积。这时钙常常沉积于骨关节表面而形成了"骨刺",补钙可以纠正机体缺钙状态,从而部分纠正这一异常过程,减少"骨刺"的形成,甚至使已形成的"骨刺"减少,因此患有骨质增生的患者如同时患有骨质疏松仍需补钙治疗。

误区十九:老年人治疗骨质疏松为时已晚

很多老年人认为骨质疏松无法逆转,到老年期治疗已没有效果,为此放弃治疗,这是十分可惜的。当然从治疗的角度而言,治疗越早效果越好,但再晚也不迟。所以,老年人一旦确诊为骨质疏松,应接受正规治疗,以减轻痛苦,提高生活质量。

误区二十:骨质疏松要靠自我感觉发现

多数骨质疏松患者在初期都不出现异常感觉或感觉不明显。发现骨质疏松,不能靠自我感觉,不要等到发觉自己腰背痛或骨折时再去诊治。高危人群无论有无症状,都应定期去具备双能 X 线吸收仪的医院进行骨密度检查,这有助于了解骨密度变化。

误区二十一:骨质疏松患者无须看专科医生

骨质疏松的患病率随年龄的增长而增加,它是人体骨新陈代谢过程中钙长期缺乏造成骨循环不平衡,导致骨质有机成分不足、骨组织显微结构改变的结果。骨质疏松是一种代谢性疾病,所以应在内分泌科就诊。对于已经确诊骨质疏松的患者,应及早到正规医院接受专科医生的综合治疗。

误区二十二:骨质疏松骨折术后就不会再骨折了

发生骨折,往往意味着骨质疏松已经十分严重。骨折手术只是针对局部病变的治疗方式,而全身骨骼发生骨折的风险并未得到改变。因此,我们不但要积极治疗骨折,还需要客观评价自己的骨骼健康程度,以便及时诊断和治疗骨质疏松,防止再次发生骨折。《防治骨质疏松知识要点》中还提醒,均衡饮食、适量运动和每天 20 分钟以上的光照可对预防骨质疏松有很大帮助。

误区二十三:人老了身高变矮很正常,与骨质疏松无关

人老了身高变矮,是老年性骨质疏松的典型表现。骨质疏松是一种全身退行性代谢性骨骼疾病,临床表现为骨量减少,骨微结构破坏,进而骨强度下降,脆性增加和易于骨折。我们都知道,骨骼是人体的支架,健康有力的骨骼让人身姿挺拔,精神矍铄;而骨质疏松、骨骼变形甚至骨折的患者,其状态可想而知。

一般来说,脊椎椎体前部几乎多为松质骨组成,而且此部位是身体的支柱,负重量大,尤其第 11、12 胸椎(T_{11}、T_{12})及第 3 腰椎(L_3),负重量更大,容易压缩变形,使脊椎前倾,背曲加剧,形成驼背。老年人骨质疏松时椎体压缩,每椎体缩短 2 mm 左右,身长平均缩短 3 ~ 6 cm。身高缩短是老年人骨质疏松的常见症状之一。同时,脊柱椎体发生楔形变,导致脊柱前倾,背曲加剧,进而出现驼背。

误区二十四:骨头不痛不痒,就不会得骨质疏松

骨质疏松是一个与增龄相关的疾病。有的人患了骨质疏松会出现腰背疼痛,但大多

数骨质疏松患者是没有症状的。建议中老年人定期进行一次骨密度检测。以下人群要特别注意预防：①绝经早的女性，如小于45岁就绝经的女性；②绝经1年以上的女性；③其他疾病引起雄激素或雌激素减少者，如女性卵巢切除者，或男性雄激素缺乏者；④长期用糖皮质激素类药物者；⑤有骨质疏松、骨折家族史者；⑥低体重女性；⑦慢性病患者，如患肾上腺疾病、红斑狼疮、风湿性关节炎者；⑧缺乏运动者；⑨吸烟、喝酒、喝咖啡者。符合以上条件者为骨质疏松的高危人群，建议每年进行一次骨密度检查，对骨密度偏低或骨密度每年明显减少者，应及早进行治疗并予以重点监测以早期检出骨质疏松。

误区二十五：老年人骨质疏松很常见，老了再预防来得及，年轻时不用管它

在骨骼形成的过程中，骨密度有个峰值概念，就是说人从出生到老，骨矿物质的含量是不断变化的。先是由少到多，然后由多逐渐减少的过程，骨量最多的时候就称为骨的峰值。峰值出现大约在35岁左右，40岁后骨量就开始减少了，并随着年龄的增长，减少的速度逐渐加快。应该在这个时期及早树立预防意识。

所以，骨质疏松的预防不仅是中老年人的事情，更应该从儿童、青少年时期开始注意。体育锻炼贵在坚持，儿童、青少年时期每天运动时间应不少于1 h，成年人每天运动时间应不少于30 min，适宜的锻炼项目包括健步走、游泳、做体操等。在青少年及成年时期坚持良好的生活方式，不吸烟，不饮酒，少喝咖啡、浓茶，谨慎使用影响骨代谢的药物，尽量避免骨质疏松的危险因素。这些都有助于保存体内钙质，将骨峰值提高到最大值，是预防老年骨质疏松的最佳措施。

误区二十六：老年人跌倒是意外，与骨质疏松无关，小心走路预防就行了

老年人跌倒发生率高、后果严重，是老年人伤残和死亡的重要原因之一。美国疾病预防控制中心2023年公布数据显示：美国每年有25%的65岁以上老年人出现跌倒。我国已进入老龄化社会，65岁及以上老年人已达2.17亿。按25%的发生率估算每年将有5 000多万老年人至少发生1次跌倒。老年人跌倒的发生，并不一定像一般人认为的只是一种意外，而可能是存在潜在的危险，可能患了骨质疏松。积极地开展干预，将有助于降低老年人跌倒发生，减轻所致伤害的严重程度。

骨骼是人体的支架，当发生骨质疏松时，这个框架结构的支柱就会慢慢变形甚至倒塌。因此，我们要及早预防，从青少年开始就注意合理膳食和适度的体育锻炼，并保持良好的生活方式。目前，随着人口老龄化进程的不断推进，我国骨质疏松患者的患病人群已达9 060万人，患病率为7.01%，并出现逐年增长趋势。所以，对于骨质疏松这种有着"沉默杀手"之称的疾病，老年人要注意预防，而其防治的关键在于从日常生活做起。

误区二十七：骨质疏松是一种生理性改变

很多人认为，人老了一定会出现骨痛、驼背和身高缩短等骨质疏松的表现。实际上，骨质疏松虽然是增龄性疾病，常见于绝经后妇女和老年男性，但并不是生理现象，也并非每个老年人都会患上骨质疏松。骨质疏松是可以预防和治疗的疾病。保持良好的生活

习惯、适量摄入维生素 D 和钙剂,可以预防骨质疏松。一旦被确诊为骨质疏松,及早接受相关药物治疗,可以缓解骨痛、阻止身高缩短、降低发生骨折的风险。

误区二十八:男性不会患骨质疏松

大多数人认为,骨质疏松是一种"妇女病",与男性无关。实际上,骨质疏松也是男性常见病,我国 60 岁以上男性骨质疏松患病率约为 15%。男性发生骨质疏松与不良生活习惯有关,如抽烟、酗酒、活动少等。性腺功能减退也是男性患骨质疏松的重要因素。

误区二十九:骨质疏松无法早期发现

临床上,很多老年人是在发生了骨折以后,才知道自己患有骨质疏松。其实,这些老年人已经罹患骨质疏松多年,只是自己未察觉罢了。早期发现骨质疏松,其实并不困难。通过双能 X 线吸收仪检查骨密度,就可以及早发现骨质疏松或骨量减少(骨质疏松前期)。该仪器精密度非常高,就算只有 1% 的骨量下降,也可以被发现。建议 50 岁以上人群(无论男女)每年做一次骨密度检查。

误区三十:骨质疏松只需要短期治疗即可

骨质疏松是慢性疾病,需要长期治疗。通常,用抗骨质疏松药物治疗 3 个月后,骨转换指标才会有变化;骨密度的变化,往往需要 1 年,甚至更长时间。因此,骨质疏松的治疗是长期过程,至少需要 1 年,一般疗程为 1~3 年。有骨折的患者,治疗时间通常需要 3~5 年。

误区三十一:脆性骨折手术后高枕无忧

所谓脆性骨折,就是低暴力下骨折,多在跌倒后发生,常常发生于老年人,常见骨折部位是胸椎、腰椎、腕部和髋部。由于老年人发生脆性骨折的主要病因是骨质疏松,故术后仍须积极治疗,降低再次骨折的风险。

误区三十二:只要保持均衡营养、适度锻炼就可以预防骨质疏松了

研究表明,合理营养、积极锻炼可以减少骨质疏松 50% 发病率或推迟发病年龄。补充钙剂和维生素 D 只是防治骨质疏松的基础治疗,还应进行抗骨吸收药物治疗。抗骨吸收药物治疗不仅能延缓骨量丢失,还能降低骨折或再次骨折的发生风险。

误区三十三:治骨质疏松不用辨病因,补钙即可

骨质疏松主要分为两大类,即原发性骨质疏松和继发性骨质疏松。女性绝经后出现的骨质疏松、老年男性出现的骨质疏松都属于原发性骨质疏松;由某些疾病或某些诱因(如药物)引起的骨质疏松则属于继发性骨质疏松。

继发性骨质疏松,如钙营养不良等引起的骨质疏松,补充钙剂就非常有效;而原发性骨质疏松就不能依靠补钙来治疗。绝大多数老年人发生的骨质疏松属于原发性骨质疏

松,这类老年人应该在医生的指导下进行治疗,比如绝经期女性可补充雌激素等。因此,盲目补钙可能会没什么作用。

补钙和维生素 D 确实有助于预防骨质疏松,但希望通过补钙的方式来治疗骨质疏松是不科学的。骨质疏松是需要治疗的疾病。如果老年人被诊断为骨质疏松了,必须听从医生的指导,还要使用治疗骨质疏松的药物。有些骨质疏松患者属于继发性骨质疏松,也就是生了别的病,然后导致骨质疏松,比如甲状旁腺肿瘤等。这些患者应该先治疗原发疾病,否则补多少钙也没有用,甚至可能会加重病情。对于骨质疏松患者来说,每天补充的纯钙量要达到 1 000 mg,这个补钙量包括饮食中的钙和额外补充的钙剂。

误区三十四:骨质疏松和其他微量元素无关

最近的研究认为,在营养素中,骨质疏松不仅仅与钙和维生素 D 有关,与微量元素铜、锰、锌也都密切相关。

为什么微量元素铜、锰、锌与骨质疏松有关? ①铜是赖氨酰氧化酶的辅助因子,与骨骼内的胶原蛋白及弹性蛋白的交联有关。②锰参与了黏多糖的生物合成,与骨骼中有机间质的形成有关。有调查发现,若每天膳食中锰含量仅 0.11 μg/d,40 d 后,不仅锰出现负平衡,而且还会影响血清钙、磷酸与碱性磷酸酶。这表明锰缺乏会影响骨骼的再形成。③锌缺乏则会使成骨细胞的活力、胶原蛋白与硫酸软骨素的合成,以及碱性磷酸酶降低。动物实验证明虽然钙的摄取量足够,但 3 种微量元素长期缺乏都会使成骨细胞活力降低而破骨细胞的活力增加,形成大鼠与兔子的骨质疏松。

美国加利福尼亚州的一项研究,观察 137 名停经后妇女,随机分为 4 组:①安慰剂组,不补充钙,也不补充微量元素,只从膳食中摄取钙,经过计算平均每天钙摄入为 624 mg;②微量元素组,除膳食中的钙以外,还补充铜元素 5 mg、锰元素 2.5 mg 和锌元素 15 mg;③补钙组,除膳食中钙以外,还补充了钙 1 000 mg;④补钙加上微量元素组,除膳食中钙以外,还加上钙制剂 1 000 mg、铜 5 mg、锰 2.5 mg 和锌 15 mg。

经过 2 年的观察:137 名停经妇女中共有 48 名妇女同时服用雌激素,各组中的骨矿物化密度与不服用雌激素的比较,并没有区别。在 4 组中:安慰剂组即仅摄取膳食中钙 624 mg,骨矿物化密度最低,为-2.23%,低于基线 3%;微量元素组即仅摄取铜 5 mg、锰 2.5 mg、锌 15 mg 与膳食中钙 624 mg,其骨矿物化密度为-1.66%,低于基线 2%;补钙组即除摄取膳食中的钙以外,还摄取钙制剂 1 000 mg,其骨矿物化密度为-0.50%,仍低于基线 1.5%,这组还是对防治骨质疏松比较有效的;补钙加上微量元素组除膳食中的钙以外,尚补充钙制剂 1 000 mg、铜 5 mg、锰 2.5 mg、锌 15 mg,其骨矿物化密度为+1.28%,已高于基线 0.2%,达到正平衡。

从此结果可以看出,要防治老年尤其是老年妇女骨质疏松单独使用钙制剂还不是最理想的,要加上适量的微量元素。防治骨质疏松有多种方法。如激素替代疗法、基因疗法、药物治疗。但比较起来,还是用钙制剂加上微量元素铜、锰、锌,既简单、经济,又行之有效。

二、有关补钙的误区

骨质疏松带来的严重后果有疼痛,并容易引发骨质疏松性骨折,从而致残甚至致死。正因为老人们对骨质疏松心存恐惧,再加上广告上对补钙作用的夸大宣传,许多老年人开始盲目补钙。老年人补钙过量,不但无益反而有害,造成这种局面的主要原因是老年人在对补钙的认识上存在着误区。

误区一:人人需要补钙,越早越好

补钙是应在特殊需要人群中进行的,如孕妇、缺钙儿童以及确因钙摄入不足而引起骨质疏松的人,不可盲目补钙。如无须补充而进行补钙,会引起高钙血症、泌尿系统结石等不良后果。而且对真正的骨质疏松患者也不是一补了之。中青年时期应加强运动,膳食不均衡的人应忌烟、忌酒、规律饮食,适当运动,接触阳光;老年骨质疏松者多与其体内代谢不佳、维生素 D 水平不高有关,应适量补充与维生素 D 相关的药物;儿童、孕妇应以食补为主,适量增加牛奶、蛋、肉类摄入,如无效再进行药物治疗;绝经期后的妇女可进行雌激素替代治疗。

误区二:补钙越多越好

物极必反,过犹不及。钙补得越多,吸收得越多,形成的骨髓就越多? 这是个误区,一般来说,年龄超过 50 岁以上的人,每天需要摄入 1 000 mg 的纯钙。但补过量的钙,并不能变成骨髓,反而有可能会引起并发症,危害老年人的健康。任何营养素的补充都要遵循一个适度的原则,补钙也是如此。

人每天摄入钙的总量是有限制的,无论是通过食物补钙还是药物补钙,或者食补与药补兼顾。摄入的纯钙量过多,不但可能导致便秘、肾结石等疾病,长期高浓度补钙剂可能妨碍其他营养素,如铁、铜的吸收和利用。有些老年人喜欢喝骨头汤,认为这种方式能补钙,但科研人员曾经做过研究,发现骨头汤里的钙含量很少。想用骨头汤补钙,需要在汤中加上醋,再慢慢地炖上一段时间,原理是醋可以有效地帮助骨钙溶出。

钙补多了,可能会导致肾结石。因此,患有结石病的人要注意明确自己生成结石的病因,如果是患者自身的代谢出了问题生成结石的,要明确诊断、去除病因,然后酌情补钙,还要注意选择钙的剂量;如果是因为钙摄入过量产生的结石,则需停止补钙,请医生帮忙进行下一步处理;急性期心血管病患者补钙要慎重,如果没有医生指导,这类患者不要随意补钙。

误区三:隔着玻璃晒太阳也能补钙

晒太阳与补钙之间确实有着密切的关系。实际上是晒太阳可以帮助人体获得维生素 D,而维生素 D 可以帮助人体吸收钙。具体来说,是太阳光中的紫外线帮助人们将皮肤中所含的维生素 D 前体转换成维生素 D。但紫外线有个特点,它的穿透性比较差,薄薄的一张纸,或者一层防晒指数超过 30 的防晒霜,甚至雾霾都能将紫外线隔绝开,隔着玻璃晒太阳对皮肤合成维生素 D 完全没有作用。不仅隔着玻璃晒太阳没有效果,在我国北方城市,例如北京这样的地理纬度,每年的 12 月和次年的 1 月,太阳照射的入射角太小,阳光内所含的紫外线大多被臭氧层吸收,即使在户外晒太阳皮肤也合成不了足量的维生素 D。很多老年人不知道,老年人皮肤合成维生素 D 的能力只有年轻人的二分之一,因此,建议冬季时老年人在补钙的同时也需要同时补充适量维生素 D,长期卧床不便于到室外活动的老年人也需要补充维生素 D。这不仅对骨髓有好处,同时也有益于增加肌肉量、增加肌肉强度,对于防止跌倒等都有一定的好处。

误区四:骨头汤是最好的补钙食物

在民间常有"吃啥补啥"的说法,但喝骨头汤补钙的说法,其实是一种误解。喝骨头汤不能补钙。骨头汤内含有丰富的蛋白质和脂肪,对健康是有一定益处的,但单纯靠喝骨头汤却达不到补钙的目的。因为骨头汤里的钙含量微乎其微。对于骨头来说,尽管其储存了机体 90% 以上的钙,但是这些结合状态的钙,即使在高温下,也不能溶于汤汁中。有研究证明,一碗骨头汤中的钙含量仅 2 mg,如果按每天需额外补充 600 mg 钙计算,需要喝 300 碗汤才能达到这一水平,可见喝骨头汤并不能达到补钙的作用。不仅如此,老年人如果大量摄入骨头汤里的脂肪,还会引发其他健康问题。

误区五:把可乐、咖啡可当水喝与钙无关

近些年,骨质疏松的患者有年轻化的趋势,其中一部分原因可能要归咎于年轻人常喝的可乐、雪碧。碳酸饮料中含有磷酸,它不仅会降低人体对钙的吸收,还会加快钙的流失。

误区六:一次补很多钙对身体好

一次补钙不要补太多,应该少量多次。建议买剂量小的钙片,每天分 2～3 次服下。尤其对于老年人,胃肠消化吸收功能下降,少量多次补钙可以减少便秘、肾结石以及膀胱结石等问题的出现。

误区七:补钙后不需要运动

被人吃进的钙首先进入胃肠,然后转移到血液,最后才从血液转移到骨骼。所以人只有多运动、增加锻炼强度和频率,血液中的钙才会向骨骼中转化。因此,运动能帮助提高钙吸收和保持骨密度。最有利于骨健康的项目是散步、慢跑、爬楼梯和跳舞,建议每周最少做两次有氧运动。

误区八:补钙只补充钙元素即可

我们中国人本身维生素 D 的水平比较低,导致很多钙补进去的时候无法吸收和利用,甚至出现天天补钙还缺钙的情况。所以应选择元素钙含量高的高浓度钙源如碳酸钙源,以充分满足补钙量的需求。除了元素钙外,维生素 D 也很关键。维生素 D 就像一辆

运输车,只有它存在,钙质才能被"搬运"到人体中。

误区九:钙剂最好选液态

有的人认为液态钙比钙片更容易吸收,其实钙的吸收场所主要不是胃,而是肠道。因此,服下的钙剂,需要有一个很好的保护机制,在胃里不受胃酸的干扰,而能被肠道吸收,而补充液体钙剂很难达到这一点。

误区十:含钙越高的食物补钙效果越好

大家更倾向于天然食物对钙的补充,不过这里有一定的误区,含钙高的食物,补钙的效果不一定就好。日常饮食补钙要选含钙高且易吸收的食物。

误区十一:粗粮是健康饮食新宠儿,还可补钙

其实粗粮不仅不能补钙,还有碍于钙吸收。大量进食粗粮,在延缓碳水化合物和脂类吸收的同时,也在一定程度上阻碍了部分常量和微量元素的吸收,特别是钙、铁、锌等元素。因此,吃粗粮要适量,老年人更是要粗细搭配才不会影响吸收消化。

误区十二:坚果补钙效果最好

很多人都认为长身体的孩子和骨质疏松的老人要多吃坚果。大多数坚果和种子富含钙及其他矿物质,但是坚果常含有草酸,影响钙吸收。另外,坚果能量和脂肪含量较高,建议摄入量每天不能超过 30 g,作为钙质及整体膳食的合理补充即可。

那么,什么食物有助于我们补钙?专业营养师认为,深色蔬菜是补钙入骨的好助手。近年来的研究证实,绿叶蔬菜中的维生素 K 是骨钙素的形成要素,骨钙素对钙沉积入骨骼有着重要作用。蔬菜含有大量的钾、镁元素,能帮助维持酸碱平衡,减少钙的流失,本身还含有不少钙,如小油菜、小白菜、芥蓝、芹菜等,都是不可忽视的补钙蔬菜。另外,牛奶是最直接有效的补钙食物。牛奶一直是膳食营养指南当中公认的补钙食品。乳糖不耐受的人群适宜选择酸奶代替牛奶。肥胖者、高脂血症人群则比较适合饮用脱脂奶。营养专家建议人们平常多喝些添加维生素 A、维生素 D 的复合奶,因为维生素 A、维生素 D 在胃肠道对钙的吸收中起着重要作用,因此添加后的复合奶补钙作用会更好。

需要强调的是,不同的钙源食物各有自己的营养特色,摄入一种钙源食物不如摄入多种钙源食物,这样才能达到扬长避短、互补互助的效果,更容易实现维系骨骼的整体健康。

误区十三:一般人都不缺钙,不用补

营养调查发现,中国居民钙剂摄入普遍不足,每天约有 600 mg 的钙缺口。中国第三次和第四次全国营养调查结果公布人均膳食钙摄入量分别为 405.4 mg/d、390.6 mg/d,仅达推荐供给量 50% 左右。因此,提倡我国居民进行普遍、合理的补钙是必要的。对年龄大于 40 岁的妇女和 65 岁以上的男子,在膳食以外,适当补充钙剂不失为提高钙营养状况的一种有效途径。

误区十四:膳食因素不会对补钙产生不好的影响

目前认为,膳食中的一些因素对补钙有不好的影响,如高蛋白、盐及咖啡因等,不利于骨健康,而多食蔬菜、水果有助于补钙。

研究发现膳食蛋白质、钠及咖啡因与骨健康间存在负相关。人们都了解,吃得太咸对身体无益。但很少有人知道,摄入过多的食盐还会增加尿钙的排泄,影响钙在人体内的存留。所以,补钙饮食要以清淡为主。过量摄入咖啡因也可以引起尿钙排泄增多,减少对钙的吸收,从而导致骨密度下降,骨折风险增加。

误区十五:补钙会增加泌尿系结石的发生

患有肾结石的人常常顾虑,钙摄入量增多,导致尿钙增加,这样可能会容易引起泌尿系结石。研究认为:低蛋白、低钠和足量钙的膳食有利于减少泌尿系结石的发生,相反低钙膳食并不能降低结石的复发。

误区十六:补钙增加心血管疾病风险,增加死亡率

最近,发表于《骨与矿盐研究杂志》(*JBMR*)的一篇绝经后女性补充钙剂对于冠心病的住院和死亡的影响随机对照试验的 Meta 研究结果表明,钙剂补充不增加全因死亡率和冠心病风险。

需要注意的是,补钙是因人而异的,并不是每个人都要补钙,也不是说所有的疾病都可以补钙。比如肾衰竭的患者补钙要注意,因为尿少,可能会引起高钙血症。补钙应该在医生的指导下。

误区十七:补钙不讲剂量,随意补充即可

补钙应注意每日剂量。关于每日钙的推荐摄入量,2011 年中华医学会骨质疏松和骨矿盐分会建议中国成人每日钙摄入推荐量为 800 mg(元素钙),绝经后妇女和老年人每日钙摄入推荐量为 1 000 mg。国际骨质疏松基金会(NOF)2013 指南对钙剂的建议为:男性 50~70 岁每日钙摄入推荐量为 1 000 mg,女性 51 岁以上及 71 岁以上男性每日钙摄入推荐量为 1 200 mg,钙摄入量大于 1 200 mg/d,获益有限,且还可能增加肾结石、心血管及脑中风事件的发生。

误区十八:补钙,每天吃钙片即可

补钙,首先应重视膳食补钙。饮食补钙,既安全又经济,是首选。牛奶(每 250 mL 含钙 300 mg)及豆制品是钙的良好来源且其中的钙容易被吸收。含钙高的食物还有鸡蛋、虾米、奶酪、海带、紫菜、牡蛎等。适量的优质植物蛋白和新鲜的蔬菜和水果能促进钙质吸收。但一些蔬菜(如菠菜、卷心菜、茭白、冬笋等)在食用前最好先用水焯一下,以减少草酸含量。

误区十九:服用钙剂,一天中什么时候服都一样

服用钙剂也有最佳时间。口服钙剂以清晨和临睡前各服用 1 次为佳。若采取每天 3~4 次的用法,最好是在饭后 1.0~1.5 h 服用,以减少食物对钙吸收的影响。若是每天 1 次的用法,则以每晚临睡前服用为最佳。

误区二十:患有肾结石,说明体内钙太多了

其实,导致肾结石的原因很多,甚至有因骨骼中钙流失过快过多,而使尿钙排出过多,引起肾结石的。所以肾结石与体内钙的多少没有直接关系,患者更应当警惕是否有骨钙流失的情况。

误区二十一:去保健品商店诊断骨质疏松并选购保健品

值得人们注意的是,当前有许多人是在保健品商店诊断出骨质疏松和缺钙的,现在许多城市出售钙制品的商店,为了促销而专门备有检测骨密度的仪器,大肆宣传,免费测试。因此许多人图方便赶去测量,其结果几乎人人都缺钙,老年人更是人人都是骨质疏松患者。几乎每个测试者都要带着大包钙制品而归。显然,这种做法是不对的。因为,确诊骨质疏松和缺钙与否,不能通过一项检查就能决定,而且,许多商店检测人员并非医务人员,何况又是目的不纯呢! 因此,诊断是否患有骨质疏松,应到条件较好的医院去诊治。

误区二十二:看广告选购钙制品

不少人在不了解自己究竟是否患骨质疏松的情况下,而轻信广告,选购所谓最佳的钙制品,或是干脆就在测试骨密度的商店,听信测试者的话买钙制品,这种做法是错误的,常会造成不良后果。因为该不该补钙,补什么样的钙,补多少钙,如何补钙以及补钙中应注意哪些问题,这里面的学问很多。必须根据病情,从实际出发,才能收到满意的效果。否则,不仅会浪费金钱,而且还可能被劣质的钙制品损害健康,许多地方都发生过滥补钙而造成严重后果的事例。

误区二十三:补钙药物可替代补钙食物

钙进入体内可供吸收的是可分离的离子钙,不可分离的分子钙是无用的,所以人们不会用鸡蛋皮补钙。据报道,目前药物含钙量最高的有 600 mg 左右,人体对药物中的钙吸收率最高的也就是40%,而牛奶是60%。单靠药物是满足不了人体所需的。确需补钙治疗的人群应在饮食调整、增加运动的基础上适当补充钙类药物。含钙量较高且易吸收的食物有牛奶、肝、蛋、肉类、海产品、豆制品等。蔬菜中含钙量也较高,但因其是草酸钙,不能被吸收。总之,骨质疏松成因多,因人而异。治疗也应在增加运动、平衡饮食基础上针对病因添加适合的药物如钙剂、维生素 D 剂等。骨质疏松的形成是长期的,治疗也往往需要坚持半年到 1 年时间才能见效。

误区二十四：血钙正常，就是不缺钙，即使患骨质疏松，也不需补钙

血钙正常不等于骨骼中的钙正常。血液中的钙含量通过多种激素的调节使其维持在狭小的正常范围内，这些激素是甲状旁腺激素、降钙素、活性维生素 D。当钙摄入不足或丢失过多而导致机体缺钙时，会通过激素调节破骨细胞重吸收骨质而使骨骼这一巨大的钙储备库中的钙释放到血液中，以维持血钙于正常范围内，此时骨中的钙发生流失；当膳食中钙摄入增加时，则通过成骨细胞重新形成骨质而重建钙的储备，上述平衡如被打破即会引发骨质疏松。需要强调的是原发性骨质疏松即使发生严重的骨折，其血钙水平仍然是正常的，因此补钙不能简单地只根据血钙水平而定。

误区二十五：维生素 D 就是钙片

维生素 D 不是钙片，是维生素。不过，维生素 D 与钙片之间具有密切的联系。钙的吸收一定需要维生素 D 的参与：①维生素 D 是钙的忠实伴侣，可以促进肠道钙吸收。②"活性"维生素 D 是维生素 D 的活化形式。维生素 D 本身无活性，需经过肝脏、肾脏转化成"活性"维生素 D 后才能发挥生物学作用。③阿法骨化醇与骨化三醇即是"活性"维生素 D。不过，前者需经肾脏进一步转化后才起作用，后者可直接发挥作用。

误区二十六：患有肾结石者不能补钙

导致肾结石的原因很多，如尿路畸形、尿路梗阻、尿液过度碱化或尿中草酸过多，甚至因机体缺钙而导致骨钙释出过多，进一步通过尿排出过多等，当然过多补钙或应用活性维生素 D 也可导致肾结石。需要强调的是肾结石患者应注意以下几点：①查找"肾结石"原因，如甲状腺功能亢进症、尿路畸形等；②监测血钙；③监测尿钙与尿 pH；④区别不同情况，个体化补钙。

误区二十七：人不同于植物，阳光不重要

阳光关乎着人体的钙磷代谢，阳光对人体非常重要。骨骼是人体最大的钙储存库，就像银行一样调节着人体的钙磷代谢，钙既能储入，又能不断地取出。正常情况下，骨的新陈代谢通过成骨细胞形成新骨，破骨细胞把旧骨分解。人的一生中骨的形成和吸收不断动态平衡地进行。受一些因素影响，骨量加速流失，就会出现骨质疏松。

钙是人体含量较多的无机元素之一，当人体缺乏钙质的时候就会腰背酸疼、腿部抽筋，甚至因为骨密度降低、骨质疏松而发生骨折，但是单纯补钙不能消除以上症状。维生素 D 对于钙质吸收和骨骼健康发挥着重要的作用。有人把钙质吸收同维生素 D 这两者的关系形容为"一扇锁住的门与一把钥匙的关系"。维生素 D 就是打开这扇门的钥匙，它可以使得钙质滞留在肠道，吸收进入血液中。

太阳光中紫外线的照射能使人体自己产生维生素 D，这是一个非常重要，但又往往被忽视的因素。由于老年人的肾老化，老年人肾脏各项功能减退，其中包括对维生素 D 的吸收和利用能力发生障碍。这主要是由于老年人肾脏比年轻时明显缩小，重量减轻

2%～25%;50%的老年人肾脏表面不光滑,其中14%有瘢痕;肾单位(肾小球+肾小管)的数量从50岁起逐渐减少,70岁时肾单位总量为年轻时的1/3～1/2。因此在预防和治疗骨质疏松时,不宜使用一般的维生素D,要使用能够直接利用的维生素D制剂——活性维生素D。在国内用得比较多和效果比较好的阿法骨化醇,它不仅能加速钙进入肠吸收细胞,调节钙的代谢,提高钙的吸收和利用率,还能增加肌肉力量,改善身体平衡,减少跌倒,降低骨折发生从而全面保护骨质疏松患者。

三、老年骨质疏松患者日常护理的误区

随着常见疾病宣传力度的增加,人们对于骨质疏松的认识不断增加。很多人了解到,骨质疏松患者容易出现骨性疾病和骨折,影响人们的正常生活。因此老年骨质疏松患者在日常生活中加强了对相关疾病的预防和护理。但是,很多老年骨质疏松患者对于该病的认识是一知半解,甚至存在错误的观点,生活中存在较大的盲目性。骨质疏松的出现严重影响了老年人的生活质量,但是该病发生的机制较为复杂,需要提高患者的认知水平,从而做好日常生活的防范措施,避免走入误区。

误区一:老年人只要多补充钙就可以改善骨质疏松

很多老年骨质疏松患者认为缺钙是引起骨质疏松的主要原因,但是该病的诱因有很多,包括体重过低、内分泌异常、抽烟酗酒、过量饮用咖啡或碳酸饮料、运动量不足、饮食中缺乏钙质和维生素D、存在影响骨代谢的原发疾病(甲状腺功能亢进症、甲状腺功能减退症、糖尿病等)或是服用了影响骨代谢的药物(糖皮质激素、免疫抑制剂等)。除了上述原因之外,年龄与骨质疏松的发生有密切的相关性,而缺钙只是引起骨质疏松的原因之一,仅通过补钙可能无法改善骨质疏松。骨质疏松的治疗不仅仅需要补钙,还需要通过其他的干预措施来改善这一症状,包括纠正患者的不良嗜好、戒烟戒酒、健康饮食,必要时需要服用药物治疗,药物治疗方案则需要结合患者的实际情况确定。

误区二:只要不进行过激运动就不会发生骨折

老年骨质疏松患者由于骨骼脆性大,有的时候甚至在没有外伤的情况下也会出现骨折,例如打喷嚏、咳嗽、抱小孩甚至是提重物等行为,且常见于脊椎骨、肋骨、桡骨和股骨。这些部位骨折对患者的正常生活造成了较大的影响,因此需要尽早采取有效的治疗措施,预防骨折的出现。一般来说,通过骨密度测定即可诊断该病,同时能够评价患者的病情状况和治疗效果,因此对于已经确诊的患者需要定期进行骨密度检测,从而评价临床疗效。

误区三:老年人补钙剂量要足

一次补钙不要补太多,应该少量多次。建议买剂量小的钙片,每天分2～3次服下。尤其对于老年人,胃肠消化吸收功能下降,少量多次补钙可以减少便秘等不良反应问题的出现。

误区四:老年性骨质疏松不需要特别护理

骨质疏松随着病情的加重会导致骨量丢失和骨结构病变,进而造成骨折而导致患者残疾或死亡。因此,需要在骨质疏松早期进行有效的干预。骨量减少是骨质疏松早期的主要表现,健康饮食、戒烟戒酒、加强户外运动锻炼等方式,能够有效改善骨量丢失的情况,从而预防疾病的进一步发展。老年性骨质疏松需要特别护理。因此需要指导老年骨质疏松患者多食用高蛋白、高钙质的食物,包括牛奶、海鲜以及豆类食品,合理服用各种钙剂,可以在平衡饮食的基础上,每天服用 500～1 200 mg 钙剂,服用剂量需要根据患者的实际情况调整,同时注重补充微量元素与维生素。在老年骨质疏松患者的日常护理中,还需要指导老年患者通过运动预防骨质疏松,坚持每天进行有氧运动,如太极拳、慢跑以及健美操等活动。每次 20～40 min,叮嘱患者多进行户外运动,多晒太阳,能够促进钙质吸收;吸烟、喝酒会影响钙质吸收,因此要劝诫患者戒烟戒酒,健康饮食、多运动,形成良好的行为习惯;同时告知患者骨质疏松发生的原因、危险因素、主要症状以及预防措施,从而提高老年患者对骨质疏松的认知水平,有助于提高患者的自我管理能力。

误区五:老年人患骨质疏松后大量补钙就能逆转骨量减少

不少的老年朋友普遍认为,人老了,骨头脆了,所以要吃钙片来防治骨质疏松,其实不是这么回事。骨质疏松是一种全身性的代谢性骨骼疾病,是人体衰老的一种表现。女性在绝经以后 5～10 年,男性在 65～70 岁更容易出现骨质疏松。无论是男性还是女性,一般在 35 岁达到一生中所获得最高骨量,称为峰值骨量,此后骨质就开始丢失。随着年龄的增长,老年人发生骨质疏松的风险逐渐增加。要想老来骨头硬朗,就得在 35 岁之前打好基础。老年人大量补钙并不能逆转骨量减少的趋势,也不可能治愈骨质疏松。

四、奶类饮食误区

我国居民膳食中普遍缺钙,与膳食中奶及奶制品少有关。经常摄入适量奶类可提高儿童、青少年的骨密度,减缓老年人骨质丢失的速度。补充足够的钙对于降低血压也十分必要。

误区一:所有人都适应喝牛奶

不是所有人都适应喝牛奶。牛奶中含有的大量乳糖会引发一些人身体上的不适。患有慢性消化道溃疡、慢性肠炎或肠胃功能紊乱的人,对乳糖的耐受性较差,常喝牛奶容易引起腹泻。所以他们就不适宜多喝牛奶,而应常喝豆奶。对于有乳糖不耐症的人来说,可以采用其他乳制品代替牛奶,如酸奶。此外,患有糖尿病的人,最好不要饮用豆奶。这是因为豆奶中含有的糖比较多,不利于糖尿病患者的身体康复。现在已经有不含乳糖的乳制品,对于有乳糖不耐症的人来说,是一个福音。

误区二：牛奶钙含量越高越好

牛奶含钙量和浓度并不是越高越好。各厂家的牛奶本身的含钙量差别并不大，但有些厂家为了寻找卖点，在天然牛奶中加进了化学钙，人为地提高了产品的钙含量。其实这些钙并不能被人体吸收，久而久之在人体中沉淀下来会造成结石。

误区三：袋装牛奶用微波炉加热

高温加热会损失牛奶的营养成分，袋装奶不能用微波炉加热。关于用微波炉热牛奶是否会破坏牛奶的营养成分问题，关键在于加热时间的长短和温度的高低。微波炉的加热速度极快，温度很高。如果用微波炉加热牛奶时间过长，会使牛奶中的蛋白质受高温作用，由溶胶状态变成凝胶状态，导致沉积物出现而影响质量。牛奶加热的时间越长、温度越高，其营养的流失就越严重。因此，要给牛奶加温，我们提倡将袋状奶放在温水里浸泡加温，这样可保持牛奶完好的营养价值。

需特别注意的是，牛奶的包装袋是用聚合物材料制成的，在温度达到 115 ℃时就会分解发生变化，因而不能放在开水中煮或用微波炉加热。盒装奶的包装用的是铝箔材料，也不能用微波炉加热。如果不能喝凉的，确实需要用微波炉加热牛奶，必须先倒入专用容器中，再进行加热。

误区四：防治骨质疏松食补不如钙补

各种防治骨质疏松的保健品、钙制剂的商业宣传泛滥，使人误认为防治骨质疏松就是补钙。医学科学研究证明，补充钙剂往往只作为骨质疏松防治基本的辅助措施之一，单纯补充钙剂对于骨质疏松的治疗是远远不够的。更重要的是要注意日常的饮食，学会从饮食中摄取必要的钙质。第一，要注意饮食的多样化，但要少食油腻和含脂肪多的食品，要注重从一些含钙量较多的食物中摄入足量的钙质。如虾、鱼、贝壳类水产品，牛肉或骨骼制品等。第二，要坚持喝牛奶，做到喝牛奶终身不断。牛奶不仅富含钙，且容易吸收。一般情况下，每天饮 250～500 mL 纯牛奶就基本满足钙的需要。第三，切忌追求"魔鬼身材"拼命节食或吃单一食品，以造成骨代谢所需的原料缺乏。第四，不宜过多食入蛋白质和咖啡因。因为过量的蛋白质在体内代谢过程中会产生许多酸性物质并从尿中排出，从而增加体内钙的丢失。咖啡因食入过多，亦可促使钙从尿及大便中排出，不利于骨量的增加。第五，戒除烟、酒嗜好。烟、酒会影响消化道对钙、磷的吸收，使体内骨代谢所需的物质处于供不应求的状态。

误区五：补钙服用钙剂最安全

最安全有效的补钙方式是在日常饮食中增加钙的摄入量，而且食物补钙比药物补钙更安全，不会引起血钙过量。首先，每天坚持喝两杯牛奶，多吃奶制品、虾皮、黄豆、青豆、豆腐、芝麻酱等含钙丰富的食物。其次，选择健康的生活方式，少喝咖啡和可乐，不要吸烟。此外，晒太阳和户外运动也有利于钙的吸收和利用。这些都是安全的补钙方法，老年人根本没有必要每天服用钙剂。

误区六:喝骨头汤,吃菠菜烧豆腐能补钙

一些人认为骨头里含钙量最高,因此,常用慢火炖骨头汤喝以补钙。还有人认为豆腐含钙多,吃豆腐烧菠菜补钙。这两种传统的补钙方法都欠科学。因为,骨头汤里含钙量并不高,特别是汤里脂肪含量高,而脂肪与钙结合成皂化物,又会妨碍钙的吸收与利用。如果能在烧骨头汤时放些醋,再去掉过多的脂肪,这样可以增加钙的吸收与利用率。由于菠菜、茭白、竹笋、洋葱、苋菜和韭菜含有较多的草酸,非常容易与钙结合成为不溶性的钙盐,很难被人体吸收利用。所以,含钙高的食物不宜与这些蔬菜一起烧或同吃。

误区七:常吃和多吃钙制品就能补钙预防骨质疏松

许多人误以为骨质疏松就是缺钙,而多吃含钙丰富的食品或钙制剂就能补钙。他们不了解钙被人体吸收和利用,还有其他条件。①维生素 D 的参与。有人称维生素 D 是打开钙代谢大门的一把金钥匙,没有它参与,人体对膳食中钙的吸收还达不到 10%。②长期吸烟、长期饮用咖啡或茶或过量饮酒者,会影响钙的吸收与利用。③长期服用可的松类激素或甲状腺激素者,也会妨碍钙的吸收与利用。④患有慢性胃肠道疾病者,钙的吸收会减少。

因此,对骨质疏松必须采取综合疗法,而且必要时应在医生指导下,应用维生素 D 制剂、降钙素、骨吸收抑制剂以及绝经期妇女雌激素的合理使用,切不可误以为这是一种小毛病而掉以轻心。

误区八:牛奶只要不过期就好

牛奶越新鲜越好。现在市场上有常温保存的超高温消毒奶和冷藏保鲜的鲜奶、酸奶产品。奶制品的新鲜程度很重要。新鲜的奶制品能保留更多的营养成分和更纯正的口感,下面是几个判别奶制品新鲜与否的识别要素与方法。

1. 离生产日期越近越新鲜。判别新鲜奶制品最直接的办法是看产品是否离生产日期最近。随着存放时间的延长,产品口感和部分营养物质会受到光、热等因素影响。一般而言,新鲜奶制品(包括鲜奶和酸牛奶)都在 30 d 以内。

2. 新鲜奶生产地越近越新鲜。对于新鲜奶来说,售卖地越靠近生产地,越有可能让消费者喝到当天生产的产品。

3. 冷藏是奶制品新鲜的保证。一般来说,新鲜奶冰箱冷室的温度要低于 10 ℃。在此温度下微生物生长速度受到抑制。同时更好地保持乳品的质地均匀、爽滑。鲜奶制品在贮存、运输甚至饮用前全程必须保持冷藏状态,既能保存更多营养,又可以获得新鲜美味的口感和防止变质。所以,注意冷藏才是新鲜的保证。

平时您可以用这三个要素来衡量,生产日期、产地和是否冷藏。越新鲜越接近天然的产品,相对营养价值就越高,口感也就越好。

五、由广告诱导的补钙误区

目前,有关补钙的宣传达到前所未有的力度,从电视、广播到报纸传媒,从普通演员到大牌明星等宣传手段、宣传方式不一而足,致使消费者在补钙的认识上存在诸多误区。应当使人们明白其中的道理。

误区一:补钙越多,对身体越好

如果人体并没有缺钙或者仅仅轻微缺钙,就进行长时间、大剂量的钙制剂补充,特别是配合大剂量的维生素 D 共同摄入,就可能适得其反,发生高钙血症并且减弱身体对钙的吸收能力,甚至有可能使过多的钙质在骨骼外的部位沉积。

误区二:钙剂中的钙含量越多越好

一次摄入过多的钙剂会导致吸收率下降,从而影响补钙的效果。如同样是碳酸钙,每片 600 mg 的钙,不如每片 200 mg 钙剂吸收得好。因此,补钙并不讲究单位剂量的钙含量,少量多次,足量补充才是补钙的最佳方式。

误区三:含钙量、吸收率与价格成正比

钙剂并不能以价格来衡量好坏。有很多很便宜的钙产品含有的钙量很高。如碳酸钙虽然很便宜,但含钙量却很高。

同样,吸收率与含钙量之间也不是正比关系。科学研究表明,每次摄入钙剂超过 200 mg,就可能引起尿钙流失增加,钙的吸收率下降。所以,含钙量与价格、吸收率没有关系。

误区四:钙吸收率高达95%的钙剂最好

专家们曾用碳酸钙、醋酸钙、氨基酸钙、L-苏糖酸钙、壮骨粉等反复多次实验证实,人体对各种钙盐的吸收率相差无几,基本在30%左右,都不会超过40%。因此,一些厂商的钙吸收率高达95%的宣传是用动物实验结果作为人体广告宣传。

误区五:分子钙、离子钙、超微细钙、活性钙吸收更好

目前有些补钙产品声称是"有活性的钙",或者是可以进行"分子吸收"的分子钙,这些似是而非的提法很容易引起误解。

在一般人的心目中,"活性""分子"等字眼,仿佛代表着产品的特殊功效。其实,所谓"活性钙"不过是牡蛎壳经高温煅烧而成的钙粉,基本成分是氢氧化钙,其碱性很高,直接服用容易烧伤人的消化系统。

至于"分子吸收"更无道理。国内外大量实验表明,钙总是以钙盐的形式存在,进入人体后,在胃酸作用下溶解,最后在肠道内以离子形式被吸收。现有研究表明,离子形态的钙可以被肠道吸收,认为有机钙比无机钙吸收率高,甚至认为无机钙不能被吸收利用的说法都是错误的,而分子钙、原子钙、高效钙、活性钙、基本钙等都是商业用语,在营养学中是不存在的。

误区六:补钙首选维生素 D 产品

维生素 D 可以促进钙质在肠道的吸收和降低结肠的碱性,但人体本身并不容易缺乏维生素 D,而过量摄入维生素 D 反而会抑制体内自身维生素 D 的生成,甚至造成体内蓄积中毒。

因此,补钙应因人而异,并非添加维生素 D 的产品绝对比未添加的好。

误区七:只要补钙,就可以治疗骨质疏松

其实,钙在骨量的变化中并不能起到主导作用,而仅仅是有助于正常的骨形成。而骨质疏松的发生、发展与各种激素、遗传、生活因素都有密切关系,所以,单纯补钙未必能够达到良好的效果。综合治疗,才能收到良好的防治效果。

因此,在重视补钙的同时,另一方面,也要认识到它在骨质疏松的防治中只是一种基本的、辅助的措施,不能以偏概全。

误区八:骨质增生就是体内钙过多

目前的研究表明,骨质增生(骨刺)与骨骼的衰老、退行性改变等有关系,与血钙、骨钙的量没有直接关系。如血钙浓度降低,骨骼就会分解出钙离子进入血液,以弥补血钙的不足。同时,人体会尽可能利用肠钙加速形成骨钙沉积。如果调节机制发生紊乱,就可能使钙质在软组织沉积逐渐发生骨质增生。因此骨质增生和骨质疏松只是人体缺钙的两种表现,其治疗也是共同的,就是补钙。

正确的健康新"钙"念

钙,你到底缺不缺?

一、如何知道自己是否缺钙?

人体是否缺钙与两方面的原因有关。一是峰值骨量,即在 35 岁左右时人体骨量达到一生中的最高骨量时钙的含量。其又由 3 种因素所决定,即遗传、补钙的因素和身体锻炼。二是钙流失情况。其也由 3 种因素所决定,即钙的补充、钙的流失量以及生活习惯,如烟酒、咖啡、茶、可乐、盐摄入量过高,少吃肉或吃太多肉都可导致钙的流失。

那么,如何才能知道自己是否缺钙呢?科学且简单的方法是去医院检查,这样可测定血钙含量。正常人的血钙维持在 2.18 ~ 2.63 mmol/L(9 ~ 11 mg/dL),如果低于这个范

围），则认定为缺钙。但对于60岁以上的老年人，由于生理原因，老年人甲状旁腺激素长期代偿性增高，引起了"钙搬家"，使血钙增高。这样，测量结果就不能真实反映体内钙的含量。此时，就应进行骨密度测量。

除此以外，在日常生活中，还可以根据以下症状进行自我判断。

儿童：当孩子出现下面一些症状时，就应判断为缺钙，如不易入睡、不易进入深睡状态，入睡后爱啼哭、易惊醒，入睡后多汗；阵发性腹痛、腹泻，抽筋，胸骨疼痛，"X"形腿、"O"形腿，鸡胸，指甲灰白或有白痕；厌食、偏食；白天烦躁、坐立不安；智力发育迟、说话晚；学步晚（13个月后才开始学步）；出牙晚（10个月后才出牙），牙齿排列稀疏，不整齐、不紧密，牙齿呈黑尖形或锯齿形；头发稀疏；健康状况不好，容易感冒等。

青少年：青少年缺钙会感到明显的生长痛，腿软、抽筋，体育课成绩不佳；乏力、烦躁、精力不集中，容易疲倦；偏食、厌食；蛀牙、牙齿发育不良；易过敏、易感冒等。

青壮年：当有经常性的倦怠、乏力、抽筋、腰酸背疼、易过敏、易感冒等时，就应怀疑是否缺钙。

孕妇及哺乳期妇女：处于"非常时期"的妇女，缺钙现象较为普遍。当她们感觉到牙齿松动；四肢无力、经常抽筋、麻木；腰酸背疼、关节疼、风湿疼；头晕，并罹患贫血、产前高血压综合征、水肿及乳汁分泌不足时，就应诊断为缺钙。

老年人：成年以后，人体就慢慢进入了负钙平衡期，即钙质的吸收减少、排泄增加。老年人大多是因为钙的流失而造成缺钙现象。他们自我诊断的症状有老年性皮肤病痒；脚后跟痛，腰椎、颈椎疼痛；牙齿松动、脱落；明显的驼背、身高降低；食欲减退、消化道溃疡、便秘；多梦、失眠、烦躁、易怒等。

二、影响钙吸收的因素有哪些？

膳食中钙的摄入量：在一定范围内，随着膳食中钙摄入量的增加，肠道钙离子的吸收率也相应增加。但是由于肠钙吸收的主动转运过程具有一定的饱和性，因此当摄入钙超过600~700 mg后，肠钙吸收增加的速度就非常缓慢甚至逐渐降低了。

维生素D：维生素D的活性方式为1,25-二羟维生素D，能够促进小肠细胞合成钙结合蛋白，与钙离子进行高度紧密结合，促进钙进入肠道细胞，使血钙升高。所以，如果缺乏维生素D，钙的吸收就会变得缓慢而且量少了。

肠道内的酸碱度：含钙的盐类，尤其是磷酸盐及碳酸盐易溶于酸性溶液中，而难溶于碱性溶液中。钙盐经酸溶解后分离出钙离子，才能被肠道吸收。胃内的胃壁细胞中可分泌盐酸，使进入小肠的食物呈酸性，因此，钙在十二指肠的位置吸收最多。所以凡能够增加肠内酸度的因素就有利于钙的吸收。

食物中的部分成分：乳糖、胆盐及某些氨基酸可促进钙盐的吸收。如动物的乳汁中含有丰富的乳糖及赖氨酸，因此其所含的钙容易被吸收。而食物中的植物酸（谷类食物中较多）、碱性磷酸盐、纤维素及过多的脂肪等可与钙形成不能溶解的化合物，可减少钙的吸收。此外，酒、浓茶及咖啡等都会降低钙的吸收。而摄入过多的盐，可使尿钙排出增多。

膳食中钙与磷的比例：当二者的比例为(1∶1)~(2∶1)时，即钙的量稍高于磷时，对钙的吸收最有利。

年龄、性别、内分泌功能:年龄越大,钙吸收越少。一般来说,年龄每增加10岁,钙的吸收率会降低5%～10%,这在女性比男性表现得更加明显。此外,体内激素如甲状腺旁腺素、降钙素、雌激素、甲状腺素等的分泌正常与否都会影响钙的吸收。

人体对钙的需要量:儿童、青少年生长发育阶段对钙的需要量大,钙的吸收也会增强。婴儿可吸收食物中50%～60%的钙,儿童、青少年能够吸收35%～40%的钙。孕妇、乳母阶段对钙的需要量也增加,也会导致钙吸收增强。但成人阶段对钙的吸收只有20%左右,到了老年人则低于15%。

三、哪些人群最易缺钙?

中国营养学会2002年全民普查显示,全国城乡钙摄入量仅为391 mg,相当于推荐摄入量的49.6%,由此可见在中国缺钙的现象还是很普遍的,尤其是对于儿童、孕产妇、中老年人的合理钙补充更值得我们关注。

专家指出,饮食中钙摄入量低,一方面是由于中国人奶制品食用较少,另一方面即使喝了足够多的牛奶,但牛奶中钙磷比例的不合理仍会造成钙吸收率低。因此,对于儿童、孕产妇、中老年人的钙补充是非常必要的。

钙,究竟应该怎么补?

一、补钙,食补先行

由于补钙并非越多越好,最重要的是人体的实际吸收率。所以,专家、医生一致提倡首先合理地改进膳食结构,尽量从天然食品中获取钙。在家庭日常的食物中,含钙较多的有牛奶、奶酪、鸡蛋、豆制品、海带、紫菜、虾皮、芝麻、山楂、海鱼、蔬菜等。特别是牛奶,每天喝牛奶500 g,便能供给600 mg的钙;再加上膳食中其他食物供给的300 mg左右的钙,便能完全满足人体对钙的需要。对于老年人、育龄妇女、青少年、婴幼儿及某些疾病患者等钙需求量较大的特殊人群,可遵循以下四个原则进行补钙。

二、选钙四原则

目前,国内市场上形形色色的补钙保健品可归为三类。一类是无机钙,又称为第一代补钙产品,如碳酸钙、磷酸钙及氧化钙,或者来自经过机械加工的动物贝壳骨骼;第二类是有机酸钙,即第二代钙剂,如葡萄糖酸钙、乳酸钙、柠檬酸钙、醋酸钙等;第三类是有机钙,为第三代钙剂,如氨基酸螯合钙、L-苏糖酸钙。

面对如此名目繁多的钙产品,我们应如何选择合适的钙制剂呢?

一"选":选钙源(即安全性)。补钙具有长期性的特点,因此补钙的安全性备受关注,而优质钙源和先进的生产工艺才是钙剂补充的安全保证。目前市场上的钙产品主要是从矿石、动物骨骼、海洋生物中提取得到的,由于从动物骨骼和海洋生物中提取的钙产品含重金属(如铅、砷、镉等)较高,因此安全性远远低于从矿石中经过加工提纯得到的钙产品。

二"看":看含量。在众多的钙产品中,以碳酸钙的含钙量最高,为40%,其次是氯化钙27%、碳酸氢钙23.3%、枸橼酸钙21.1%、乳酸钙13%、葡萄糖酸钙9%。

三"比"：比吸收。补钙的关键还要比较吸收率的高低。维生素D有明显促进钙吸收的作用，是配方中的重要组成部分。不同的钙吸收率也存在差异，其中以碳酸钙吸收率最高，为39%，其次是乳酸钙32%、醋酸钙32%、柠檬酸钙30%、葡萄糖酸钙27%，牛奶中钙的吸收率为31%。

四"算"：算价格。即根据元素钙在制剂中所占的百分比，算一下哪种价格最"划算"。钙的补充是一个长期的过程，因此，在钙剂的选择上要考虑价格性能比，不只是简单地看价签上的价格，最主要的还是要横向比较各产品钙元素的实际含量。因为我们所需要的补钙，是各种钙制剂中的钙元素而不是制剂本身，制剂本身只是钙的载体。

三、钙剂随餐进补，临睡加服

钙剂分次服用效果要比单次服用吸收率更高，一次服用大剂量的钙，反而使钙的吸收率下降。所以，有专家建议，钙剂的补充可分早、晚各1次，或早、中、晚各1次，一般可在进食时补充。即随餐进补，临睡加服，可以使补钙的效果更佳。

随餐进补：经口服途径摄入的钙剂，进入人体后需要在胃酸的作用下解离成为钙离子，才能很好地被机体吸收利用。胃酸的分泌取决于神经体液或人体生物钟代谢的调节，更主要的是取决于食物摄入（进餐）时间。

由于小儿分泌的胃酸酸性小，老年人分泌的胃酸量少，难免要影响钙的吸收。所以，在服用钙制剂的时候，最好尤其是小儿和老年人能随着一日三餐，胃液能够大量分泌，这样就有利于解离出更多的钙离子。

临睡加服：据人体钙代谢生理作用的科学研究显示，一天中最佳补钙时机就是每天晚上临睡前。一方面，在白天一日三餐饮食中，人体可以摄入400~500 mg钙质。当钙调节机制发挥作用从尿中排出多余的钙时，血液可以从食物中得到补充以维持血钙的平衡。但到了夜间，尿中的钙仍旧会排出，可食物中已经没有钙质的补充，这样血中的钙质就会释放出一部分去填充尿钙的丢失。为维护血液中正常的钙水平，人体又必须从钙库中提取一部分库存，即骨骼中的钙质。这种调节机制使清晨尿液中的钙大部分来自骨钙。

另一方面，人体内各种调节钙代谢的激素在昼夜间分泌各有不同，因而血钙水平在夜间较低而白天较高。夜间的低钙血症可能刺激甲状旁腺激素分泌使骨钙的分解加快。如果在临睡前补充钙剂就能够为夜间提供充足的"弹药"，便能阻断体内动用骨钙的过程。因此，临睡前是一天中最佳的补钙时间。

四、两餐之间与餐后的进补之别

目前市场上的钙制剂中，除了乳酸钙和枸橼酸钙、柠檬酸钙外，其他钙剂一般需要先在酸性环境下进行分解，形成钙离子后再被吸收入体内。而人的进食可以刺激胃酸的分泌，分泌的胃酸又有利于钙剂的溶解，因而餐后进补可以达到较好的吸收效果。

但与食物一同服用，这些钙制剂可能会影响其他矿物质的吸收，如锌、铁、镁、铜等元素可能与钙离子形成竞争性抑制，而减少吸收，长期可能造成其他营养素缺乏。正因为如此，有学者提出在两餐之间服用钙剂。虽然钙吸收不如餐后即服，但也不会影响其他矿物质的吸收，如同时加用1杯酸奶可以促进胃酸的分泌，则补钙效果会更佳。

五、与户外运动相结合

当然,补钙的同时,需注意与户外运动相结合,增加室外活动量,适当沐浴阳光,可促进人体内维生素 D 的合成,有助于人体对钙的吸收。

特殊人群怎么补钙?

对于健康人的钙剂选择,一般没有绝对的"成人钙"与"老年钙"之分,主要可根据口感、价格、吸收率及安全性等综合考虑。对于老年人、育龄妇女、青少年等钙需求量较大的特殊人群,可根据自身需要适量服用钙产品。

在适宜供给量上(即对于建立和维持较高水平的骨密度是非常必要的),一般建议,儿童每天为 400~800 mg 即可,青年和成年人每天为 800~1 000 mg,更年期的妇女每天为 1 500 mg。至于钙产品的品牌选择,专家们的一致意见是,市场上流通的钙产品,其品质没有太大区别,贵的不一定好。

有专家建议,儿童补钙应以食补为主,在需要服用补钙产品时,应根据其实际特点选择。比如,儿童由于肠胃功能较弱,不要选择碱性较强的补钙剂,如碳酸钙、活性钙等;不应在服用补钙剂的同时饮用汽水、碳酸饮料及泡腾饮料,它们会影响对钙的吸收和利用。另据专家研究发现,儿童过量服用钙制剂,会抑制对锌元素的吸收,对有缺锌症状的儿童进行补钙时,应以食补为主。

对于老年人来说,缺钙只是导致骨质疏松的一个重要原因,需要从改善膳食结构和服用补钙剂两方面加强钙的摄入。

就一些慢性胃病或胃酸缺乏的患者,一般不应选用碱性大的钙制剂,如活性钙、骨粉等;如慢性胃溃疡或胃酸分泌增多,就不宜选用含有过多酸性的钙制剂如乳酸钙、醋酸钙等。

另外,补钙时,如正在服用甲状腺激素、四环素、皮质类固醇等激素类药物,要先向医生咨询清楚,补钙剂与这类药物可能会相互作用,对人体产生不利影响。

参考文献

［1］陈蓓.21 世纪老龄问题研究［M］.北京:宇航出版社,1993.

［2］中华人民共和国国家统计局.中国统计年鉴［M］.北京:中国统计出版社,2022.

［3］中国疾病预防控制中心慢性非传染性疾病预防控制中心,中华医学会骨质疏松和骨矿盐疾病分会.中国骨质疏松流行病学调查报告 2018［M］.北京:人民卫生出版社,2021.

［4］张萌萌,张秀珍,邓伟民,等.骨代谢生化指标临床应用专家共识(2019)［J］.中国骨质疏松杂志,2019,25(10):1357-1372.

［5］胡文潇,肖苏萍,陈敏,等.基于双重属性的药食同源物质质量标准研究探析［J］.中国中药杂志,2024,49(17):4545-4552.

［6］丁劲文,迟湘胤,张玉,等."食药同源"的生物学原理［J］.药学学报,2024,59(6):1509-1518.

［7］刘保新.老年骨质疏松性椎体压缩性骨折及再骨折的诊疗［J］.中国中西医结合杂志,2024,44(5):517-520.

［8］任国伟,耿林丹,任栋,等.《原发性骨质疏松诊疗指南(2022)》解读［J］.河北医科大学学报,2024,45(4):373-377.

［9］王青青.原发性骨质疏松药物治疗进展［J］.浙江医学,2024,10(7):673-681.

［10］中国老年保健医学研究会老年疼痛疾病分会.老年骨质疏松性疼痛诊疗与管理中国专家共识(2024 版)［J］.中国疼痛医学杂志,2024,30(4):241-250.

［11］史晓林,刘康.老年性骨质疏松中西医结合诊疗指南［J］.中国骨质疏松杂志,2024,30(7):937-946.

［12］黄宏兴,晁爱军,程群,等.医疗机构骨质疏松专科建设专家共识［J］.中国骨质疏松杂志,2024,30(6):781-789.

［13］朱晓峰,朱子隽.骨质疏松性骨折疗效评价的多维度探析:《骨质疏松性骨折中医诊疗指南》解读［J］.中医正骨,2024,36(3):1-6.

［14］赵国阳.重视实验室检查在骨质疏松性骨折诊疗中的应用:《骨质疏松性骨折中医诊疗指南》解读［J］.中医正骨,2023,35(12):1-4.

［15］袁玲丹,宋利格.《原发性骨质疏松诊疗指南(2022 版)》解读［J］.同济大学学报(医学版),2023,44(6):777-784.

［16］《中国老年骨质疏松诊疗指南》工作组,中国老年学和老年医学学会骨质疏松分会,中国医疗保健国际交流促进会骨质疏松病学分会,等.中国老年骨质疏松诊疗指南

（2023）[J].中华骨与关节外科杂志,2023,9(10):865-885.

[17]房灏,吴一希,吴萍.骨质疏松患者唑来膦酸用药评价与药学监护探索[J].药学与临床研究,2023,31(5):477-480.

[18]王永炫,李梅,章振林,等.《原发性骨质疏松诊疗指南(2022)》要点解读[J].协和医学杂志,2023,14(6):1203-1207.

[19]邱晓萍,刘铠婕,林宇慧,等.骨质疏松的流行病学、管理与防治研究进展[J].山东医药,2023,63(21):107-111.

[20]李双蕾,倪青,舒晓春.糖尿病合并骨质疏松病证结合诊疗指南[J].世界中医药,2023,18(17):2413-2422.

[21]北京医学会骨科学分会关节外科学组.老年骨关节炎及骨质疏松诊断与治疗社区管理专家共识(2023版)[J].协和医学杂志,2023,14(3):484-493.

[22]肖姚,刘颖,吴惠一,等.绝经后骨质疏松临床实践指南和专家共识的质量评价[J].现代预防医学,2023,50(8):1516-1523.

[23]唐德志,邬学群,李晓锋.骨质疏松性骨折中西医结合诊疗专家共识[J].世界中医药,2023,18(7):895-900+910.

[24]许振,高毅,王舒,等.维生素D与BMI及绝经后骨质疏松中医证型的相关性研究[J].山东中医杂志,2023,42(4):346-350,356.

[25]中华医学会骨质疏松和骨矿盐疾病分会,章振林.原发性骨质疏松诊疗指南(2022)[J].中国全科医学,2023,26(14):1671-1691.

[26]杨锋,张磊.原发性骨质疏松中医诊疗方案解读[J].现代中医药,2023,43(2):20-23.

[27]王明远,张帅,高云,等.中医食疗防治骨质疏松的研究进展[J].中国全科医学,2021,24(S2):169-172.

[28]赵福红,闫起,杨波,等.药食同源中药抗骨质疏松的研究进展[J].黑龙江科学,2021,12(22):48-49.

[29]常青,王洁,刘维海,等.基于文献分析的药食同源中药在骨质疏松治疗中的应用[J].中医药导报,2020,26(15):173-176.

[30]谢艳,张云芳,孙墨渊,等.酸枣仁提取物促进慢波睡眠引起身体增高的实验研究[J].世界中西医结合杂志,2018,4(6):798-801,853.

[31]徐飞飞,丁燕,张海东,等.15种药食同源中药提取物抗氧化及抗骨质疏松活性研究[J].中国食品学报,2017,17(6):240-248.

[32]徐文珊,黄鸣清,陈修平,等.天然产物来源的芳香化酶抑制剂研究进展[J].时珍国医国药,2012,23(4):1008-1011.

[33]BIJLSMA A Y, MESKERS C G M, WESTENDORP R G J, et al. Chronology of age-related disease definitions: osteoporosis and sarcopenia[J]. Ageing Research Reviews, 2012,11(2):320-324.

［34］SERIOLO B,PAOLINO S,CASABELLA A,et al. Osteoporosis in the elderly［J］. Aging Clinical and Experimental Research,2013,25:27-29.

［35］WANG L H,YU W,YIN X J,et al. Prevalence of osteoporosis and fracture in China:the China osteoporosis prevalence study［J］. JAMA Network Open,2021,4(8):e2121106.

［36］SI L,WINZENBERG T M,JIANG Q,et al. Projection of osteoporosis-related fractures and costs in China:2010-2050［J］. Osteoporosis Int,2015,26(7):1929-1937.

［37］OSNES E K,LOFTHUS C M,MEYER H E,et al. Consequences of hip fracture on activities of daily life and residential needs［J］. Osteoporosis Int, 2004, 15 (7): 567-574.

［38］WANG O,HU Y,GONG S,et al. A survey of outcomes and management of patients post fragility fractures in China［J］. Osteoporosis Int,2015,26(11):2631-2640.

［39］SHAPIRO J,BERNICA J,HERNAEZ R. Risk of bias analysis of systematic reviews of probiotics for treatment of irritable bowel syndrome［J］. Clin Gastroenterol Hepatol,2019, 17(4):784-785.

［40］LIU X N,WAN M. A tale of the good and bad:cell senescence in bone homeostasis and disease［J］. Int Rev Cell Mol Biol,2019,346:97-128.

［41］XIAO Y Z,YANG M,XIAO Y,et al. Reducing hypothalamic stem cell senescence protects against aging-associated physiological decline［J］. Cell Metabolism,2020, 31(3):534-548.

［42］LIU F,YUAN Y J,BAI L,et al. LRRc17 controls BMSC senescence via mitophagy and inhibits the therapeutic effect of BMSCs on ovariectomy-induced bone loss［J］. Redox Biology,2021,43:101963.

［43］LI C J,XIAO Y,SUN Y C,et al. Senescent immune cells release grancalcin to promote skeletal aging［J］. Cell Metabolism,2022,34(1):184-185.

［44］PARK S Y,AHN S H,YOO J I,et al. Position statement on the use of bone turnover markers for osteoporosis treatment［J］. Journal of Bone Metabolism,2019, 26(4):213-224.